基于色谱技术的纺织服装产品有害物质检测

董伟　傅科杰　王燕　刘俊　主编

中国纺织出版社有限公司

内 容 提 要

本书概述了纺织品及服装中残留的有害物质来源、限量及与色谱技术相关的理论和应用领域,详细介绍了纺织品及服装生产和使用全产业链的七大类有害物质,如甘醇类、酰胺类、酯类、烃类、喹啉类、酮类和其他类有害物质基于色谱技术的检测方法。

本书可供纺织、服装及相关行业从事生产、科研、检测等的工程技术人员以及高等院校相关专业的师生阅读参考。

图书在版编目（CIP）数据

基于色谱技术的纺织服装产品有害物质检测／董伟等主编. --北京：中国纺织出版社有限公司, 2023.5
ISBN 978-7-5229-0366-8

Ⅰ.①基… Ⅱ.①董… Ⅲ.①纺织品－有害物质－检测②服装－有害物质－检测 Ⅳ.①TS107②TS941.79

中国国家版本馆 CIP 数据核字（2023）第 029507 号

责任编辑：范雨昕　　责任校对：王花妮　　责任印制：王艳丽

中国纺织出版社有限公司出版发行
地址：北京市朝阳区百子湾东里 A407 号楼　邮政编码：100124
销售电话：010—67004422　传真：010—87155801
http://www.c-textilep.com
中国纺织出版社天猫旗舰店
官方微博 http://weibo.com/2119887771
三河市宏盛印务有限公司印刷　各地新华书店经销
2023 年 5 月第 1 版第 1 次印刷
开本：710×1000　1/16　印张：21
字数：374 千字　定价：98.00 元

编 委 会

前　言

衣食住行,衣者先行。纺织品和服装是现代生活必不可少的组成部分。纺织品及服装与皮肤接触,在穿着使用时其中残留的化学物质会使人体产生化学暴露。纺织纤维(棉花、羊毛等)的收获以及纺织品生产流程中各加工环节(前处理、染色、印花、后整理、涂层、洗涤等)都会接触各类化学品。例如,四氯乙烯广泛应用于纺织品的干洗,富马酸二甲酯广泛应用于纺织品的防霉整理等。鉴于对纺织行业中使用有害化学品进行监管的目的,世界各国出台了相关法律法规,如 REACH 法规、Oeko-Tex Standard 100 等。近年来,随着法律法规的不断更新,受限化学物质的种类也不断增加,限量要求不断提高,因此亟须开发新的检测方法,以便为纺织品及服装中有害物质的检测提供准确、有效的方法,提升纺织品及服装中有害物质的防控水平,切实保障消费者的安全。

色谱技术广泛应用于化工、环境、食品、医药等诸多领域,已成为化学分析最重要的技术之一,尤其是对纺织品及服装中有机有害物质的分析。本书对新疆维吾尔自治区重大科技专项"跨境纺织原料类固体废物鉴别及综合利用集成示范"(No. 2020A03002-2、No. 2020A03002-3、No. 2020A03002-4)、海关总署科研项目"一种自发热纤维的定性定量检测方法及功能性研究"(No. 2017IK069)、"重点进口商品固体废物属性鉴别关键技术及应用"(No. 2019HK008)、"天然彩色棉制品现场反欺诈定性检测试剂盒的研发"(No. 2017IK079)及原宁波出入境检验检疫局(现宁波海关)科研项目"纺织品中对特辛基苯酚乙氧基化物的测定方法研究"(No. 甬 K05-2015)等项目的最新研究成果进行了梳理和汇总,同时结合纺织品及服装生产、加工、使用环节中化合物的使用情况及有害物质的残留情况,以色谱技术为支撑,详细阐述甘醇类、酰胺类、酯类、烃类、喹啉类、酮类和其他类有机有害物质的检测方法。针对以上类别的有害物质,以实现纺织品及服装生产和使用过程中有害残留检测控制为出发点,优化前处理方式,综合气相色谱—质谱联用(GC—MS)、高效液相色谱(HPLC)、高效液相色谱—串联质谱(HPLC—MS/MS)等分析方法,系统开展了纺织品及服装生产和使用过程中具有代表性的有害物质检测技术的相关研究,为今后开展相关研究提供了借鉴。

感谢本书的编委会,在本书的编写过程中得到了多家单位及院校的大力支持。

它们是宁波海关技术中心、成都海关技术中心、宁波检验检疫科学技术研究院、新疆维吾尔自治区科技项目服务中心、石家庄海关技术中心、天津市理化分析中心有限公司、宁波市第一医院、浙江检验检疫科学技术研究院、青岛海关技术中心、天津市科学技术信息研究所、广州海关技术中心、南京海关工业产品检测中心、新疆师范大学生命科学学院、中纺标检验认证股份有限公司、乌鲁木齐海关、新疆环疆绿源环保科技有限公司、江苏恒瑞医药股份有限公司、新疆大学、新疆维吾尔自治区产品质量监督检验研究院、新疆维吾尔自治区分析测试研究院、新疆维吾尔自治区生态环境监测总站、上海市质量监督检验技术研究院、宁波航天米瑞科技有限公司、天津云盟检测技术服务有限责任公司、南京国材检测有限公司、绍兴海关技术中心、华北有色(三河)燕郊中心实验室有限公司、河北工业职业技术大学、银联商务股份有限公司、赛默飞世尔科技(中国)有限公司、福建省纤维检验中心。在此表示诚挚的谢意,并向所引用资料的作者表示感谢。

由于作者水平有限,书中难免存在不足之处,希望广大读者提出宝贵的意见和建议,我们将不断修订、完善。

编者

2023 年 1 月

目　　录

第1部分　纺织品及服装中残留的有害物质

第2部分　色谱技术

第3部分 色谱技术在纺织品及服装有害物质检测中的应用

第 1 部分 纺织品及服装中残留的
有害物质

1 纺织品及服装生产链中化合物的使用

1.1 概述

　　纺织服装生产是一个需要多种类化学物质多渠道输入的过程。因此,纺织行业成为单位质量产品消耗水资源最为巨大的行业之一。其污染环境的主要途径是向环境排放富含有害化学物质的生产废水,这些有害化学物质包括偶氮染料、阻燃剂、甲醛、二噁英、杀菌剂以及重金属等。纺织生产过程中高温、碱性或强氧化剂条件下也会产生化学副产品,因而导致大量的危害化合物排入生产排放污水中,这些有害化学物质排放会严重污染环境进而危害人类的公共健康。同时,化学物质也会存在于进入流通市场上的纺织服装产品中,这些化学物质有些可以赋予纺织服装某些功能性,如色彩、柔软、阻燃、抗皱或防水等;有些是终端产品中不希望存在的化学物质残留,如在很多商业染料中存在微量的有毒和致癌化合物。一些生产商由于缺乏或疏于对纺织原料中存在的污染物进行质量把关,或产品后续处理工序不到位、功能整理化学品及整理原理本身存在的缺陷,污染物可能残留在最终产品中。

　　服装在穿着时会与皮肤直接接触。如果服装中存在有害化学物质,穿着时可能会使化学物质产生人体暴露。随着人们环境意识的增强,很多的国际标准与法规开始加强考虑纺织工业及产品的质量、安全和可持续发展。从 2006 年开始,欧盟开始施行注册、评估、授权和限制化学品(REACH)的监管模式来控制化学物质的使用,以降低带来的健康和环境的风险。欧盟计划通过 REACH 法规的几个不同的步骤,在 2018 年达到全面实施。然而因为纺织品的生产过程存在很多工序,因此很难对纺织品中的有机污染物进行全面了解和相关的环境评估。同时受流行趋势的影响和技术的发展,纺织品生产中用到的化学物质也会不断发生变化。对许多新使用到的化学物质特别是功能性助剂等,其环境和健康影响的评价数据是很缺乏的。甚至很多用到的化合物没有被列入须注册的化合物列表,因为它们每年的使用量不会超过 1 吨。但是如果这些未注册的化合物具有很低的化学和生物降解速率,就有可能会累积到生物体内,使存在于生物体内的化合物浓度不断增大。

　　因此,这就需要开发分析方法对排入环境的控制污染物以及消费者可能在使用中会暴露的有害化合物进行有效检测。

1.2　纺织纤维中化合物的使用

棉花是最重要的天然纤维,被誉为"纤维之王"。棉花中纤维素含量占 88%~96%,同时含有果胶、蜡质、蛋白质、灰分和占比小于 1% 的其他有机成分。棉花的种植过程中可能会使用到杀虫剂和除草剂,而在运输和储存过程中可能会用到生物杀灭剂和杀菌剂。美国环保局从 1991 年到 1993 年对全球种植区的棉花样本进行测试,结果表明其中的农药浓度水平均低于食品中的限定阈值。虽然这些化学物质在最终产品中的浓度因为太低而很难检测得到,但是原材料中的污染物广泛存在,在纤维加工生产的加热或煮练过程中会不同程度地释放。英国于 2001 年首次报道了棉花被五氯苯酚(PCP)污染的案例,因为 PCP 不仅作为一种脱叶剂,还作为一种杀菌剂用于棉花的保存与运输。

羊毛是一种重要的商业天然纤维。主要是来自绵羊的动物毛,每年修剪一次,有时是两次。不同批次的羊毛质量差别较大,主要取决于绵羊的品种和生长环境。羊毛中含有天然的杂质(羊毛脂、污垢等),还会含有生长过程中为控制外源寄生虫,如虱子、苍蝇、螨虫等的杀虫剂。在羊毛的精练过程中有 96% 的杀虫剂会从羊毛中除去,4% 残留在纤维上。这些从羊毛中除去的 96% 的杀虫剂中,又有 30% 或更少比例的杀虫剂被残留在精练工艺后回收的油脂中,剩下的部分会随排放的废水一起进入废水处理过程中。

人造纤维在合成过程中会残留种类更为繁多的化学物质,例如溶剂(当纺织原料通过溶剂纺丝制作纤维时)、聚合过程中的副产品(单体,如聚酰胺 6 中的己内酰胺;低聚物;催化剂,如聚酯纤维中的三氧化锑和溶剂等)、施胶剂(特别是棉和棉混纺机织物)和助剂(特别是由人造纤维制成的机织和针织纺织品)、添加剂(抗静电剂、润滑剂)。醇类(C_{14}~C_{22})、羧酸酯(C_{12}~C_{24})、烃类(C_{14}~C_{18})、羧酸(C_{16}~C_{24})和邻苯二甲酸酯在合成纤维的染整废水中已被检测到,合成纤维如聚酯、丙烯酸和锦纶-6 中也能检测到这些物质,见表 1-1。

表 1-1　典型合成纤维中的化合物

纤维	化合物
涤纶	四氢-2,5-二甲基顺式呋喃,酮(甲基异丁基酮、3-甲基环戊酮、己酮、二乙基酮),十二烷醇,醇类(C_{14} 和 C_{18}),羧酸酯(C_{14}~C_{24}),烃(C_{14}~C_{18}),羧酸(C_{16}~C_{24}),邻苯二甲酸酯

续表

纤维	化合物
丙烯酸纤维	烃类($C_{15} \sim C_{18}$),羧酸酯类($C_{17} \sim C_{22}$),醇类,邻苯二甲酸酯,N,N-二甲基乙酰胺
锦纶6	二苯醚,碳氢化合物($C_{16} \sim C_{20}$),羧酸($C_{14} \sim C_{18}$),二羧酸,羧酸酯($C_{10} \sim C_{18}$),醇类($C_{20} \sim C_{22}$)

1.3 纺织品及服装印染加工中化合物的使用

纺织品生产链从纤维的收获与生产开始,基本过程如图1-1所示。其中印染加工工艺的过程包括前处理、染色、印花、后整理以及清洗和干燥等。

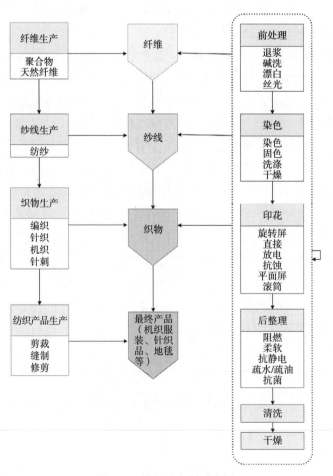

图1-1 纺织生产链示意图

纺织生产链中的印染加工过程都是消耗各类化学品的过程。纤维、纱线及织物均会在生产过程中进行各种化学或物理整理。其中使用到化学品最多的是前处理(退浆、碱洗和漂白)、染色、印花和后整理过程。

1.3.1　前处理

纺织生产选用的前处理工艺主要取决于待处理纤维的种类及数量。前处理的过程应确保去除纤维中的杂质,使其具有均匀性、亲水性并增加染料在纤维上的亲和力。前处理中的退浆、碱洗及漂白过程可以从纤维及纺织品中去除大部分化学物质。前处理过程中可能会产生的有机化合物见表1-2。

表1-2　前处理过程中可能产生的有机化合物

纤维		有机化合物
退浆工艺	棉	羧甲基纤维素、酶、脂肪、半纤维素、改性亚麻淀粉、非离子表面活性剂、油分、淀粉、蜡质等
	麻	
	黏胶纤维	
	丝绸	羧甲基纤维素、酶、脂肪、明胶、油分、低聚物、乙酸酯、聚乙烯醇、淀粉、蜡质等
	醋酸纤维	
	合成纤维	
碱洗工艺	棉	阴离子表面活性剂、棉上蜡质、脂肪、甘油、半纤维素、非离子表面活性剂、分散剂、皂化剂、淀粉等
	黏胶纤维	阴离子洗涤剂、脂肪、非离子洗涤剂、油分、分散剂、皂化剂、蜡质等
	醋酸纤维	
	合成纤维	阴离子表面活性剂、抗静电剂、脂肪、非离子表面活性剂、油分、石油精练物、分散剂、皂化剂、蜡质等
	羊毛(纱线和原毛)	阴离子洗涤剂、乙二醇、矿物油、非离子洗涤剂、皂化剂等
	羊毛(纤维开松)	醋酸盐、阴离子表面活性剂、甲酸盐、含氮物质、羊毛脂、羊毛蜡质等
漂白工艺	纤维素纤维	氯酸钠、双氧水等
丝光工艺	棉	丝光用化合物,如醇硫酸盐、阴离子表面活性剂、环己醇等

1.3.2　染色

染色工艺是为纺织材料添加颜色。染色可以在纤维、纱线和织物的各个阶段进行。染料通常含有发色团(通常是双键、芳香族和杂芳环,具有显色功能)和助色基团(形成盐的基团,具有染色属性)。根据染料的结构和用途不同,可分为偶氮染料,蒽醌染料,酸性(用于羊毛、锦纶、丝绸)或碱性染料,分散染料(用于聚酯和其他合成纤维材料),活性和直接染料(用于棉和黏胶纤维)和金属络合染料(一般是铬或钴络合物)。偶氮染料致癌性问题已经得到重视与解决,它们主要用于黄色、橙色和红色为代表的大部分合成染料,其结构包含一个或多个偶氮键,可以被切割,可能释放致癌芳香胺。经染色处理后,大量非固定染料离开染色纤维与其他助剂一起进入废水,少部分存在于最终产品中。

除染料本身以外,染色过程中还加入各种助剂,如脂肪胺乙氧基化物、烷基酚乙氧基化物(流平剂)、脂肪醇聚氧乙烯醚(匀染剂)、季铵化合物(阳离子染料缓凝剂)、氨腈—氨盐缩合产物(改进色牢度助剂)、丙烯酸—马来酸共聚物(分散剂)、乙二胺四乙酸(EDTA)、二乙烯三胺五乙酸(DTPA)、乙二胺四(亚甲基膦酸)(EDTMP)、二亚乙基三胺五(亚甲基膦酸)(DTPMP)等,这些化合物中一些是水溶性和不可生物降解的化合物。

1.3.3 印花

75%~85%的印花工艺采用颜料。与染料相比,颜料通常不溶于水,并且具有很强的纤维亲和力。印花颜料残留,溶解溶剂、洗涤和清洗废水产生的挥发性有机化合物是典型的有机污染物。印花生产还使用大量的有机化合物,如黏合剂、固定剂、乳化剂、增稠剂、固色剂等,种类繁多。

1.3.4 后整理

纺织生产工艺中的后整理是指改善纤维某些特性的处理方法。采用机械/物理和化学等加工工艺,对纤维、纱线或织物进行处理,以改善纺织织物的外观、手感或性能。后整理采用的有机物化合物有作为阻燃剂的卤代有机物和有机磷化合物;作为柔顺剂的非离子型表面活性剂、阳离子表面活性剂、石蜡和聚乙烯蜡、改性有机硅;用于抗静电整理的季铵化合物和磷酸酯衍生物;作为疏水/疏油整理剂的含氟化合物、整理过程中使用到的乳化剂,水溶助长剂(二醇)等;作为抗菌剂的氯菊酯(合成拟除虫菊酯);还有进行防水防油易去污整理的全氟磺酸盐类;作为抗紫外整理剂的二苯甲酮类等。

2　法规及标准对纺织品及服装中限定使用化合物的要求

2.1　概述

针对纺织行业中使用的有害化学品,近年来各国都出台了相关的法律法规对纺织品中的化学品使用进行了监管。同时,一些知名的国际组织也对纺织行业中使用和残留的化学品提出了相应的限量标准。其中较有影响力的法规及标准有以下三个:REACH 法规、Oeko-Tex Standard 100 和 RSL 清单。

2.2　REACH 法规

2.2.1　REACH 法规概述

REACH 法规中涉及的概念物质(substance)指化学元素和它的化合物,是自然存在或人工制造的,具有 CAS 编号(美国化学文摘社)和 EINECS 编号(欧洲现有商用化学物质目录)的单一化学品。主要涉及石油化工领域企业,受到 REACH 法规注册的影响非常大,家用纺织品出口企业暂时不涉及。配制品(preparation)为溶液或混合物,含有两种或两种以上的化学物质,如墨水或是医用试剂等。物品(article)指由一种或多种物质和(或)配制品组成的物品。纺织服装产品就属于物品,但是其染色印刷工艺会涉及物质或是配制品的使用,受到限制的物质和配制品使用后其成分就会在物品中存在。包装在 REACH 法规中视为独立于产品的物品,需要与产品分开单独评估高度关注物质(SVHC)的含量情况。

2.2.2　REACH 法规的注册、评估、授权和限制

2.2.2.1　注册

REACH 法规规定由欧盟的制造商或者进口商和非欧盟制造商的"唯一代表"

才可以申请注册,其他国家和地区的企业不能自行注册。注册主要针对物质,进口商和生产商每年要提供大于 1t 的物质(包括物品中的物质)的相关信息,提交技术卷宗,无论是已经存在或使用的物质还是新发明或新发现的物质,均需要提供信息和缴纳注册费用。对于欧洲化学品管理局(ECHA)判定需要注册的物质,企业必须要提交注册卷宗,对于使用量每年大于 10t 的物质,企业需要提交化学安全报告,该物质在物品中的含量超过 0.1%(质量分数),供应商需要将信息传递给上游企业和消费者。

REACH 法规可以个体注册也可以联合注册,联合注册人本着公平、透明、无歧视的原则分摊费用。

2.2.2.2 评估

评估的种类主要包括档案评估和物质评估,是针对企业提交的注册卷宗的一致性和完整性以及该物质是否需要企业提供进一步的信息做出评估。评估是为了下一步的授权和限制。在欧洲,欧盟要求生产或进口且使用量每年超过 1t 的化学品必须根据 REACH 法规的规定进行注册、评估、授权和限制。在进口物品中使用的化学物质并不受 REACH 法规进行管控,但是如物品中使用到法规附件 XIV 中授权物质清单中限定的化学物质且用量超过 0.1% 时,生产者须对该物质进行安全性评估并对其分类和标记给出依据,欧洲化学品管理局(ECHA)若怀疑物质对人类的健康和环境会造成影响,有权针对选定的物质进行评估。

2.2.2.3 授权

产品含有需授权物质的企业需提交授权申请书,经过 ECHA 授权后方可在欧盟使用。欧盟认为注册和评估不能解决所有物质的风险问题,对于欧盟高度关注的物质,在授权之前是不可以生产、进口或是使用的。授权是有条件限制的,只有在特殊用途或是特别批准的前提下,高度关注物质(SVHC)才可以使用,欧盟需要充分掌握风险,只有高度关注物质(SVHC)才需要授权。

2.2.2.4 限制

对人类健康和环境的风险不能被充分控制的高度关注物质,ECHA 发布危险物质限制清单,限制其在欧盟境内生产、进口和销售。没有被授权的高度关注物质,就被限制使用,包括作为中间体的使用。

由于纺织服装制成品为物品,不能使用或是限制使用的物质绝对要避免,否则会造成货物召回、罚款的一系列问题。欧盟各国对违反 REACH 法规的处罚标准不同,罚款最低从几万欧元到上不封顶,同时还有可能会面临监禁。

2.2.3　REACH 法规对纺织品及服装中化合物的使用要求

随着欧盟 REACH 法规中各类化学物质风险信息和毒理数据的不断完善,纳入 SVHC 清单、授权物质清单(附件 ⅩⅣ)以及限制物质清单(附件 ⅩⅦ)三个限制物质清单中的有害化学物质越来越多。众所周知,此三个限制物质清单是 REACH 法规的核心内容,因此清单的不断更新已经成为全球化学物质管控的风向标。

2.2.3.1　高度关注物清单

SVHC 是指对人类和环境造成风险而引起高度关注的物质,其清单严格来说不属于 REACH 法规附件中包含的化学物质清单,只是作为 REACH 法规附件 ⅩⅣ "授权物质清单"的一份授权物质候选清单而存在。不过根据 REACH 法规第 57 条规定,SVHC 必须由以下一种或一种以上具有危险特性的物质组成:

①CMR(致癌、致基因突变、生殖毒性)1A 类或 1B 类物质。

②PBT(持久性、生物累积性和毒性)物质。

③vPvB(高持久性、高生物累积性)物质。

④具有内分泌干扰特性或者有证据表明与上述物质具有同样危害性并被列入 SVHC 清单中的物质。

因此,SVHC 是 REACH 法规的一个重要组成部分,是一类重要的、需要高度关注的物质,在满足一定条件下需要向 ECHA 通报以及向 ECHA 的 SCIP[即物品本身或者复杂物品(产品)中的关注物质数据库]通报数据(即提交相关信息数据,包括鉴定物品的信息、物品中含有的 SVHC 名称、浓度范围、位置以及有关安全使用的其他信息等)或者在供应链上传递所含 SVHC 的信息。需要注意的是,SCIP 通报应在企业将产品投放市场之前完成,鉴于进口即视为投放市场,即自 2021 年 1 月 5 日起我国输欧产品必须在入境前完成 SCIP 通报。自 2008 年 10 月 28 日公布第一批 SVHC 清单以来,欧盟每隔半年就要根据最新的科学研究成果、各国政府的法律法规中限制的新化学物质以及有毒有害化学物质对人类安全与健康和环境的挑战等因素新增 SVHC 清单中的物质,显然 SVHC 清单中的物质不断增加、要求不断严格是保护人类健康和生态环境的必然趋势,所以 ECHA 在 2021 年年中和 2022 年年初又先后公布了 2 批(共 12 项物质)最新的 SVHC 清单,还在 2022 年 3 月发布了拟列入第 27 批 SVHC 清单中的 2 项新评议物质和在 2022 年 6 月公布了第 27 批唯一的 1 项 SVHC 物质,目前累计达 224 种。

2.2.3.2　授权物质清单(附件 ⅩⅣ)

授权物质是指在授权的最迟申请日期或之前向欧盟提出授权申请而获得授

权或者属于豁免授权的用途后才能投放欧盟市场或使用的物质。若从日落之日起未获得欧盟授权的授权物质,其使用及投放欧盟市场是被禁止的。企业应注意管控其欧盟境内制造工厂的制造过程,避免使用未获得授权许可的授权物质。授权物质都是 ECHA 根据有毒有害化学物质风险评估报告以及公众评议从 SVHC 清单中评估筛选出来的,都是对人类健康和生态环境危害较大、用途较广、使用量较多的物质,因此欧盟专门设定了每项需要授权物质的最迟申请日期以及从该日算起 18 个月后的日落日期,所以授权物质清单是欧盟 REACH 法规中另一个重要的限制物质清单,制造商、进口商和下游使用者都非常重视授权物质清单的新进展和新变化。欧盟自 2011 年 2 月 18 日发布首批 6 项授权物质并列入 REACH 法规附件 XⅣ 授权物质清单后,至 2020 年 2 月 7 日的 10 年间一共发布了 6 批 54 项授权物质,2015 年之前基本上保持年均发布 1 批约 8 项授权物质,之后发布速度有所减缓。2021 年至目前的发布状况有所回升,2021 年 11 月发布了 1 项 REACH 法规修订案——修订关于 4 项邻苯二甲酸酯类授权物质的风险属性和更新豁免用途的条款;2022 年 4 月又发布了 1 项 REACH 法规修订案——在 REACH 法规附件 XⅣ 中新增第 7 批 5 项授权物质,使授权物质清单中的授权物质总数达到 59 项。

2.2.3.3 限制物质清单(附件 XⅦ)

欧盟 REACH 法规(EC)No. 1907/2006 自 2006 年颁布以来,历经多次修订,内容发生了很大的变化,而且随着修订的不断深入,再加上各类化学物质的风险信息和毒理数据不断完善,修订的次数在不断增加,修订的质量也在不断提高,变化越来越多,仅法规附件 XⅦ 限制物质清单的修订或变化已经达到 39 次,主要的修订变化内容有两个方面。

(1)增加了限制物质项

从法规最初颁布时的 52 项,通过修订变成现在的 76 项(连续数字编号),再加上清单在修订过程中另外新增了 2 项非连续数字编号的限制物质:第 18a 项(汞)(原来连续数字编号的第 18 项是汞化合物)和第 46a 项(壬基酚聚氧乙烯醚)[原来连续数字编号的第 46 项是(a)壬基酚和(b)壬基酚聚氧乙烯醚,与非连续数字编号的第 46a 项相比,适用对象和限制要求都不同],这 2 项新限制物质不是采用因删除限制物质空出来的连续数字项号,而是采用非连续数字的新项号,也就是说,通过修订,清单中现在的限制物质项变成 78 项,即 76+2 项。

(2)删除了 7 项限制物质

在修订过程中被删除的 7 项限制物质为:第 22 项(五氯苯酚及其盐类、酯类);第 33 项(四氯化碳);第 39 项(1,1,1-三氯乙烷);第 42 项(短链氯化石蜡);第 44

项(五溴联苯醚);第 53 项(全氟辛烷磺酸);第 67 项(十溴联苯醚)。虽然 7 项限制物质被删除,但其项号仍然保留在限制物质清单中未被删除,这样限制物质清单中现在的实际限制物质项应由现在的限制物质项减去删除的限制物质项组成,即 78-7=71 项。

2.3　Oeko-Tex Standard 100

2.3.1　Oeko-Tex Standard 100 引入的原因

20 世纪 80 年代末,随着人们的环保意识不断增强,在欧洲出现一种倡导健康生活的全新的绿色消费潮流。受其影响,消费者在购买纺织品时,不仅关注纺织品的使用性能,也对它的安全性、健康性提出了很高的要求。同时,"纺织品中的毒物"和其他耸人听闻的负面报道不断出现,并不加区分地将在纺织品生产中采用化学品视为危害健康的做法。但是,如果不采用某些化学物质就无法使纺织品满足消费者的要求,如流行的颜色、容易的护理、长久的使用寿命和其他功能特征,而某些功能特征视用途的不同(如静电服)甚至是不可缺少的。但在当时,不但消费者没有可以用来对纺织品进行人类生态学质量评估的可靠的产品标签,而且纺织和服装企业也没有对纺织品中可能存在的有害物质进行有针对性的实际评估,也没有建立统一的安全标准。为此,1989 年,奥地利纺织研究院(Austrian Textile Research Institute)颁布了世界上第一个关于纺织品生态学的标准(OTN-100),首次规定纺织品有害物质的测试规范和极限值。与此同时,德国的赫恩斯坦研究院也开始了类似的研究。之后欧洲有 14 个发展鉴定机构共同创立国际纺织生态研究及检测协会(International Association for Research and Testing in the Field of Textile Ecology,Oko-Tex 或 Oeko-Tex),并于 1992 年制定了第一部生态纺织品标准(专为测试有害物质的化学方法和检验标准),名为 Oeko-Tex Standard 100,用于测试纺织及成衣影响身体的性质及生态影响。

该标准从生态学角度,以不伤害使用者的健康为前提,规定了纺织品生态性能的最低要求。即化验对人体健康构成不良影响的已知有害物质,并对这些有害物质定出能用科学方法测量的用量限值。除了相应的纺织品需要通过必要的有害物质的测试外,生产厂商也必须按规定遵守相应的品质管理与监控措施。对符合该标准所列的所有条件的产品,颁发"根据生态纺织品标准 100 对有害物质的测定,对此纺织品表示信任"的标志。这样不仅对认证企业的努力加以表彰,同时也有助于消费者的选购。因此,受到认证厂商和零售商以及消费者的极大欢迎。Oeko-Tex Standard 100 标准这一检验系统和认证系统不仅满足最终用户对当今纺织品的多方面质量要求,而且同时也考虑到纺织工业中复杂的生产条件:全球化的组织、精细的国际化分工、对使用存在问题材料的不同思想看法。此项标准问世以来,已经遍布欧洲和以外的地区。现在,Oeko-Tex Standard 100 已经成为从人类生态学角度判别纺织品生态性能的基准,成为世界上最权威的、影响力最广的生态纺织品标签。Oeko-Tex Standard 100 标签及认证产品图示如图 1-2 所示。

图 1-2　Oeko-Tex Standard 100 标签及认证产品

2.3.2　Oeko-Tex Standard 100 及其认证

Oeko-Tex Standard 100 自 1992 年公布第一版以后,历经 1995 年、1997 年、1999 年和 2002 年版本,框架已定型,2003 年以后几乎每年都要作修订。它以限制纺织品最终产品的有害化学物质为目的,强调的是产品本身的生态安全性。Oeko-Tex Standard 100 是包括纺织品初级产品、中间产品和最终产品等所有加工级别在内的统一的纺织品检验系统和认证系统。有害物质检验包括法律禁止和管制的物质、已知的危害健康的化学品以及健康防护的参数。根据纺织品的用途,将被检验的纺织品分为四个 Oeko-Tex 产品类别。产品的皮肤接触越强,则对产品的人类生态学要求也就越高。标准涉及的有害物质限量或项目考核主要是:pH 值、甲醛、禁用偶氮染料、致敏染料、致癌染料、重金属、杀虫剂、邻苯二甲酸酯、有机锡化合物、染料、阻燃剂、色牢度、挥发性、气味测试等。

如纺织品经测试,符合标准中所规定的条件,生产厂家可获得授权在产品上悬挂 Oeko-Tex Standard 100 注册标签。悬挂有 Oeko-Tex Standard 100 标签的产品,即表明通过了分布在全世界多个国家的知名纺织鉴定机构(都隶属于国际环保纺织协会)的测试和认证。证书的有效期为一年,期满后可以申请续期。由于 Oeko-Tex Standard 100 认证是针对产品的认证,申请厂商在进行认证时,可以一次通过将其所有产品认证,也可以将产品系统分类,逐步在每一类产品上改进工艺,逐一获得认证。认证企业需要了解 Oeko-Tex Standard 100 对有害物质的规定和限量以及各有害物质的来源,以便在进行生产时,能够在每一个环节加以控制。

此外,国际环保纺织协会还建立了严格的品质监控体系以保护 Oeko-Tex Standard 100 标签产品的可靠性。具体表现在:在申请厂商递交认证申请时,必须签署品质相符证明书,向认证机构说明采取的品质控制措施,保证未来生产的大货同测试用样品一致。同时,认证机构一年中对证书持有者的认证产品大货可随机进行 2 次现场抽查。此外,每年国际环保纺织协会从市场上销售的数以万计的 Oeko-Tex Standard 100 标签商品中抽取约 10% 进行测试,极大限度地保证了 Oeko-Tex Standard 100 标签产品的可靠性,阻止了对 Oeko-Tex Standard 100 标签的滥用。Oeko-Tex Standard 100 认证流程如图 1-3 所示。

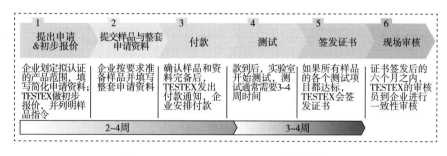

图 1-3　Oeko-Tex Standard 100 认证流程

原则上,每个加工阶段的所有纺织品,从纱线到面料和成品,都适用于 Oeko-Tex Standard 100 认证。根据模块化系统检测每种组件和原材料,通过检测的产品才能获得 Oeko-Tex Standard 100 标签。检测包括缝纫线、纽扣、拉链和衬里,面料印花和涂层,也会根据适用的标准进行有害物质检验。无论是婴幼儿纺织品、服装、家用纺织品还是装饰材料,带有 Oeko-Tex Standard 100 标签的产品都是值得信赖的。Oeko-Tex Standard 100 认证产品领域如图 1-4 所示。

2.3.3　Oeko-Tex Standard 100 对纺织品及服装中化合物的使用要求

2022 年 1 月,国际环保纺织和皮革协会按照惯例,为了贯彻保护消费者和纺织

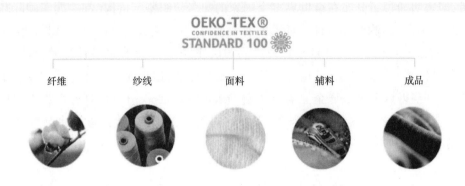

图 1-4　Oeko-Tex Standard 100 认证产品领域

服装制品可持续发展的理念,根据最新的科学发现和相关的法律法规变化,对现有认证服务和标签适用的检测标准、限量值和要求进行更新,经过 3 个月的过渡期后,最新的 Oeko-Tex Standard 100 标准规定从 2022 年 4 月 1 日起正式生效。2022年版 Oeko-Tex Standard 100 标准受限物质及限量值见表 1-3。

表 1-3　2022 年版 Oeko-Tex Standard 100 标准受限物质及限量值

项目	产品级别			
	I 婴幼儿用品	II 直接接触 皮肤	III 非直接 接触皮肤	IV 装饰材料
酸碱值[1]				
	4.0~7.5	4.0~7.5	4.0~9.0	4.0~9.0
游离的和部分释放的甲醛/(mg/kg)				
Law112/112 法	不可检出[2]	75	150	300
可萃取的重金属/(mg/kg)				
锑(Sb)	30.0	30.0	30.0	—
砷(As)	0.2	1.0	1.0	1.0
铅(Pb)	0.2	1.0[3]	1.0[3]	1.0[3]
镉(Cd)	0.1	0.1	0.1	0.1
铬(Cr)	1.0	2.0	2.0	2.0
铬(Cr)(六价)	0.5			
钴(Co)	1.0	4.0	4.0	4.0

续表

项目	产品级别			
	I 婴幼儿用品	II 直接接触皮肤	III 非直接接触皮肤	IV 装饰材料
铜(Cu)	25.0[4]	50.0[4]	50.0[4]	50.0[4]
镍(Ni)[5]	1.0[6]	4.0[7]	4.0[7]	4.0[7]
汞(Hg)	0.02	0.02	0.02	0.02
钡(Ba)	1000	1000	1000	1000
硒(Se)	100	100	100	100
重金属总含量/(mg/kg)				
砷(As)	100	100	100	100
镉(Cd)	40.0	40.0[3]	40.0[3]	40.0[3]
汞(Hg)	0.5	0.5	0.5	0.5
铅(Pb)	90.0	90.0[3]	90.0[3]	90.0[3]
杀虫剂/(mg/kg)[8,9]				
总计	0.5	1.0	1.0	1.0
常规棉中的草甘膦及其盐	5	5	5	5
受监测的杀虫剂[9]	u. o.[10]			
氯化苯酚/(mg/kg)[9]				
五氯苯酚	0.05	0.5	0.5	0.5
四氯苯酚/总计	0.05	0.5	0.5	0.5
三氯苯酚/总计	0.2	2.0	2.0	2.0
二氯苯酚/总计	0.5	3.0	3.0	3.0
一氯苯酚/总计	0.5	3.0	3.0	3.0
邻苯二甲酯/%(质量分数)[11]				
总计[9]	0.05	0.05	0.05	—
不含 DINP 总和[9]	—	—	—	0.1
有机锡化合物/(mg/kg)[9]				
TBT,TPhT	0.5	1.0	1.0	1.0
DBT,DMT,DOT,DPhT,DPT,MBT,MOT,MMT,MPhT,TeBT,TeET,TCyHT,TMT,TOT,TeOT,TPT	1.0	2.0	2.0	2.0

续表

项目	产品级别			
	I 婴幼儿用品	II 直接接触 皮肤	III 非直接 接触皮肤	IV 装饰材料
其他残余化学物/(mg/kg)				
致癌芳香胺[9,12,13]	20	20	20	20
受监测的芳香胺[9]	u. o.[10]			
苯胺[9,14]	20	50	50	50
苯[9]	5.0	5.0	5.0	5.0
双酚 A[9]	100	100	100	100
双酚 B[9]	1000	1000	1000	1000
偶氮二甲酰胺[9]	0.1	0.1	0.1	0.1
邻苯基苯酚[9]	10	25	25	25
苯酚[9]	20	50	50	50
喹啉[9]	50	50	50	50
戊二醛[9]	1000	1000	1000	1000
三(2-氯乙基)磷酸酯[9]	10	10	10	10
受监测的化学残留物[9]	u. o.[10]			
着色剂/(mg/kg)				
可裂解的致癌芳香胺[9,13]	20	20	20	20
受监测的可裂解芳胺[9,13]	u. o.[10]			
可裂解的苯胺[9,14]	20	50	50	50
致癌物[9]	50			
米氏酮或米氏碱≥0.1%的着色剂[9]	1000			
致敏物[9]	50			
其他[9]	50			
海军蓝[9]	不得使用			
受监测的着色剂	u. o.[10]			
氯化苯和氯化甲苯/(mg/kg)[9]				
总计	1.0	1.0	1.0	1.0

续表

项目	产品级别			
	I 婴幼儿用品	II 直接接触 皮肤	III 非直接 接触皮肤	IV 装饰材料
多环芳烃/(mg/kg)[15]				
苯并[a]芘	0.5	1.0	1.0	1.0
苯并[e]芘	0.5	1.0	1.0	1.0
苯并[a]蒽	0.5	1.0	1.0	1.0
䓛	0.5	1.0	1.0	1.0
苯并荧[b]蒽	0.5	1.0	1.0	1.0
苯并荧[j]蒽	0.5	1.0	1.0	1.0
苯并荧[k]蒽	0.5	1.0	1.0	1.0
二并[a,h]蒽	0.5	1.0	1.0	1.0
24 种 PAHs 总和[9]	5.0	10.0	10.0	10.0
生物活性产品	没有[16]			
阻燃产品				
总体	（每种 10mg/kg；SCCP+MCCP 总量 不超过 50mg/kg）[1617]总量不超过 50mg/kg			
溶剂残留/%(质量分数)[9,18]				
N-甲基吡咯烷酮[19]	0.05 0.10[20]			
N,N-二甲基乙酰胺[19]	0.05 0.10[20]			
N,N-二甲基甲酰胺[19]	0.05 0.10[20]			
甲酰胺	0.02	0.02	0.02	0.02
残余表面活性剂、润湿剂、烷基酚/(mg/kg)[9]				
BP、NP、OP、HpP、PeP/总计	10.0	10.0	10.0	10.0
BP、NP、OP、HpP、PeP、NP(EO)、OP(EO)/总计	100.0	100.0	100.0	100.0
全氟及多氟化合物/(mg/kg)[9,21]				
总计/(μg/m²)	1.0	1.0	1.0	1.0

续表

项目	产品级别			
	I 婴幼儿用品	II 直接接触 皮肤	III 非直接 接触皮肤	IV 装饰材料
全氟辛酸及其盐总计/(mg/kg)	0.025	0.025	0.025	0.025
全氟庚酸/(mg/kg)	0.05	0.1	0.1	0.5
全氟壬酸/(mg/kg)	0.05	0.1	0.1	0.5
全氟癸酸/(mg/kg)	0.05	0.1	0.1	0.5
全氟十一酸/(mg/kg)	0.05	0.1	0.1	0.5
全氟十二酸/(mg/kg)	0.05	0.1	0.1	0.5
全氟十三酸/(mg/kg)	0.05	0.1	0.1	0.5
全氟十四酸/(mg/kg)	0.05	0.1	0.1	0.5
全氟羧酸,每种,参考表 1-4/(mg/kg)	0.05	—	—	—
全氟磺酸,每种,参考表 1-4/(mg/kg)	0.05	—	—	—
部分氟化羧酸/部分氟化磺酸,每种, 参考表 1-4/(mg/kg)	0.05	—	—	—
部分氟化羧酸/部分氟化磺酸/受监测	u. o.[10]			
部分氟化直连醇,每种,参考表 1-4/(mg/kg)	0.05	—	—	—
氟化醇与丙烯酸形成的酯类,每种,参考表 1-4/(mg/kg)	0.05	—	—	—
PFOA 相关物质总计/(mg/kg)[22]	1.0	1.0	1.0	1.0
紫外线稳定剂/%(质量分数)[9]				
UV320	0.1	0.1	0.1	0.1
UV327	0.1	0.1	0.1	0.1
UV328	0.1	0.1	0.1	0.1
UV350	0.1	0.1	0.1	0.1
氯化石蜡[9]				
SCCP 和 MCCP 总和/(mg/kg)	50	50	50	50
硅氧烷/%(质量分数)[9]				
八甲基环四硅氧烷(D4)	0.1	0.1	0.1	0.1
十甲基环五硅氧烷(D5)	0.1	0.1	0.1	0.1
十二甲基环六硅氧烷(D6)	0.1	0.1	0.1	0.1

续表

项目	产品级别			
	I 婴幼儿用品	II 直接接触 皮肤	III 非直接 接触皮肤	IV 装饰材料
亚硝胺,每种[9]/(mg/kg)	0.5	0.5	0.5	0.5
亚硝基物质,总计/(mg/kg)	5	5	5	5
色牢度(沾色)/级				
耐水	3-4	3	3	3
耐酸性汗液	3-4	3-4	3-4	3-4
耐碱性汗液	3-4	3-4	3-4	3-4
耐干摩擦[23, 24]	4	4	4	4
耐唾液和汗液	牢固	—	—	—
可挥发物释放量/(mg/m³)[25]	3			
甲醛	0.5	1.0	1.0	1.0
甲苯	1.0	1.0	1.0	1.0
苯乙烯	0.005	0.005	0.005	0.005
乙烯基环己烷	0.002	0.002	0.002	0.002
苯基环己烷	0.03	0.03	0.03	0.03
丁二烯	0.002	0.002	0.002	0.002
氯乙烯	0.002	0.002	0.002	0.002
芳香烃	0.3	0.3	0.3	0.3
有机挥发物	0.5	0.5	0.5	0.5
有机棉纤维和材料				
有机棉中的草甘膦及其盐	0.5	1.0	1.0	1.0
转基因生物(GMO)	未检出			
气味测定				
总体	无异味[25]			
SNV 195 651(经修正)[26]	3	3	3	3
禁用纤维				
石棉纤维	不得使用			

续表

项目	产品级别			
	I 婴幼儿用品	II 直接接触 皮肤	III 非直接 接触皮肤	IV 装饰材料
加工防腐剂				
受监测的加工防腐剂[9]	u. o.[10]			

1. 例外情况:后续加工工艺中必须要经过湿处理的产品 pH 值:4.0~10.5;泡绵制品:4.0~9.0;含有碳酸氢钙/碳酸盐或滑石粉的薄膜材料(例如聚烯烃薄膜),非直接接触皮肤:4.0~10.0。

2. 此处不得检出是指使用(日本 112 法)中规定的吸收测试法应小于 0.05 吸收率单位,即应小于 16mg/kg。

3. 对于用玻璃制成的辅料:0.1%(1000mg/kg)。

4. 对于无机材料制成的辅料和纱线,无生物活性产品的相关要求。

5. 包括 REACH 法规附录 XVII 第 27 条的要求。

6. 只适用于金属辅料及经金属处理的表面:0.5mg/kg。

7. 只适用于金属辅料及经金属处理的表面:0.1mg/kg。

8. 仅适用于天然纤维。

9. 具体物质列在表 1-4 中。

10. u. o. =受监测;随机进行物质检测,其结果仅用于参考;目前不做限量要求。

11. 适用于涂层产品、胶浆印花、柔软泡绵和塑料材质辅料。

12. 适用于所有含有聚氨酯的材料或其他可能含有游离致癌芳香胺的材料。

13. 可裂解的致癌芳香胺和可能以化学残余物质存在的游离致癌(相同)芳香胺的总量必须 20mg/kg。

14. 可裂解的苯胺和可能以化学残余物质存在的游离苯胺的总量必须小于 20mg/kg(产品级别 I)或 50mg/kg(产品级别 II 至 IV)。

15. 适用于所有合成纤维、纱线或股线及塑料材料。

16. 除了 Oeko-Tex 认可的处理方法外(请参阅 http://www.oeko-tex.com 网站发布的实际列表)。

17. 认可的阻燃产品不应含有任何列表 1-4 活性剂中所列禁用阻燃物质。

18. 适用于在生产过程中使用溶剂的纤维、纱线、面料和涂层产品(如人造革)以及泡绵(EVA、PVC)。

19. 例外情况:后续加工必须经过进一步的工业化生产阶段(湿热或干热处理,但也可能采用其他处理步骤):最大 3.0%。

20. 适用于由聚丙烯腈(PAN)、氨纶(EL)/聚氨酯、聚酰亚胺和芳纶制成的材料以及涂层纺织品(PU-,PVC-,PVC-胶浆,PVDC-以及 PVC-共聚物)。

21. 适用于所有经防水、防污或防油整理或涂层的材料。

22. 任何其他可降解为 PFOA 的物质,包括具有线型或支链全氟庚基衍生物的物质(也包括盐和聚合物),其分子式(C_7F_{15})C 为结构元素。除分子式为 C_8F_{17-X} 的衍生物,其中 X=F、Cl、Br 和含 $CF_3[CF_2]n$-R′

的氟聚合物,其中 R′=任意基团、n>16 和含 8 个全氟碳的全氟烷基羧酸(包括其盐、酯、卤化物和酸酐)除外。同样被排除的还有全氟烷烃磺酸和全氟膦酸(包括其盐、酯、卤化物和酸酐)与≥9 个全氟辛烷磺酸及其衍生物(全氟辛烷磺酸及其衍生物),它们列于(EU)2019/1021 条例的附录 IA 部分。

23. 对于后续加工有"洗水处理"的产品无此项要求。

24. 对于使用颜料、还原染料或硫化染料的产品,可接受的耐干摩擦色牢度最低为 3 级。

25. 无模具异味,高沸点汽油裂解气味、无鱼腥味、无芳香或香精气味。

26. 适用于纺织地毯、床垫、泡绵以及不用于服装的大型涂层产品。

表 1-4　2022 年版 Oeko-Tex Standard 100 标准个别物质汇编

	中文名称	英文名称	CAS 号
杀虫剂	2,4,5 涕	2,4,5-T	93-76-5
	2,4 滴	2,4-D	94-75-7
	啶虫脒	Acetamiprid	135410-20-7 160430-64-8
	涕火威	Aldicarb	116-06-3
	艾氏剂	Aldrine	309-00-2
	益棉磷/乙基谷硫磷	Azinophosethyl	2642-71-9
	保棉磷/谷硫磷	Azinophosmethyl	86-50-0
	乙基溴硫磷	Bromophos-ethyl	4824-78-6
	敌菌丹	Captafol	2425-06-1
	甲萘威	Carbaryl	63-25-2
	乙酯杀螨醇	Chlorbenzilate	510-15-6
	氯丹	Chlordane	57-74-9
	克死螨	Chlordimeform	6164-98-3
	毒虫畏	Chlorfenvinphos	470-90-6
	可尼丁	Clothianidin	210880-92-5
	香豆磷/蝇毒磷	Coumaphos	56-72-4
	氟氯氰菊酯	Cyfluthrin	68359-37-5

续表

中文名称		英文名称	CAS 号
杀虫剂	λ-氯氟氰菊酯	Cyhalothrin	91465-08-6
	氯氰菊酯	Cypermethrin	52315-07-8
	脱叶膦	DEF	78-48-8
	溴氰菊酯	Deltamethrin	52918-63-5
	米托坦	DDD	53-19-0,72-54-8
	滴滴伊	DDE	3424-82-6,72-55-9
	滴滴涕	DDT	50-29-3,789-02-6
	二嗪农	Diazinon	333-41-5
	2,4-滴丙酸	Dichorprop	120-36-2
	白治磷	Dicrotophos	141-66-2
	狄氏剂	Diedrine	60-57-1
	乐果	Dimethoate	60-51-5
	地乐酚及其盐和醋酸盐	Dinoseb, its salts and acetate	88-85-7 et. al.
	呋虫胺	Dinotefuran	165252-70-0
	硫丹	Endosulfan	115-29-7
	α-硫丹	α-Endosulfan	959-98-8
	β-硫丹	β-Endosulfan	33213-65-9
	异狄氏剂	Endrine	72-20-8
	高效氰戊菊酯	Esfenvalerate	66230-04-4
	氰戊菊酯	Fenvalerate	51630-58-1
	七氯	Heptachlor	76-44-8
	环氧七氯	Heptachloroepoxide	1024-57-3,28044-83-9
	六氯代苯	Hexachlorobenzene	118-74-1
	α-六六六	α-Hexachlorcyclohexane	319-84-6
	β-六六六	β-Hexachlorcyclohexane	319-85-7
	δ-六六六	δ-Hexachlorcyclohexane	319-86-8
	吡虫啉	Imidacloprid	105827-78-9,138261-41-3
	异艾氏剂	Isodrine	465-73-6
	克来范	Keevanel	4234-79-1
	十氯酮	Kepone	143-50-0

续表

	中文名称	英文名称	CAS 号
杀虫剂	林丹	Lindane	58-89-9
	马拉硫磷	Malathion	121-75-5
	二甲四氯	MCPA	94-74-6
	2-甲-4-氯丁酸	MCPB	94-81-5
	2-甲-4-氯丙酸	Mecoprop	93-65-2
	甲胺磷	Metamidophos	10265-92-6
	甲氧滴滴涕	Methoxychlor	72-43-5
	灭蚁灵	Mirex	2358-85-5
	久效磷	Monocrotophos	6923-22-4
	烯啶虫胺	Nitenpyram	150824-47-8,120738-89-8
	对硫磷	Parathion	56-38-2
	甲基对硫磷	Parathion-methyl	298-00-0
	乙滴涕	Perthane	72-56-0
	速灭磷/磷君	Phosdrin/Mevinpjos	7786-34-7
	磷胺	Phosphamidone	13171-21-6
	稀虫磷/胺丙畏	Propethamphos	31218-83-4
	丙溴磷	Profenophos	41198-08-7
	毒杀芬	Strobane	8001-50-1
	喹硫磷	Quinalphos	13593-03-8
	碳氯灵	Telodrine	297-78-9
	噻虫啉	Thiacloprid	111988-49-9
	噻虫嗪	Thiamethoxam	153719-23-4
	毒杀芬	Toxaphene	8001-35-2
	氟乐灵	Trifluralin	1582-09-8
受监测的杀虫剂	多菌灵	Carbendazim	10605-21-7
	百菌清	Chlorothalonil	1897-45-6
	菌霉净	Dichlorophene	97-23-4
	三氯杀螨醇	Dicofol	115-32-2
	草甘膦及其盐	Glyphosate and salts	1071-83-6
	草甘膦异丙胺盐	Isopropylammonium-salts	38641-94-0

续表

中文名称		英文名称	CAS 号
受监测的杀虫剂	钾盐	Potassium salt	70901-12-1
	铵盐	Ammonium salt	40465-66-5 et. al.
	5,7-二氧-4-(2,4,5-三氯苯氧基)-2-(三氟甲基)-1H-苯并咪唑	DTTB	63405-99-2
	威百亩	Metam-sodium	137-42-8
	氟硅菊酯	Silafluofen	105024-66-6
	对甲抑菌灵	Tolyfluanide	731-27-1
氯化苯酚	五氯苯酚	Pentachlorophenol	87-86-5
	2,3,4,5-四氯苯酚	2,3,4,5-Tetrachlorophenol	4901-51-3
	2,3,4,6-四氯苯酚	2,3,4,6-Tetrachlorophenol	58-90-2
	2,3,5,6-四氯苯酚	2,3,5,6-Tetrachlorophenol	935-95-5
	2,3,4-三氯苯酚	2,3,4-Trichlorophenol	15950-66-0
	2,3,5-三氯苯酚	2,3,5-Trichlorophenol	933-78-8
	2,3,6-三氯苯酚	2,3,6-Trichlorophenol	933-75-5
	2,4,5-三氯苯酚	2,4,5-Trichlorophenol	95-95-4
	2,4,6-三氯苯酚	2,4,6-Trichlorophenol	88-06-2
	3,4,5-三氯苯酚	3,4,5-Trichlorophenol	609-19-8
	2,3 二氯苯酚	2,3-Dichlorophenol	576-24-9
	2,4-二氯苯酚	2,4-Dichlorophenol	120-83-2
	2,5-二氯苯酚	2,5-Dichlorophenol	583-78-8
	2,6-二氯苯酚	2,6-Dichlorophenol	87-65-0
	3,4-二氯苯酚	3,4-Dichlorophenol	95-77-2
	3,5-二氯苯酚	3,5-Dichlorophenol	591-35-5
	2-氯苯酚	2-Chlorphenol	95-57-8
	3-氯苯酚	3-Chlorphenol	108-43-0
	4-氯苯酚	4-Chlorphenol	106-48-9
邻苯二甲酸酯	邻苯二甲酸丁基苄酯	Benzylbutylphthalate	85-68-7
	邻苯二甲酸二丁酯	Dibutyphthalate	84-74-2
	邻苯二甲酸二乙酯	Diethylphtalate	84-66-2

续表

中文名称		英文名称	CAS号
邻苯二甲酸酯	邻苯二甲酸二甲酯	Dimethylphthalate	131-11-3
	邻苯二甲酸二（2-乙基己基）酯	Di-(2-ethylhexyl)phthalate	117-81-7
	邻苯二甲酸二（2-甲氧基己基）酯	Di-(2-methoxyethyl)phthalate	117-82-8
	邻苯二甲酸二（$C_6 \sim C_8$支链）烷基酯（富C_7）	Di-$C_{6\sim8}$-branched alkylphthalates,C_7 rich	71888-89-6
	邻苯二甲酸二（$C_7 \sim C_{11}$支链与直链）烷基酯	Di-$C_{7\sim11}$-branched and linear alkylphthalates	68515-42-4
	邻苯二甲酸二环己酯	Dicyclohexylphthalate	84-61-7
	邻苯二甲酸二环己酯（支链与直链）	Dicyclohexylphthalate(branched and linear)	68515-50-4
	邻苯二甲酸二异丁酯	Di-iso-butylphthalate	84-69-5
	邻苯二甲酸二异己酯	Di-iso-hexylphthalate	71850-09-4
	邻苯二甲酸二异辛酯	Di-iso-octylphthalate	27554-26-3
	邻苯二甲酸二异壬酯	Di-iso-nonylphthalate	28553-12-0,68515-48-0
	邻苯二甲酸二异癸酯	Di-iso-decylphthalate	26761-40-0,68515-49-1
	邻苯二甲酸二丙酯	Di-n-propylphthalate	131-16-8
	邻苯二甲酸二己酯	Di-n-hexylphthalate	84-75-3
	邻苯二甲酸二正辛酯	Di-n-octylphthalate	117-84-0
	邻苯二甲酸二壬酯	Di-n-nonylphthalate	84-76-4
	邻苯二甲酸二戊酯（正-、异-或其混合）	Di-pentylphthalate(n-,iso-,or mixed)	131-18-0,605-50-5,776297-69-9,84777-06-0
	邻苯二甲酸,二烷基酯（$C_6 \sim C_{10}$）	1,2-Benzenedicarboxylic acid, Di-$C_{6\sim10}$ alkyl esters	68515-51-5
	（癸基、己基、辛基）酯与1,2-苯二甲酸的复合物	1,2-Benzenedicarboxylic acid, Mixed decyl,hexyl and octyl diesters	68648-93-1
有机锡化物	二丁基锡	Dibutyltin	—
	二甲基锡	Dimethyltin	—
	二辛基锡	Dioctyltin	—

中文名称	英文名称	CAS 号
二苯基锡	Diphenyltin	—
二丙基锡	Dipropyltin	—
一甲基锡	Monomethyltin	—
一丁基锡	Monobutyltin	—
一辛基锡	Monooctyltin	—
一苯基锡	Monophenyltin	—
四丁基锡	Tetrabutyltin	—
四乙基锡	Tetraethyltin	—
三丁基锡	Tributyltin	—
三环乙基锡	Tricylcohexyltin	—
三甲基锡	Trimethyltin	—
三辛基锡	Trioctyltin	—
三苯基锡	Triphenyltin	—
四辛基锡	Tetraoctyltin	—
三丙基锡	Tripropyltin	—
第一类别		
4-氨基联苯	4-Aminobiphenyl	92-67-1
联苯胺	Benzidine	92-87-5
4-氯邻氨基甲苯	4-Chloro-o-toluidine	95-69-2
2-萘胺	2-Naphthylamine	91-59-8
第二类别		
邻氨基偶氮甲苯	o-Aminoazotoluene	97-56-3
2-氨基-4-硝基甲苯	2-Amino-4-nitrotoluene	99-55-8
4-氯苯胺	4-Chloroaniline	106-47-8
2,4'-二氨基苯甲醚	2,4-Diaminoanisole	615-05-4
4,4'-二氨基联苯甲烷	4,4'-Diminodiphenylmethane	101-77-9
3,3'-二氯联苯胺	3,3'-Dichlorobenzidine	91-94-1
3,3'-二甲氧基联苯胺	3,3'-Dimethoxybenzidine	119-90-4
3,3'-二甲基联苯胺	3,3'-Dimethylbenzidine	119-93-7
4,4'-二氨基-3,3'-二甲基联苯甲烷	4,4'-Methylenedi-o-toluidine	838-88-0

有机锡化物

会致癌芳香胺、可裂解的芳香胺

续表

	中文名称	英文名称	CAS 号
会致癌芳香胺、可裂解的芳香胺	3-氨基对甲苯甲醚	*p*-Cresidine(6-Methoxy-*m*-toluidine)	120-71-8
	4,4′-并甲基-二(2-氯苯胺)	4,4′-Methylene-bis-(2-chloroaniline)	101-14-4
	4,4′-二氨基二苯醚	4,4′-Oxydianiline	101-80-4
	4,4′-二氨基二苯硫醚	4,4′-Thiodianiline	139-65-1
	邻氨基甲苯	*o*-Toluidine	95-53-4
	2,4-二氨基甲苯	2,4-Toluylenediamine	95-80-7
	2,4,5-三甲基苯胺	2,4,5-Trimethylaniline	137-17-7
	邻氨基甲苯	*o*-Anisidine(2-Methoxyaniline)	90-04-0
	4-氨基偶氮苯	4-Aminoazobenzene	60-09-3
	2,4-二甲基苯胺	2,4-Xylidine	95-68-1
	2,6-二甲基苯胺	2,6-Xylidine	87-62-7
其他芳香胺、可裂解的芳香胺、胺盐	苯胺	Aniline	62-53-3
	4-氯-邻甲苯胺盐酸盐	4-Chloro-*o*-toluidinum chloride	3165-93-3
	2,4,5-三甲基苯胺盐酸盐	2,4,5-Trimethylaniline	21436-97-5
	2-萘胺乙酸盐	2-Naphthylammoniumacetate	553-00-4
	2,4-二氨基苯甲醚硫酸盐	2,4-Diaminoanisole sulphate	39156-41-7
受监测的芳香胺	2-氨基-5-硝基噻唑	2-Amino-5-nitrothiazole	121-66-4
	2-甲基对苯二胺	2-Metgyl-*p*-phenylendiamine	615-50-9
	3,3′-二氨基联苯胺(3,3′,4,4′-联苯四胺)	3,3′-Diaminobenzidin(bipheny-3,3′,4,4′-tetrayltetraamine)	91-95-2
	对乙氧基苯胺	*p*-Phenetidine	156-43-4
	对甲氧基苯胺	*p*-Anisidine	20265-97-8
致癌染料及涂料	C. I. 酸性红 26	C. I. Acid Red 26	3761-53-3
	C. I. 酸性红 114	C. I. Acid Red 114	6459-94-5
	C. I. 碱性蓝 26(≥0.1% 米氏酮或米氏碱)	C. I. Basic Blue 26(with ≥0.1%Michler′s ketone or base)	2580-56-5
	C. I. 碱性红 9	C. I. Basic Red 9	569-61-9
	C. I. 碱性紫 3(≥0.1% 米氏酮或米氏碱)	C. I. Basic Violet 3(with ≥0.1%Michler′s ketone or base)	548-62-9
	C. I. 碱性紫 14	C. I. Basic Violet 14	632-99-5

	中文名称	英文名称	CAS 号
致癌染料及涂料	C. I. 直接黑 38	C. I. Direct Black 38	1937-37-7
	C. I. 直接蓝 6	C. I. Direct Blue 6	2602-46-2
	C. I. 直接蓝 15	C. I. Direct Blue 15	2429-74-5
	C. I. 直接棕 95	C. I. Direct Brown 95	16071-86-6
	C. I. 直接红 28	C. I. Direct Red 28	573-58-0
	C. I. 分散蓝 1	C. I. Disperse Blue 1	2475-45-8
	C. I. 分散橙 11	C. I. Disperse Orange 11	82-28-0
	C. I. 分散黄 3	C. I. Disperse Yellow 3	2832-40-8
	C. I. 溶剂黄 1(4-氨基偶氮苯/苯胺黄)	C. I. Solvent Yellow 1 (4-Aminoazobenzene/Aniline Yellow)	60-09-3
	C. I. 溶剂黄 3(邻氨基偶氮甲苯/邻氨基偶氮甲苯酚)	C. I. Solvent Yellow 1 (o-Aminoazotoluene/o-Aminoazotoluo)	97-56-3
	C. I. 颜料红 104 (钼铬酸铅红)	C. I. Pigment Red 104 (Lead chromate molybdate sulphate red)	12656-85-8
	C. I. 颜料黄 34(铬酸铅黄)	C. I. Pigment Yellow 34 (Lead sulfochromate yellow)	1344-37-2
	C. I. 米氏酮或米氏碱≥0.1%的着色剂	Colour With≥0.1% Michler's Ketone/Base	561-41-1
	溶剂蓝 4	C. I. Sovent Blue 4	6786-83-0
致敏染料	C. I. 分散蓝 1	C. I. Disperse Blue 1	2475-45-8
	C. I. 分散蓝 3	C. I. Disperse Blue 3	2475-46-9
	C. I. 分散蓝 7	C. I. Disperse Blue 7	3179-90-6
	C. I. 分散蓝 26	C. I. Disperse Blue 26	—
	C. I. 分散蓝 35	C. I. Disperse Blue 35	12222-75-2
	C. I. 分散蓝 102	C. I. Disperse Blue 102	12222-97-8
	C. I. 分散蓝 106	C. I. Disperse Blue 106	12223-01-7
	C. I. 分散蓝 124	C. I. Disperse Bluc 124	61951-51-7
	C. I. 分散棕 1	C. I. Disperse Brown 1	23355-64-8
	C. I. 分散橙 1	C. I. Disperse Orange 1	2581-69-3

续表

中文名称	英文名称	CAS 号
C. I. 分散橙 3	C. I. Disperse Orange 3	730-40-5
C. I. 分散橙 37 (=59/ =76)	C. I. Disperse Orange 37(=59/ =76)	51811-42-8 13301-61-6 12223-33-5
C. I. 分散橙 59	C. I. Disperse Orange 59	—
C. I. 分散橙 76	C. I. Disperse Orange 76	—
C. I. 分散红 1	C. I. Disperse Red 1	2872-52-8
C. I. 分散红 11	C. I. Disperse Red 11	2872-48-2
C. I. 分散红 17	C. I. Disperse Red 17	3179-89-3
C. I. 分散黄 1	C. I. Disperse Yellow 1	119-15-3
C. I. 分散黄 3	C. I. Disperse Yellow 3	2832-40-8
C. I. 分散黄 9	C. I. Disperse Yellow 9	6373-73-5
C. I. 分散黄 39	C. I. Disperse Yellow 39	—
C. I. 分散黄 49	C. I. Disperse Yellow 49	—
C. I. 碱性绿 4(氰化物)	C. I. Basic Green 4(chloride)	569-64-2
C. I. 碱性绿 4(游离)	C. I. Basic Green 4(free)	10309-95-2
C. I. 碱性绿 4(草酸盐)	C. I. Basic Green 4(oxalate)	2437-29-8 18015-76-4
C. I. 分散橙 149	C. I. Disperse Orange 149	85136-74-9
C. I. 分散黄 23	C. I. Disperse Yellow 23	6250-23-3
海军蓝(Index-Nr. 611-070-00-2; EG-Nr. 405-665-4)	Navy Blue(Index-Nr. 611-070-00-2; EG-Nr. 405-665-4)	—
C. I. 碱性黄 2(=C. I. 溶剂黄 34)(盐酸 盐与游离碱)	C. I. Basic Yellow 2(= C. I. Sovent Yellow 34) (Hydrochloride & free base)	2465-27-2 492-80-8
C. I. 分散红 60	C. I. Disperse Red 60	12223-37-9 17418-58-5
氯苯(Chlorbenzenes)		108-90-7
二氯苯	Dichlorbenzenes	25321-22-6
1,2-二氯苯	1,2-Dichlorbenzenes	95-50-1

（左侧竖排分类：致敏染料；其他禁用染料；受监测的着色剂；氯苯及氯甲苯）

续表

中文名称	英文名称	CAS 号
1,3-二氯苯	1,3-Dichlorbenzenes	541-73-1
1,4-二氯苯	1,4-Dichlorbenzenes	106-46-7
三氯苯	Trichlorbenzenes	12002-48-1
1,2,3-三氯苯	1,2,3-Trichlorbenzenes	87-61-6
1,2,4-三氯苯	1,2,4-Trichlorbenzenes	120-82-1
1,3,5-三氯苯	1,3,5-Trichlorbenzenes	108-70-3
四氯苯	Terachlorbenzenes	12408-10-5
1,2,3,4-四氯苯	1,2,3,4-Terachlorbenzenes	634-66-2
1,2,3,5-四氯苯	1,2,3,5-Terachlorbenzenes	634-90-2
1,2,4,5-四氯苯	1,2,4,5-Terachlorbenzenes	95-94-3
1,2,3,4(或1,2,4,5)-四氯苯	1,2,3,4(or 1,2,4,5)-Terachlorbenzenes	84713-12-2
五氯苯	Pentachlorbenzenes	608-93-5
六氯苯	Hexachlorbenzenes	118-74-1
氯甲苯(Chlorotoluenes)		—
2-氯甲苯	2-Chlorotoluenes	95-49-8
3-氯甲苯	3-Chlorotoluenes	108-41-8
4-氯甲苯	4-Chlorotoluenes	106-43-4
2,3-二氯甲苯	2,3-Dichlorotoluenes	32768-54-0
2,4-二氯甲苯	2,4-Dichlorotoluenes	95-73-8
2,5-二氯甲苯	2,5-Dichlorotoluenes	19398-61-9
2,6-二氯甲苯	2,6-Dichlorotoluenes	118-69-4
3,4-二氯甲苯	3,4-Dichlorotoluenes	95-75-0
3,5-二氯甲苯	3,5-Dichlorotoluenes	25186-47-4
三氯甲苯	Trichlorotoluenes	98-07-7
2,3,4-三氯甲苯	2,3,4-Trichlorotoluenes	7359-72-0
2,3,5-三氯甲苯	2,3,5-Trichlorotoluenes	56961-86-5
2,3,6-三氯甲苯	2,3,6-Trichlorotoluenes	2077-46-5
2,4,5-三氯甲苯	2,4,5-Trichlorotoluenes	6639-30-1
2,4,5-三氯甲苯	2,4,5-Trichlorotoluenes	21472-86-6

氯苯及氯甲苯

中文名称	英文名称	CAS 号
2,4,6-三氯甲苯	2,4,6-Trichlorotoluenes	23749-65-7
2,3,4,5-四氯甲苯	2,3,4,5-Tetrachlorotoluenes	1006-32-2 76057-12-0
2,3,4,6-四氯甲苯	2,3,4,6-Tetrachlorotoluenes	875-40-1
2,3,5,6-四氯甲苯	2,3,5,6-Tetrachlorotoluenes	1006-31-1 29733-70-8
氯化苄	Benzyl chloride	100-44-7
2,3,4,5,6-五氯甲苯	2,3,4,5,6-Pentagonchlorotoluenes	877-11-2
4-氯三氯甲苯	4-Chlorobenzotrichloride	5216-25-1
α-取代氯甲苯	α-Substituted-Chloroluenes	多种
苊	Acenaphtene	83-32-9
苊烯	Acenaphthylene	208-96-8
蒽	Anthracene	120-12-7
苯并[a]蒽	Benzo[a]anthracene	56-55-3
二苯并[a,h]蒽	Benzo[a,h]anthracene	53-70-3
苯并[a]芘	Benzo[a]pyrene	50-32-8
二苯并[a,e]芘	Dibenzo[a,e]pyrene	192-65-4
二苯并[a,h]芘	Dibenzo[a,h]pyrene	189-64-0
二苯并[a,i]芘	Dibenzo[a,i]pyrene	189-55-9
二苯并[a,l]芘	Dibenzo[a,l]pyrene	191-30-0
苯并[b]荧蒽	Benzo[b]fluoranthene	205-99-2
苯并[j]荧蒽	Benzo[j]fluoranthene	205-82-3
苯并[k]荧蒽	Benzo[k]fluoranthene	207-08-9
荧蒽	Fluoranthene	206-44-0
芴	Fluorene	86-73-7
苯并[g,h,i]苝(二萘嵌苯)	Benzo[g,h,i]pertlene	191-24-2
茚并[1,2,3-c,d]芘	Indeno[1,2,3-c,d]pyrene	193-39-5
1-甲基芘	1-Methylpyrene	2381-21-7
䓛	Chrysene	218-01-9
萘	Naphthalene	91-20-3

氯苯及氯甲苯

多环芳烃

	中文名称	英文名称	CAS 号
多环芳烃	菲	Phenanthrene	85-01-8
	环戊并[c,d]芘	Cyclopenta[c,d]pyrene	27208-37-3
	芘	Pyrene	129-00-0
	多溴联苯	Polybromobiphenyls (Polybrominated biphenyls)	59536-65-1
	一溴联苯	Monobromobiphenyls	多种
	二溴联苯	Dibromobiphenyls	多种
	三溴联苯	Tribromobiphenyls	多种
	四溴联苯	Terabromobiphenyls	多种
	五溴联苯	Pentabromobiphenyls	多种
	六溴联苯	Hexabromobiphenyls	多种
	七溴联苯	Heptabromobiphenyls	多种
	八溴联苯	Octabromobiphenyls	多种
	九溴联苯	Nonabromobiphenyls	多种
	十溴联苯	Decabromobiphenyls	13654-09-6
	多溴联苯酚	Polybrominated diphenyl ethers	多种
	一溴联苯酚	Monobromodiphenylethers	多种
	二溴联苯酚	Dibromodiphenylethers	多种
	三溴联苯酚	Tribromodiphenylethers	多种
	四溴联苯酚	Tetrabromodiphenylethers	多种,40088-47-9
	五溴联苯酚	Pentabromodiphenylethers	多种,32534-81-9
	六溴联苯酚	Hexabromodiphenylethers	多种,36483-60-0
	七溴联苯酚	Heptabromodiphenylethers	多种,68928-80-3
	八溴联苯酚	Octabromodiphenylethers	多种,32536-52-0
	九溴联苯酚	Nonabromodiphenylethers	多种,63936-56-1
	十溴联苯酚	Decabromodiphenylethers	1163-19-5
	三(2,3-二溴丙基)磷酸酯	Tri(2,3-dibromopropyl)phosphate	126-72-7
	磷酸三(2-氯乙基)酯	Tris(2-chloroethyl)phosphate	115-96-8
	六溴环十二烷及其所有已鉴定的主要非对映异构体(α-,β-,γ-)	Hexabromocyclododecane and all main diastereomeres identified (alpha-,beta-,gamma-)	多种,3194-55-6, 134237-50-6,134237-51-7, 134237-52-8,25637-99-4

续表

中文名称		英文名称	CAS 号
多环芳烃	四溴双酚 A	Tetrabromobisphenol A	79-94-7
	二(2,3-二溴丙基)磷酸酯	Bis(2,3-dibromopropyl) phosphate	5412-25-9
	2,2-双(溴甲基)-1,3-丙二醇	2,2-Bis(bromomethyl)-1,3-propanediol	3296-90-0
	三(1,3-二氯-2-丙基)磷酸酯	Tri(1,3-dichloro-iso-propyl) phosphate	13674-87-8
	三(吖丙啶基)氧化膦	Tris(aziridinyl) phosphinoxide	545-55-1
	硼酸	Boric acid	10043-35-3,11113-50-1
	硼酸锌盐	Zinc borate salts	1332-07-6,12767-90-7
	三氧化二硼	Diboron trioxide	1303-86-2
	无水四硼酸钠	Disodium tetraborate, anhydrous	1303-96-4,1303-43-4
	八硼酸钠	Disodium octaborate	12008-41-2
	七水合四硼酸钠	Tetraboron disodium heptaoxide, hydrate	12267-73-1
	短链氯化石蜡($C_{10} \sim C_{13}$)	Short chain chlorinated paraffins($C_{10} \sim C_{13}$)	85535-84-8
	中链氯化石蜡($C_{14} \sim C_{17}$)	Medium chain chlorinated paraffins($C_{14} \sim C_{17}$)	85535-85-9,109940-65-2
	磷酸三(二甲苯)酯	Trixylyphosphate	1372804-76-6,25155-23-1
溶剂残留	N-甲基吡咯烷酮	1-Methyl-2-pyrrolidone	872-50-4
	N,N-二甲基乙酰胺	N,N-Dimethylacetamide	127-19-5
	N,N-二甲基甲酰胺	N,N-Dimethylformamide	68-12-2
	甲酰胺	Formamide	75-12-7
残余表面活性剂、润湿剂、烷基酚	4-叔丁基苯酚	4-Tert-butylphenol	98-54-4
	壬基苯酚	Nonyphenol	多种
	辛基苯酚	Octylphenol	多种
	庚基苯酚	Heptylphenol	多种
	戊基苯酚	Pentylphenol	多种
	壬基酚聚氧乙烯醚	Nonylphenolethoxylates	多种
	辛基酚聚氧乙烯醚	Octylphenolethoxylates	多种
其他残余化学物	苯胺	Aniline	62-53-3
	苯	Benzene	71-43-2

	中文名称	英文名称	CAS 号
其他残余化学物	双酚 A(4,4′-亚异丙基二苯酚)	Bisphenol A(4,4′-Isopropylidendiphenol)	80-05-7
	双酚 B[2,2-二(4-羟基苯基)丁烷)]	Bisphenol A[4,4′-(1-Methylpropylidene)bisphenol]	77-40-7
	偶氮二甲酰胺	Diazene-1,2-dicarboxamide	123-77-3
	富马酸二甲酯	Dimethylfumarate	624-49-7
	苯酚	Phenol	108-95-2
	邻苯基苯酚	o-Phenylphenol	90-43-7
	喹啉(胆碱/苯并[b]吡啶)	Quinoline(Chinoline/Benzo[b]oyridine)	91-22-5
	戊二醛	Glutaraldehyde	111-30-8
	磷酸三(2-氯乙基)酯	Tris(2-chloroethy)phosphate	115-96-8
	三(4-壬基苯基)亚磷酸酯,含有≥0.1%4-壬基酚(支链和直链)	Tris(4-nonylpheyl, branched and linear)phosphite with 0.1% w/w of 4-nonulphenol, branched and linear	多种
受监测的化学残留物	1,2-二乙氧基乙烷	1,2-Diethoxyethane	629-14-1
	2-甲氧基乙酸乙酯	2-Methoxyethylacetate	110-49-6
	2-甲氧基丙醇	2-Methoxypropanol	1589-47-5
	甲基异噻唑啉酮	Methylisothiazolinone	2682-20-4
	双酚 F(4,4′-Methylenediphenol)	Bisphenol F(4,4′-Methylenediphenol)	620-92-8
	双酚 S(4,4′-Sulfonyldiphenol)	Bisphenol S(4,4′-Sulfonyldiphenol)	80-09-1
	双酚 AF[4,4′-(1,1,1,3,3,3-Hexafluoropropane-2,2-diyl)diphenol]	Bisphenol AF[4,4′-(1,1,1,3,3,3-Hexafluoropropane-2,2-diyl)diphenol]	1478-61-1
紫外线稳定剂	2-苯并二唑-2-基-4,6-二叔丁基苯酚	2-Benzontriazol-2-yl-4,6-Di-tert-butylphenol	3846-71-7
	2,4-二叔丁基-6-(5-氯苯并三唑-2-基)苯酚	2,4-Di-tert-butyl-6-(5-chlorobenzotriazol-2-yl)phenol	3864-99-1
	2-(2H-苯并三唑-2-基)-4,6-二叔戊基苯酚	2-(2H-Benzotriazol-2-yl)-4,6-Di-tert-pentylphenol	25973-55-1
	2(2H-苯并三唑-2-基)-4-(叔丁基)-6-(仲丁基)苯酚	2-(2H-Benzotriazol-2-yl)-4-(tert-butyl)-6-(sec-butyl)phenol	36437-37-3

续表

	中文名称	英文名称	CAS 号
氯化石蜡	短链氯化石蜡（$C_{10} \sim C_{13}$）	Short chain chlorinated paraffins（$C_{10} \sim C_{13}$）	85535-84-8
	中链氯化石蜡（$C_{14} \sim C_{17}$）	Mediumchain chlorinated paraffins（$C_{14} \sim C_{17}$）	85535-85-9,198840-65-2,1372804-76-6
硅氧烷	八甲基环四硅氧烷	Octamethylcyclotetrasiloxane	556-67-2
	十甲基环五硅氧烷	Decamethylcyclopentasiloxane	541-02-6
	十二甲基环六硅氧烷	Dodecamethylcyclohexasiloxane	540-97-6
亚硝胺、亚硝基物质	N-硝基联苄基胺	N-Nitrosodibenzylamine	5336-53-8
	N-亚硝基二丁胺	N-Nitrosodibutylamine	924-16-3
	N-二乙醇亚硝胺	N-Nitrosodiethanolamine	1116-54-7
	N-二乙基亚硝胺	N-Nitrosodiethylamine	55-18-5
	N-亚硝基二异丁胺	N-Nitrosodiisobutylamine	997-95-5
	N-亚硝基二异壬胺	N-Nitrosodiisononylamine	1207995-62-7
	N-亚硝基二异丙胺	N-Nitrosodiisopropylamine	601-77-4
	N-亚硝基二甲胺	N-Nitrosodimethylamine	62-75-9
	N-亚硝基二丙胺	N-Nitrosodipropylamine	621-64-7
	N-亚硝基甲基乙胺	N-Nitrosodimethylethylamine	10595-95-6
	N-亚硝基吗啉	N-Nitrosomethylethylamine	59-89-2
	N-亚硝基-N-乙基苯胺	N-Nitros-N-ethyl-N-phenylamine	612-64-6
	N-亚硝基-N-甲基苯胺	N-Nitros-N-methyl-N-phenylamine	614-00-6
	N-亚硝基哌啶	N-Nitros-piperidine	100-75-4
	N-亚硝基吡咯烷	N-Nitros-pyrrolidine	930-55-2
全氟及多氟化合物	全氟辛烷磺酸和磺酸盐	Perfluorooctane sulfonic acid and sulfonates	1763-23-1
	全氟辛烷磺酰胺	Perfluorooctane sulfonamide	754-91-6
	全氟辛烷磺酰氟	Perfluorooctane sulfonfluoride	307-35-7
	N-甲基全氟辛烷磺酰胺	N-Methyl perfluorooctane sulfonamide	31506-32-8
	N-乙基全氟辛烷磺酰胺	N-Ethyl perfluorooctane sulfonamide	4151-50-2
	N-甲基全氟辛烷磺酰胺乙醇	N-Methyl perfluorooctane sulfonamide ethanol	24448-09-7
	N-乙基全氟辛烷磺酰胺乙醇	N-Ethyl perfluorooctane sulfonamide ethanol	1691-99-2

	中文名称	英文名称	CAS 号
全氟及多氟化合物	全氟庚酸及其盐	Perfluoroheptanoic acid and salts	375-85-9 等
	全氟辛酸及其盐	Perfluorooctanoic acid and salts	335-67-1 等
	全氟壬酸及其盐	Perfluorononanoic acid and salts	375-95-1 等
	全氟癸酸及其盐	Perfluorodecanoic acid and salts	335-76-2 等
	全氟十一烷酸及其盐	Henicosafluoroundecanoic acid and salts	2058-94-8 等
	全氟十二烷酸及其盐	Tricosafluoroundecanoic acid and salts	307-55-1 等
	全氟十三烷酸及其盐	Pentacosafluoroundecanoic acid and salts	72629-94-8 等
	全氟十四烷酸及其盐	Heptacosafluoroundecanoic acid and salts	376-06-7 等
	更多全氟羧酸		
	全氟丁酸及其盐	Perfluorobutanoic acid and salts	375-22-4 等
	全氟戊酸及其盐	Perfluoropentanoic acid and salts	2706-90-3 等
	全氟己酸及其盐	Perfluorohexanoic acid and salts	307-24-4 等
	全氟-3,7-二甲基辛酸及其盐	Perfluoro(3,7-dimethyloctanoic acid) and salts	172155-07-6 等
其他	受监测的全氟羧酸和磺酸		
	2,3,3,3-四氟-2-(七氟丙氧基)丙酸及其盐和酰卤化物	2,3,3,3-Tetrafluoro-2-(heptafluoro propoxy) propionic acid, its salts and its acyl halides	多种
	全氟辛烷磺酸	Perfluorooctane sulfonic acids	1763-23-1
	全氟丁烷磺酸及其盐	Perfluorobutane sulfonic acid and salts	375-73-5, 59933-66-3 等
	全氟己烷磺酸及其盐	Perfluorohexane sulfonic acid and salts	355-46-4 等
	全氟庚烷磺酸及其盐	Perfluorobutane sulfonic acid and salts	375-92-8 等
	二十一氟癸烷磺酸及其盐	Henicosafluorodecane sulfonic acid and salts	335-77-3 等
	部分氟化羧酸/磺酸		
	7-H 全氟庚酸及其盐	7H-Perfluoro hetanoic acid and salts	1546-95-8 等
	2H,2H,3H,3H-全氟十一烷磺酸及其盐	2H,2H,3H,3H-Perfluoroundecanoic acid and salts	34598-33-9 等
	1H,1H,2H,2H-全氟辛烷磺酸及其盐	1H,1H,2H,2H-Perfluorootane sulfonic acid and salts	27619 等

续表

中文名称	英文名称	CAS 号
部分氟化线性醇		
1H,1H,2H,2H-全氟-1-己醇	1H,1H,2H,2H-Perfluoro-1-hexanol	2043-47-2
1H,1H,2H,2H-全氟-1-辛醇	1H,1H,2H,2H-Perfluoro-1-octanol	647-42-7
1H,1H,2H,2H-全氟-1-己癸醇	1H,1H,2H,2H-Perfluoro-1-decanol	678-39-7
1H,1H,2H,2H-全氟-1-十二烷醇	1H,1H,2H,2H-Perfluoro-1-dodecanol	865-86-1
氟化醇与丙烯酸的酯		
1H,1H,2H,2H-全氟辛基丙烯酸酯	1H,1H,2H,2H-Perfluorooctyl acrylate	17527-29-6
1H,1H,2H,2H-全氟癸基丙烯酸酯	1H,1H,2H,2H-Perfluorodecyl acrylate	27905-45-9
1H,1H,2H,2H-全氟十二烷基丙烯酸酯	1H,1H,2H,2H-Perfluorododecyl acrylate	17741-60-5
相关物质		
1H,1H,2H,2H-全氟十二烷基丙烯酸酯	1H,1H,2H,2H-Perfluorodecyl acrylate	27905-45-9
1H,1H,2H,2H-全氟-1-癸醇	1H,1H,2H,2H-Perfluoro-1-decanol	678-39-7
1H,1H,2H,2H-全氟辛烷磺酸及其盐	1H,1H,2H,2H-Perfluorodecanesulphonic acid and its salts	39108-34-4,et al.
重金属		
锑(Sb)	Antimony	7440-36-0 等
砷(As)	Arsenic	7440-38-2 等
铅(Pb)	Lead	7440-92-1 等
镉(Cd)	Cadmium	7440-43-9 等
铬(Cr)	Chromium	7440-47-3 等
钴(Co)	Cobalt	7440-48-4 等

其他

续表

中文名称		英文名称	CAS 号
其他	铜（Cu）	（Copper）	744050-8, et al.
	镍（Ni）	（Nickel）	7440-02-0, et al.
	汞（Hg）	（Mercury）	7440-97-6, et al.
	钡（Ba）	（Barium）	7440-39-3, et al.
	硒（Se）	（Selenium）	7440-49-2, et al.
	受监测的加工防腐剂		
	2-巯基苯并噻唑	2-Mercaptobenzothiazole	149-30-4
	2-辛基异噻唑啉-3(2H)-酮	2-Octyl-2H-isothiazol-3-one	26530-20-1
	4-氯-3-甲基苯酚	4-Chloro-3-methylphenole	59-50-7
	2-硫氰基甲基硫代苯并噻唑	[(1,3-Benzothiazol-2-yl) sulfanyl] methyl thiocyanate	21564-17-0

2.4 RSL 清单

美国服装与鞋履协会（AAFA）是目前美国最大和最具代表性的服装、鞋类和其他缝制产品生产和贸易的行业协会，由美国两个强大的服装制造业协会和美国制鞋业协会于 2000 年 8 月合并成立，其总部位于美国华盛顿，是国家贸易协会。该协会代表超过 1000 家世界著名相关企业，是服装和鞋类行业值得信赖的公共政策及声音，其代表了行业管理层与股东，超过 300 万的美国行业工人及 4700 亿美元对美国年度零售销售额的贡献。AAFA 的使命是通过减少管理、法律、商业、政治和贸易的限制来促进和提高成员在全球市场上的竞争力、生产力和利润率。AAFA 通过建立共识，为全球贸易、社会责任、可持续性、产品安全、知识产权、政府采购问题等提供可操作的解决方案，以促进全球产业的竞争力；在专业领域通过严格全面的培训课程，使行业保持领先地位；为会员提供有价值的情报，实现业务智能决策，从而提高盈利能力和降低风险；以及传达行业的目标和需求，深化公众对行业的了解和认识这四种途径来实现这一使命。

AAFA 下设 12 个委员会、工作组，分别为政府关系委员会、品牌保护委员会、政府契约委员会、社会责任委员会、环境委员会、产品安全委员会、袜子委员会、鞋类委员会这 8 个委员会和交通运输、产品标签、海关、市场准入 4 个工作组。备受世界相关服装及鞋类协议关注的全球限制物质清单(RSL)就出自环境委员会,在美国首先创建并定期更新限制物质清单,目的是为服装和鞋类公司提供有关法规和法律信息。需要指出的是,该信息仅包括这些法规和法律限制或者禁止使用在世界各地成品家用纺织品、服装和鞋类产品中的材料、化学品和物质,不包括在生产过程或者工厂中限制使用的物质,而更关注在成品家用纺织品、服装、鞋类产品中检测出的这些物质是否达到某个程度,因此,在各种情况下美国 AAFA RSL 确定的法规是最严格的法规之一。由于 AAFA 的 RSL 更新内容源于全球各国政府以法律法规或强制性标准形式限制或禁止在服装和鞋类产品中化学品的要求和规定,而更新的 RSL 作为行业有害化学物质管理工具所提供的准确有效的技术信息,不仅反映了全球法规和质量标准的最新变更,有助于全球创建更安全和可持续的供应链以及美国服装和鞋类行业对生产过程中的化学品进行更有效管控,而且顺应当今市场上复杂的有害物质管控要求并与其保持一致,所以 AAFA RSL 的每次更新都会受到世界各国染整企业和纺织化学品制造企业的密切关注。

AAFA RSL 清单于 2007 年夏天首次发布,然后大约每半年到一年更新一次,跟踪所有进入服装和鞋类产品的受管制化学品,并严格确定限用这些化学品的国家,其限量、测试方法和法律法规引文,目前最新的 RSL 版本为 2022 年 4 月发布的第22 版。

AAFA 推出的 RSL 清单作为行业有害物质管理工具,有助于全球供应链、美国服装与鞋类行业对生产过程中的化学品进行管理,目前逐步变成全球服装和鞋类行业用其来作出正确采购决定的最有效的工具之一。此外,在美国联邦政府、州政府及各类环保组织的推动下,更为纷繁复杂的有毒有害化学品对人类安全与健康将提出更高的挑战,AAFA 受限物质清单的收集、整理以及定期更新为纺织印染相关企业的化学品管控提供了准确有效的技术信息,从而协助产业创造一个更安全和更可持续的供应链。

参考文献

[1]陈荣圻,王建平. 生态纺织品与环保染化料[M]. 北京:中国纺织出版社,2002.

[2]Križanec B,Majcen Le Marechal A. Dioxins and dioxin-like persistent organic pollutants in textiles and chemicals in the textile sector[J]. Croatica Chemica Acta,2006,79(2):177-186.

[3]Križanec B,Majcen Le Marechal A,Vončina E,et al. Presence of dioxins in textile

dyes and their fate during the dyeing processes[J]. Acta Chimica Slovenica,2005,1 (52):111-118.

[4]US EPA. Manual-Best Management Practices for Pollution Prevention in the Textile Industry[Z]. 1996.

[5]傅科杰. 基于色谱技术的纺织服装残留小分子有机控制高效检测与应用研究 [D]. 杭州:浙江理工大学,2020.

[6]Naranjo E S. Impact of Bt crops on non-target invertebrates and insecticide use patterns[J]. CAB Reviews:Perspectives in Agriculture. Veterinary Science, Nutrition and Natural Resources,2009,4(11):1-23.

[7]Integrated Pollution Prevention and Control(IPPC)Reference Document on Best Available Techniques for the Textiles Industry[Z]. European commission,2003.

[8]Shaw. T. Environmental issues in wool processing. International Wool Secretariat (IWS) Development center monograph [Z]. International wool secretariat, IWS. 1989,England.

[9]Le Marechal A M, Križanec B, Vajnhandl S, et al. Organic Pollutants Ten Years After the Stockholm Convention,Environmental and Analytical Update:Textile Finishing Industry as an Important Source of Organic Pollutants[M]. Croatia:Published by InTech,2012.

[10]Mattioli D,Malpei F,Borone G,et al. Waterminimisation and reuse in the textile industry. In:Water Recycling and Resource Recovery in Industry [M]. Cornwall: IWA Publishing,2002.

[11]林以琳. 欧盟关于化学品的注册、评估、授权和限制法规浅析[J]. 广东化工, 2009,49(11):86-90.

[12]王建平,胡年睿. REACH 法规的附件ⅩⅣ和附件ⅩⅦ[J]. 印染助剂,2022,39 (5):1-10.

[13]傅科杰,杨力生,陈庆东. 欧盟 RAPEX 通报的服装质量问题分析[J]. 印染助剂,2009,19(4):58-59.

[14]王俊杰,魏玉娟,吴丽. 生态纺织品标准及检测[J]. 染料与染色,2009,46 (2):49-51.

[15]REACH Regulation(EU)No 1907/2006[Z]. European commission,2006.

[16]Textile names and labelling Regulation 1007/2011/EU[Z]. European commission, 2011.

[17]Warenwet[Z]. States-General of the Netherlands,2014.

[18]POPs European Regulation(EC)850/2004,European commission,2004.

[19] Oeko - Tex standard 100 stansard［S］. Oeko - Tex Association, 2022, Available from：https：//www. oeko - tex. com/en/business/business ＿ home/business ＿ home. xhtml.

[20] 章杰. 2022 年禁限用纺织化学品最新进展[J]. 印染助剂, 2002, 39(8):1-13.

[21] 信息. 从 5 大方面了解 STANDARD 100 by OEKO-TEX 认证[J]. 染整技术, 2020, 42(10):60-62.

[22] 章杰. 2020 年发布的三大法规对禁限用纺织化学品的新要求(一)[J]. 印染, 2020(7):61-65.

[23] 章杰. 2020 年发布的三大法规对禁限用纺织化学品的新要求(二)[J]. 印染, 2020(8):62-64.

第 2 部分　色谱技术

1 色谱的分类及分离原理

1.1 色谱的发展

色谱法(chromatography)是利用不同物质在固定相和流动相之间的分配系数不同,以流动相对固定相中的混合物进行洗脱,混合物中不同的物质会以不同的速度沿固定相移动,最终达到分离的效果。色谱分析是从分离技术发展成为分离分析技术的一门综合性学科,是一种物理化学的分离分析方法。它是近代分析化学中发展最快、应用最广的分离分析技术。

1850 年,德国分析化学家 F. F. Lunge 观察到将混合的花色素滴在吸墨纸上形成一个个同心圆,这是有记录最早的色谱雏形。科学史上第一次出现"色谱"这个名词是由俄国植物学家 M. S. Tswett 于 20 世纪初提出。1906 年,Tswett 发表了一篇文章,报道了他成功分离树叶的石油醚萃取液中各种色素的实验。他将叶片的石油醚萃取液倒入装有碳酸钙颗粒的玻璃管中,然后不断用石油醚冲洗,叶片的色素提取液随着冲洗液在管中的碳酸钙上缓慢地向下移动,在碳酸钙上形成不同颜色的谱带。最下面的色谱带呈橙黄色,经分析是胡萝卜素;随后是黄色的叶黄素谱带。上面两层是呈蓝绿色和黄绿色的叶绿素 a 和叶绿素 b 谱带。Tswett 用希腊语 chroma(色)和 graphos(谱)描述他的实验方法,即现在的色谱法(chromatography)。虽然后来色谱法的发展不限于分离有色物质,更多的是用于无色物质的分离和测定,由于习惯现在仍沿用色谱这个名称。

Tswett 对色谱的研究以俄语发表在俄国的学术杂志之后不久,第一次世界大战爆发,欧洲正常的学术交流被迫终止。这些因素使色谱法问世后十余年间不为学术界所知,直到 1931 年德国柏林威廉皇帝研究所的 R. Kuhn 将 Tswett 的方法应用于胡萝卜素、核黄素和维生素的研究,并获得了 1938 年的诺贝尔化学奖。Kuhn 的研究获得了广泛的承认,也让科学界接受了色谱法。此后的一段时间内,以氧化铝为固定相的色谱法在有色物质的分离中取得了广泛的应用,这就是今天的吸附色谱。1938 年,英国科学家 A. J. P. Martin 和 R. L. M. Synge 准备利用氨基酸在水和有机溶剂中的溶解度差异分离不同种类的氨基酸,Martin 早期曾经设计了逆流萃取系统以分离维生素,Martin 和 Synge 准备用两种逆向流动的溶剂分离氨基酸,但是没有获得成功;1941 年他们将水吸附在固相的硅胶上,以氯仿冲洗,成功地分离了氨基酸,建立了液液分配色谱方法,引起化学家的重视,该方法被广泛应用于各种有机物的分离,他们也因此获得了 1952 年诺贝尔化学奖;1944 年,R. Consden、A. H. Gordon 和 A. J. P. Martin 首次用滤纸代替硅胶成功地分离了氨基酸,从而创立了纸色谱法(paper chromatography,PC)。1952 年,A. J. P. Martin 和 A. T. James 提出用气体作为流动相进行色谱分离的想法,他们用硅藻土吸附的硅酮油作为固定相,用氮气作为流动相分离了若干种小分子量挥发性有机酸等,建立了气相色谱法(gas chromatography,GC),它给挥发性化合物的分离和测定带来了变革。气相色谱的出现使色谱技术从最初的定性分离手段进一步演化为具有分离功能的定量测定手段,并且极大地刺激了色谱技术和理论的发展。以气体为流动相的色谱对设备的要求极高,这促进了色谱技术的机械化、标准化和自动化;气相色谱需要特殊和更灵敏的检测装置,这促进了检测器的开发;而气相色谱的标准化又使色谱学理论得以形成在色谱学理论中有着重要地位的塔板理论和 Van Deemterl 方程,保留时间、保留指数、峰宽等概念都是在研究气相色谱行为过程中形成的。

　　1956 年,E. Stahl 建立了薄层色谱法,这一系列的色谱技术和理论的发展为液相色谱的问世打下了扎实的基础。1958 年,美国生物化学家 W. H. Stein 和 S. Moore 分别研制出氨基酸分析仪(一种低压高效液相色谱仪),并用它确定了核糖核酸的分子结构。此后,氨基酸分析仪一直成为蛋白质和酶结构的重要工具,为此他们获得了 1972 年的诺贝尔化学奖。20 世纪 60 年代末 70 年代初,C. Horvath、J. F. K. Huber 和 J. J. Kirkland 三个研究小组分别报道了高效液相色谱仪的研制,开启了高效液相色谱的时代。高效液相色谱使用粒径更细的固定相填充色谱柱,通过提高色谱柱的塔板数,以高压驱动流动相,使经典液相色谱需要数日乃至数月完成的分离工作得以在几个小时甚至几十分钟内完成。1971 年,J. J. Kirkland 等出版了《液相色谱的现代实践》一书,标志着高效液相色谱法(HPLC)正式建立。在此后的时间里,高效液相色谱成为最为常用的分离和检测手段之一,在有机化学、生物化学、医学、药物开发与检测、化工、食品科学、环境监测、商检和法检等方面都有广泛的应用。高效液相色谱同时还极大地刺激了固定相材料、检测技术、数据处理技术以及色谱理论的发展。

1.2 色谱的分类

色谱分析法是一种包含多种分离类型、检测方法和操作方法的分离分析技术，可以从不同角度进行分类。

1.2.1 按固定相和流动相的物理状态分类

流动相有气态和液态两类，因此色谱法又可分为气相色谱法和液相色谱法。液相色谱又可分为正相色谱和反相色谱。如果采用固定相的极性大于流动相的极性，就称为正相色谱；如果固定相的极性小于流动相的极性，则称为反相色谱。由于极性化合物更容易被极性固定相所保留，所以正相色谱系统一般适用于分离极性化合物，极性小的组分先流出。相反，反相色谱系统一般适用于分离非极性或弱极性化合物，极性大的组分先流出。

固定相有液体固定相和固体固定相，固体固定相是使用固体吸附剂，被分离组分在色谱柱上的分离原理是根据固定相对组分吸附力大小不同而完成分离的，分离过程是一个吸附—解吸附的平衡过程。常用吸附剂为硅胶或氧化铝，粒度 $5 \sim 10\mu m$。液体固定相是将特定的液体物质涂布或化学键合于担体表面而形成的固定相，分离原理是根据被分离的组分在流动相和固定相中溶解度不同而完成分离的，分离过程是一个分配平衡的过程。

因此色谱又可组合成四种主要类型：气液色谱（gas-liquid chromatography，GLC）、气固色谱（gas-solid chromatography，GSC）、液液色谱（liquid-liquid chromatography，LLC）和液固色谱（liquid-solid chromatography，LSC）。

此外，还有一种超临界流体色谱（supercritical fluid chromatography，SFC）。流动相不是一般的液体或气体，而是具有超临界温度和压力的流体，这种流体兼有气体的低黏度和液体的高密度的性质，而组分的扩散系数介于气体和液体之间，可分析气相色谱不能或难以分析的许多沸点高、热稳定性差的物质。

1.2.2 按固定相形状分类

根据固定相的容器形状或者固定相的形状，可将色谱分为柱色谱和平板色谱。

柱色谱（column chromatography）是将固定相装在柱中的色谱，常见的填装固定相的柱材料有玻璃柱和不锈钢柱。

平板色谱（planar chromatography）是固定相呈平板状的色谱，利用滤纸做固定相的平板色谱称为纸色谱(paper chromatography),固定相被涂布在玻璃板上的称为薄层色谱(thin-layer chromatography)。

1.2.3　按色谱过程的物理化学机理分类

根据色谱过程的物理化学机理,可将色谱分为吸附色谱、分配色谱、离子交换色谱、排阻色谱和电色谱。

1.2.3.1　吸附色谱(absorption chromatography)

吸附色谱是用固体吸附剂做固定相的色谱,它是利用固定相吸附中对物质分子吸附能力的差异实现对混合物的分离,吸附色谱的色谱过程是流动相分子与物质分子竞争固定相吸附中心的过程。

1.2.3.2　分配色谱(partition chromatography)

分配色谱是利用固定相与流动相之间对待分离组分分子溶解度的差异来实现分离的色谱。分配色谱的固定相一般为液相的溶剂,依靠涂布、键合、吸附等手段分布于色谱柱或者担体表面。分配色谱过程本质上是组分分子在固定相和流动相之间不断达到溶解平衡的过程。

1.2.3.3　离子交换色谱(ion exchange chromatography)

离子交换色谱是利用离子交换原理而进行分离的色谱。离子交换色谱中的固定相中有一些带电荷的基团,这些带电基团通过静电相互作用与带相反电荷的离子结合。如果流动相中存在其他带相反电荷的离子,按照质量作用定律,这些离子将与结合在固定相上的反离子进行交换。

1.2.3.4　排阻色谱(exclusion chromatography)

排阻色谱是利用分子大小不同而进行分离的色谱。排阻色谱的分离机理是立体排阻,样品组分与固定相之间不存在相互作用的现象。色谱柱的填料是凝胶,因此排阻色谱又称凝胶色谱(gel chromatography),它是一种表面惰性,含有许多不同尺寸的孔穴或立体网状物质。凝胶的孔穴大小与被分离的试样大小相当。仅允许直径小于孔开度的组分分子进入,这些孔对于流动相分子来说是相当大的,以致流动相分子可以自由地扩散出入。对不同大小的组分分子,可分别渗入凝胶孔内的不同深度,大个的组分分子可以渗入凝胶的大孔内,但进入不了小孔,甚至完全被排斥。小个的组分分子,大孔小孔都可以渗进去,甚至进入很深,一时不易洗脱出来。因此,大的组分分子在色谱柱中停留时间较短,很快被洗出,它的洗脱体积(即保留时间)很小。小的组分分子在色谱柱中停留时间较长,洗脱体积(即保留时间)较大,直到所有孔内的最小分子到达柱出口,这种按分子大小而分离的洗脱过程才告完成。

1.2.3.5　电色谱(electrochromatography)

电色谱是利用带电物质在电场作用下移动速度不同进行分离的色谱。与其他色谱不同的是,电色谱利用电渗作用驱动流动相流动,其分离作用主要源于溶质在色谱固定相和流动相间的分配平衡特性。电色谱是分析化学、生物化学和分子生物学中的一种化学分离技术,用于分离大部分大型生物分子。

1.2.4　按仪器分类

根据色谱仪器的不同,可将色谱分为气相色谱、液相色谱和平面色谱三类。

气相色谱(gas chromatography)有填充柱气相色谱(packed column gas chromatography)、毛细管气相色谱(capillary column gas chromatography)、裂解气相色谱(paralysis gas chromatography)和顶空气相色谱(head space gas chromatography)。

液相色谱(liquid chromatography)有高效液相色谱(high performance liquid chromatography)、超临界流体色谱(super critical fluid chromatography)、高效毛细管电泳(high performance capillary electrophoresis)和毛细管电色谱(capillary electrochromatography)。

平面色谱法(planar chromatography)有薄层色谱(thin layer chromatography)、薄层电泳色谱(thin layer electrophoresis)和纸色谱(paper chromatography)。

1.2.5　按目的分类

色谱法的应用可以根据目的分为制备性色谱和分析性色谱两大类。

制备性色谱的目的是分离混合物,获得一定数量的纯净组分,这包括对有机合成产物的纯化、天然产物的分离纯化以及去离子水的制备等。相对于色谱法出现之前的纯化分离技术,如重结晶,色谱法能够在一步操作之内完成对混合物的分离,但是色谱法分离纯化的产量有限,只适合于实验室应用。

分析性色谱的目的是定量或者定性测定混合物中各组分的性质和含量。定性的分析性色谱有薄层色谱、纸色谱等,定量的分析性色谱有气相色谱、高效液相色谱等。色谱法应用于分析领域使分离和测定的过程合二为一,降低了混合物分析的难度,缩短了分析的周期,是比较主流的分析方法。在中华人民共和国药典中,共有超过约600种化学合成药和超过约400种中药的质量控制应用了高效液相色谱的方法。

此外,还可根据色谱动力学过程不同,分为淋洗法(elution method)、置换法(displacement method)和前沿法(frontal method)等。

1.3　色谱的分离原理

色谱分离都具有以下两个特点。

①色谱分离都具有流动相和固定相两相,其中固定相是不移动的,而流动相推动样品对固定相做相对移动。

②流动相和固定相对被分离的组分有不同的作用力。这种作用力有吸附力(吸附色谱)、溶解力(分配色谱)、离子交换力(离子交换色谱)、渗透力(凝胶色谱)等。

在色谱分离中常用分配系数来描述流动相和固定相对组分的作用力差别。分配系数的大小与组分的热力学性质有关,只有当各组分的分配系数存在差异时,各组分才有可能达到彼此分离。

图 2-1 是某二元混合物在固定相上的分离过程,由图 2-1 可见,当样品刚进入

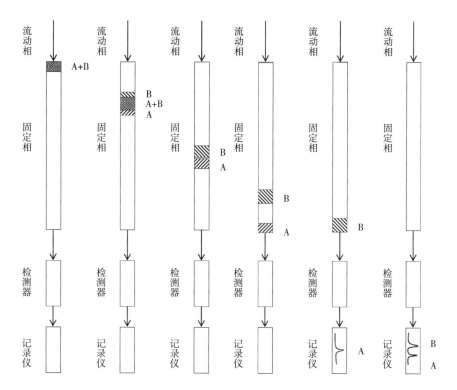

图 2-1　某二元混合物在色谱柱内的分离过程

固定相时,A 组分和 B 组分是混合在一起的;流动相不断推动样品进入下一段固定相,经过一段距离后,若样品中 A、B 组分的热力学性质不同,即分配系数不同,A、B 组分逐步分离成 A、A+B、B 几个谱带;经过连续反复多次分配,A+B 组分混合物分离成 A、B 两个谱带,并且在移动过程中,随着组分的逐渐扩散,谱带的宽度变大;随后,组分 A 进入检测器,信号被记录,在记录仪上得到峰 A;最后,组分 B 进入检测器,信号被记录,在记录仪上得到峰 B。

从上述过程可以看出,组分 A 和 B 能否分离,取决于 A、B 组分的热力学性质差异程度,也就是分配系数差异的大小,差异越大,越容易分离。但分离是否能实现,分离效果的好坏还与组分在两相中的扩散程度有关。扩散会造成分配系数相差较少的组分重叠从而影响分离。扩散的程度则取决于组分分子的微观运动,这类运动受到动力学因素的影响,因此色谱学需要研究三个重要问题。

一是要想使两个组分分离,就要使它们的流出峰距离足够远。两物质的流出峰的距离与它们在两相间的分配系数 K 有关,而 K 与物质的分子结构和性质相关,因此必须研究这一分配过程中的热力学性质,这是发展高选择性色谱柱的理论基础。

二是两峰具有一定距离还不足以分离,还必须要求峰宽要窄。色谱峰的宽窄与物质在色谱过程中的运动情况有关,这就要求研究色谱过程中的动力学因素。

三是当改变操作条件时,色谱的峰宽和距离可能同时起变化,色谱分离条件的选择,就成为色谱学理论研究的第三个重要问题。

2　色谱的基本参数

2.1　色谱峰的参数

色谱图是指被分离组分的检测信号随时间分布的图像,是样品流经色谱柱和检测器,所得到的信号—时间曲线,又为色谱流出曲线。色谱图形状随色谱方法和检测记录的方式不同而不同,在洗脱法色谱中,若采用微分型检测器时,分离组分的检测信号随时间变化的图形为近似于高斯分布的一组色谱峰群,色谱图的纵坐标为检测器的响应信号,横坐标为时间。色谱峰中的主要参数有色谱峰的位置、宽度、高度和峰形,可以用基线、峰宽、半峰宽、峰高和峰的保留时间等参数来描述,如图 2-2 所示。

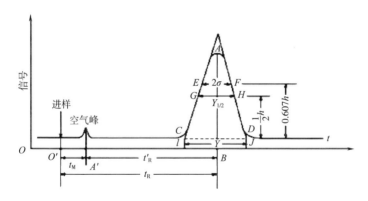

图 2-2　色谱图及其重要参数

基线是在实验操作条件下,当没有组分即仅流动相进入检测器时的流出曲线。稳定的基线是一条水平直线,是测量基准,也是检查仪器工作是否正常的指标之一。基线噪声(baseline noise)是指由各种因素引起的基线起伏。基线漂移(baseline drift)是指基线在一定时间内对原点产生的偏离。通常基线噪声过大是由电源接触不良或瞬时过载、检测器不稳定、流动相含有气泡或色谱柱污染导致的。而基线漂移主要由于操作条件,如电压、温度、流动相及流量不稳定所引起的,另外柱内污染物或固定相不断被洗脱也会产生基线漂移。

峰底是基线上峰的起点至终点的距离;峰高(peak height)是值峰的最高点到峰底的距离,用 H 表示;峰宽(peak width)是指峰两侧拐点处所作两条切线与基线的两个交点之间的距离,为图 2-2 中 IJ 的距离,用 Y 表示;半峰宽(peak width at half height)是指在峰高一半处的峰宽,为图 2-2 中 GH 的距离,用 $Y_{1/2}$ 表示;峰面积(peak area)是峰与峰底所包围的面积,用 A 表示;标准偏差(standard deviation)是指 0.607 倍峰高处色谱峰宽度的一半,图 2-2 中 EF 的一半,用 σ 表示。标准偏差与峰底宽度和半峰宽的关系见式(2-1)和式(2-2):

$$Y_{1/2} = 2\sigma\sqrt{2\ln2} = 2.355\,\sigma \tag{2-1}$$

$$Y = 4\,\sigma \tag{2-2}$$

区域宽度的三种表示参数(峰宽、半峰宽、标准偏差)是色谱流出曲线中很重要的参数,它的大小反映了色谱柱或所选的色谱条件的好坏。

色谱峰的位置用所对应组分峰的保留值(retention value)表示,它反映了该组分的迁移速度,是该组分定性的依据。死时间也称为流动相保留时间,是指惰性组分从进样至出现浓度最大点时的时间,用符号 t_M 或 t 表示,反映了流动相流过色谱系统所需的时间。保留时间 t_R 是指待测组分从进样到出现峰最大值所需的时间,保留时间是由色谱过程中的热力学因素所决定的,在一定的色谱操作条件下,任何一种物质都有一确定的保留时间,有着类似于比移值相同的作用,可作为色谱定性分析的依据。调整保留时间 t'_R 是指扣除死时间后的组分保留时间,即 $t'_R = t_R - t_M$。死体积 V 是指流动相流过色谱系统所需的体积,相当于分离系统中除固定相外流动相所占的体积。保留体积 V_R 是指组分从进样至出现浓度最大点时所耗用流动相的体积。调整保留体积 V'_R 是指扣除死体积后的组分保留体积。

2.2 色谱分离的参数

为了描述两组分通过色谱柱后被分离的程度与原因,需要引入一些关于两种组分的热力学性质差别的参数。这些参数有相对保留值、分配比、相比、塔板数和分离度等。

2.2.1 相对保留值

相对保留值(relative retention value, α)又称分离因子或选择因子,是指相邻两组分的调整保留值的比值,即式(2-3):

$$\alpha = \frac{t'_{R2}}{t'_{R1}} = \frac{V'_{R2}}{V'_{R1}} \tag{2-3}$$

习惯上设定 $t'_{R2} > t'_{R1}$，则 $\alpha \geqslant 1$。若 $\alpha = 1$，则该两组分热力学性质相同，无法分离。只有当 $\alpha > 1$ 时，两组分才有可能分离。只要柱温和固定相不变，即使柱径、柱长、填充情况及流动相流速有所变化，α 值仍保持不变，相邻两组分的 t'_R 相差越大，分离得越好。

2.2.2　分配比

分配比（partition ratio，k'）又称分配容量、容量比、容量因子或质量分配比。它是指达到分配平衡时，组分在固定相和流动相中的质量比（或分子数比、物质的量比），即式（2-4）：

$$k' = \frac{m_s}{m_m} = \frac{C_s V_s}{C_m V_m} = \frac{K V_s}{V_m} = \frac{t'_R}{t_M} \tag{2-4}$$

式中：m_s 为固定相中组分的质量；m_m 为流动相中组分的质量；C_s 为组分在固定相中的浓度；V_s 为色谱柱中固定相的体积；C_m 为组分在流动相中的浓度；V_m 为色谱柱中流动相的体积；K 为分配系数；t'_R 为调整保留时间；t_M 为死时间；通常 k' 值一般控制为 $3 \sim 7$。

2.2.3　相比

相比（β）是指色谱柱中流动相与固定相体积的比值，即式（2-5）：

$$\beta = \frac{V_m}{V_s} = \frac{K}{k'} \tag{2-5}$$

填充柱气相色谱柱的 β 值为 $5 \sim 35$，而毛细管气相色谱柱的 β 值为 $50 \sim 200$。

2.2.4　塔板数

塔板数（number of plates，N）是指组分在色谱柱中的固定相和流动相间反复分配平衡的次数。N 越大，平衡次数越多，组分与固定相的相互作用力越显著，柱效越高。塔板数 N 是色谱柱效的指标，它与保留值和峰宽的关系见式（2-6）：

$$N = 16 \times \left(\frac{t_R}{Y}\right)^2 = 5.54 \times \left(\frac{t_R}{Y_{1/2}}\right)^2 \tag{2-6}$$

2.2.5　分离度

分离度（resolution，R）又称分辨率，是指相邻两个峰的分离程度。R 作为色谱

柱的总分离效能指标,等于相邻色谱峰保留时间之差与两色谱峰峰宽均值之比,即式(2-7):

$$R = \frac{t_{R2} - t_{R1}}{(Y_1 + Y_2) \times 1/2} = \frac{2(t_{R2} - t_{R1})}{Y_1 + Y_2} \tag{2-7}$$

R 值越大,表明相邻两组分分离得越好。一般,当 $R<1$ 时,两峰有部分重叠;当 $R = 1.0$ 时,分离度可达 98%;当 $R = 1.5$ 时,分离度可达 99.7%。通常用 $R = 1.5$ 作为相邻两组分已完全分离的标志。当 $R = 1$ 时,称为 4σ 分离,两峰基本分离,裸露峰面积为 95.4%,内侧峰基重叠约 2%。$R = 1.5$ 时,称为 6σ 分离,裸露峰面积为 99.7%。$R \geqslant 1.5$ 称为完全分离。

2.3 基本参数对分离的影响

假设对于两组分 1 和 2,理论塔板数 N 相等,即 $N_1 = N_2$,将式(2-3)~式(2-6)代入式(2-7)可得式(2-8):

$$R = \frac{\sqrt{N}}{4}\left(\frac{\alpha - 1}{\alpha}\right)\left(\frac{k'}{1 + k'}\right) \tag{2-8}$$

式(2-8)又称分离度方程,是决定分离度的三个基本要素分配比 k'、相对保留值 α 和理论塔板数 N 之间的关系式。

$\sqrt{N}/4$ 称为柱效项。从分离度方程式可知,分离度 R 与理论塔板数 N 的平方根成正比。随着理论塔板数的增加,分离度增大。N 的大小与柱的性能(如长度、柱的填充好坏、固定相的性质、固定相的粒度大小和固定液膜厚度等综合因素)有关,也与分离条件如流动相的种类、流速、温度等有关,因此获得一根高效的色谱柱,可有效地提高难分离两组分的分离效果;改变某些分离条件,如改变流动相、流速接近最佳流速等也可提高难分离两组分的分离效果。

$\left(\dfrac{\alpha - 1}{\alpha}\right)$ 项称为柱选择项。相对保留值 α 决定洗出峰的位置,当 α 从 1.01 提高到 2 时,$\alpha - 1/\alpha$ 值从 0.01 增加到 0.5,分离度 R 提高了 50 倍。而 k' 从 1 提高到 2 时,$k'/(k'+1)$ 值只从 0.5 增加到 0.67。可见 α 是提高分离度的重要变量。根据式(2-3)、式(2-4)可得式(2-9):

$$\alpha = \frac{k'_2}{k'_1} = \frac{m_{s2}}{m_{s1}}\frac{m_{m1}}{m_{m2}} \tag{2-9}$$

因此提高 α 值必须使两组分中的一种在固定相中分配的比例增加而另一种在

流动相中的分配比例增加。提高 α 值,主要是改变流动相和固定相的组成,可有效地提高分离度,提高难分离两组分的分离效果。

$\left(\dfrac{k'}{1+k'}\right)$ 项称为柱容量相。k' 决定洗出峰位置,当 k' 很小时 (<2),$k'/(1+k')$ 随 k' 的增加而迅速增加,R 也随 k' 增大而迅速上升。当 $k'>5$ 后,k' 增加,R 增大得非常缓慢。当 $k'>10$ 后,k' 的上升,使 R 变化很小。而分离时间延长,色谱峰扩张。从分离度与分析速度角度考虑,最佳 k' 值在 $2\sim5$ 之间。对于多元混合物,k' 值一般控制为 $3\sim7$。改变 k' 有如下办法。

①改变流动相或固定相来控制 k'。对于气相色谱,流动相只有少数几个,难奏效。选择改变固定相较为理想。对于液相色谱,两者均有选择余地,固定相一般为化学键合固定相,价格太贵,选择流动相的配比较为合适。

②改变温度可以控制 k'。如对于气相色谱,可采用程序升温。对于液相色谱,可以选择不同的柱温。

3 色谱的基础理论

色谱学基础理论是色谱学快速发展和广泛应用的基础,是进一步推动色谱理论、方法和应用技术研究的基础。色谱学的基础理论有平衡色谱理论、塔板理论、扩散理论、速率理论、块状液膜模型等,其中最有代表性的是塔板理论和扩散理论。

3.1 塔板理论

1941 年,A. J. P. Martin 和 R. L. M. Synge 最早提出了塔板理论(plate theory)。塔板理论引用蒸馏塔理论和概念研究了组分在色谱柱内迁移和扩散描述组分在色谱柱内运动的特征,成功地解释了组分在柱内的分配平衡过程,阐述了色谱、蒸馏和萃取之间的相似性。

塔板理论把色谱柱看作一座蒸馏塔,设想色谱柱是由若干小段也就是塔板组成,并且认为在每个塔板的间隔空间内,一部分被固定相填充,另一部分被流动相占据。组分在两相中即刻达到分配平衡,经过多次的分配平衡后,分配系数小的组分先流出色谱柱,并得到描述色谱流出曲线的表达式。

塔板理论是基于以下几个假设。

①柱内由若干个高度为 H 的塔板组成,这一小段高度 H 称为一个塔板高度,因此柱子的塔板数 N 为柱长 L/塔板高度 H。

②组分在塔板高度内完全服从分配定律,且在两相间达到瞬时平衡。

③组分加在 0 号塔板上,且沿色谱柱轴方向的扩散也就是轴向扩散可忽略。

④流动相以跳跃式或脉冲式进入且一次只进入一个塔板。

⑤分配系数 K 在每个塔板上均不变,是常数且与组分的量无关。

根据塔板理论,待分离组分流出色谱柱时的浓度沿时间呈现二项式分布,当色谱柱的塔板数很高的时候,二项式分布趋于正态分布。则流出曲线上组分浓度与时间的关系可以表示为式(2-10):

$$c_t = c_0/(\sigma \times \sqrt{2\pi}) \times e^{-(t-t_R)^2/(2\times\sigma^2)} \tag{2-10}$$

式中：c_t 为 t 时刻的组分浓度；c_0 为组分总浓度，即峰面积；σ 为半峰宽，即正态分布的标准差；t_R 为组分的保留时间。

这一方程称为流出曲线方程。根据流出曲线方程人们定义色谱柱的理论塔板高度为单位柱长度的色谱峰方差，见式（2-11）：

$$H = \frac{L}{\sigma^2} \tag{2-11}$$

理论塔板高度越低，在单位长度色谱柱中就有越高的塔板数，则分离效果就越好。决定理论塔板高度的因素有：固定相的材质、色谱柱的均匀程度、流动相的理化性质以及流动相的流速等。

塔板理论指出了组分在柱内分布的数学模型。组分随着流动相冲洗时间的增加，在柱内迁移过程中浓度呈正态分布谱图。它形象地说明了色谱柱的柱效，理论塔板数是反映柱效能的指标。理论塔板数 N 的物理意义在于说明组分在柱中反复分配平衡次数的多少，N 越大，平衡次数越多，柱效越高，组分之间的热力学性质（表现在分配系数 K）的差异表现得越充分，组分与固定相的相互作用力越显著，分离得越好。反之，N 越小，平衡次数越少，柱效越小，组分之间的热力学性质的差异难以充分表现，分离得越差。

塔板理论还能很好地解释色谱图，如曲线形状、浓度最大值位置、数值和流出时间，色谱峰的宽度和保留值的关系等。因此，塔板理论具有一定的实用价值。

但是，塔板理论把色谱柱作为蒸馏塔或蒸馏柱来看待，它的几个假设并不符合色谱柱内的情况。组分在塔板高度 H 内在两相间的质量传递需要一定时间，分配平衡不可能达到瞬时完成，而且在柱前部分和柱后部分的一个塔板高度 H 内，组分的分配平衡是有差异的，达不到完全平衡；分配系数 K 在每个塔板上不是一成不变的常数；组分和流动相在柱内的流动也不是以跳跃式或脉冲方式进入一个体积，而是连续式地进入。组分的轴向扩散不可忽略。因此，塔板理论具有一定的局限性，它不能解释同一色谱柱对不同组分理论塔板数 N 或塔板高度 H 可能不同；不能解释不同操作条件下，同一色谱柱对相同组分的理论塔板数 N 或塔板高度 H 的不同；不能找出影响 N 或 H 的内在因素；不能为操作与应用色谱方法提供改善柱效的途径和方法。这是因为塔板理论只考虑组分热力学因素，而没有考虑组分在柱内的动力学因素。这就是塔板理论局限性的主要原因所在。

塔板理论虽然只是半经验理论，但在色谱学发展中起到了率先作用，因其对实际工作具有指导作用，塔板理论沿用至今，为广大色谱工作者认可。

3.2 速率理论

塔板理论描述了组分分子在色谱柱内的运动规律,它考虑的是组分的热力学性质,所以它只能定性地给出理论塔板数或塔板高度的概念,而不能找出影响塔板高度的各种因素。1956 年,荷兰学者 Van Deemterl 等提出了色谱过程动力学理论——速率理论(rate theory)。速率理论从动力学方面出发,提出了影响塔板高度的三项因素。这三项因素是涡流扩散项(A)、分子扩散项(B/u)和传质阻力项(Cu),它是构成谱带的总宽度和影响谱带变宽的主要因素。色谱柱的塔板高度用式(2-12)表示:

$$H = A + B/u + Cu \tag{2-12}$$

图 2-3 为色谱柱中某一局部谱带的扩散放大示意图。在这局部空间中有 10 个固定相颗粒,其中 C 表示液体固定相,它是在担体外涂上一薄层的固定液。

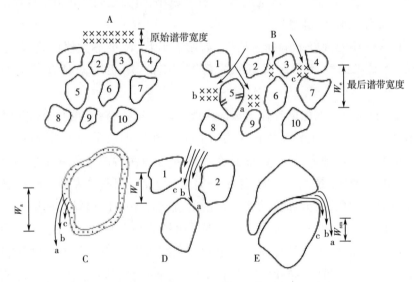

图 2-3　色谱柱中某一局部谱带的扩散放大示意图

3.2.1 涡流扩散项(eddy diffusion term)

当流动相带着被分离组分分子通过颗粒大小不同、填充松紧不同的固定相时,会形成紊乱的类似"涡流"的流动,形成流速不同的流路,造成组分谱带展宽,因此又称为多径项。如图 2-3 中的 B 表示涡流扩散造成组分谱带的展宽。流动相在固定相颗粒 1、2 之间的流速大于 3、4 之间的流速,从而使谱带增宽为 W_e。

A 称为涡流扩散项,它与填充物的平均颗粒直径大小和填充物的均匀性有关。可用式(2-13)表示:

$$A = 2\lambda d_p \tag{2-13}$$

式中:λ 为填充不规则因子;d_p 为颗粒的平均直径。

由上式可见,A 与载气性质、线速度和组分无关。若要提高柱效能,装柱时应尽量填充均匀,并且使用适当大小的粒度和颗粒均匀的载体;对于空心毛细管柱,由于无填充物,故 A 等于零。

3.2.2 分子扩散项(molecular diffusion term)

分子扩散又称为纵向扩散(longitudinal diffusion),由于组分在色谱柱中的分布存在浓度梯度,浓的部分有向两侧较稀的区域扩散的倾向,因此当样品进入色谱柱后,由于存在浓度梯度,组分分子由浓度高的区域向浓度低的区域运动,产生浓差扩散,造成组分谱带展宽。分子扩散产生的板高 H_m 与组分在流动相中的扩散系数 D_m 成正比,与组分分子在流动相中停留的时间成正比,即与流动相的线流速 u 成反比。在板高方程中,分子扩散产生的板高写成 B/u,称为 B 项。分子扩散项公式见式(2-14)。

$$B/u = 2\gamma D_g/u \tag{2-14}$$

式中:γ 为弯曲因子,是因柱内填充物而引起的气体扩散路径弯曲的因数;D_g 为组分在气相中的扩散系数。D_g 与载气相对分子质量的平方根呈反比,所以对于既定的组分采用相对分子质量较大的载气,可以减小分子扩散,对于选定的载气,则相对分子质量较大的组分会有较小的分子扩散。D_g 随柱温的升高而加大,随柱压的增大而减小。弯曲因子 γ 是与填充物有关的因素,在填充柱内,由于填充物的阻碍,不能自由扩散,使扩散路径弯曲,扩散程度降低,故 $\gamma<1$。对于空心毛细管柱,由于没有填充物的存在,扩散程度最大,故 $\gamma=1$。可见,在色谱操作时,应选用相对分子质量大的载气、较高的载气流速、较低的柱温,这样才能减小 B/u 的值,提高柱效率。

3.2.3 传质阻力项(mass transfer term)

在气液填充柱中,试样被载气带入色谱柱后,组分在气液两相中分配而达平衡,由于载气流动破坏了平衡,当纯净载气或含有组分的载气(浓度低于平均浓度)来到后,则固定液中组分的部分分子又回到气液界面,并逸出而被载气带走,这种溶解、扩散、平衡及转移的过程称为传质过程。影响此过程进行速率的阻力,称为传质阻力(mass transfer resistance)。传质阻力包括气相传质阻力和液相传质阻力。传质阻力项(Cu)中的C为传质阻力系数,该系数实际上为气相传质阻力系数(C_g)和液相传质阻力系数(C_L)之和,即式(2-15):

$$C = C_g + C_L \tag{2-15}$$

3.2.3.1 气相传质过程

气相传质过程是指试样组分从气相移动到固定相表面的过程。在这一过程中,试样组分将在气液两相间进行质量交换,即进行浓度分配。若在这个过程中进行的速率较缓慢,就会引起谱峰的扩张。气相传质阻力系数公式见式(2-16)。

$$C_g = 0.01k^2 d_p^2 / [(1+k)^2 D_g] \tag{2-16}$$

式中:k为容量因子。

由上式可见,气相传质阻力系数与固定相的平衡颗粒直径平方成正比,与组分在其中的扩散系数成反比。在实际色谱操作过程中,应采用细颗粒固定相和相对分子质量小的气体(如H_2、He)作载气,可降低气相传质阻力,提高柱效率。

3.2.3.2 液相传质过程

液相传质过程是指试样组分从固定相的气液界面移到液相内部,并发生质量交换,达到分配平衡,然后又返回气液界面的传质过程。若这过程需要的时间长,表明液相传质阻力就越大,就会引起色谱峰的扩张。液相传质阻力系数的计算公式见式(2-17)。

$$C_L = 2kd_f^2 / [3(1+k)^2 D_L] \tag{2-17}$$

式中:d_f为固定相的液膜厚度;D_L为组分在液相中的扩散系数。

由式(2-17)可见,C_L与固定相的液膜厚度(d_f)的平方成正比,与组分在液相中的扩散系数(D_L)成反比。在实际工作中减小C_L的主要方法为:

①降低液膜厚度,在能完全均匀覆盖载体表面的前提下,适当减少固定液的用量,使液膜薄而均匀。

②通过提高柱温的方法,增大组分在液相中的扩散系数(D_L)。这样就可降低液相传质阻力,提高柱效。

当固定液含量较大,液膜较厚,中等线性流速(u)时,塔板高(H)主要受液相传质阻力的影响,而气相传质阻力的影响较小,可忽略不计。但用低含量固定液的色谱柱,高载气流速进行快速分析时,气相传质阻力就会成为影响塔板高度的重要因素。

3.2.4 速率理论总的板高方程

合并上述各式得速率理论总的板高方程见式(2-12)。

3.2.5 速率理论公式中常数 A、B、C 的求法

①用三个相差较大的、不同的流速 u 得到三个色谱图。

②在三个色谱图中选择某个峰分别求出对应的三种 u 的板高 H。

③由已知 u 和 H 建立三个速率方程,解联立方程求取 A、B、C。

对于某一色谱柱,从 A、B、C 可知,三项中哪一项影响柱效最大,从而可采取相应措施加以改进。

4　色谱的定性和定量分析

色谱分析是一门分离分析的学科,可用来分离、鉴定混合物中的化学物质,检验化学产品的纯度,鉴定产品中的杂质以及净化化学产品(用于实验室或工业生产),即色谱分析的主要作用是可用于化学物质的定性和定量分析。

4.1　色谱的定性分析

色谱是一种卓越的分离方法,但是它不能直接从色谱图中给出定性结果,而需要与已知物对照,或利用色谱文献数据或其他分析方法配合才能给出定性结果。

4.1.1　利用已知物定性

在色谱定性分析中,最常用的简便可靠的方法是利用已知物定性,这个方法的依据是在一定的固定相和一定的操作条件下,任何物质都有固定的保留值,可作为定性的指标。比较已知物和未知物的保留值是否相同,就可定出某一色谱峰可能是什么物质。

4.1.1.1　用保留时间或保留体积定性

比较已知和未知物的 t_R、V_R 或 t'_R、V'_R 是否相同,即可决定未知物是什么物质。用此法定性需要严格控制操作条件(柱温、柱长、柱内径、填充量、流速等)和进样量,V'_R 或 V_R 定性不受流速影响。用保留时间定性,时间允许误差要少于2%。

4.1.1.2　利用峰高增加法定性

将已知物加入未知混合样品中,若待测组分峰比不加已知物时的峰高增大了,而半峰宽并不相应增加,则表示该混合物中含有已知物的成分。

4.1.1.3　利用双柱或多柱定性

严格来讲,仅在一根色谱柱上用以上方法定性是不太可靠的。因有时两种或几种物质在同一色谱柱上具有相同的保留值。此时,用已知物对照定性一般要在两根或多根性质不同的色谱柱上进行对照定性。两色谱柱的固定液要有足够的差别,如一根是非极性固定液,另一根是极性固定液,这时不同组分保留值是不一样的。从而保证定性结果的可靠性。

双柱或多柱定性,主要是使不同组分保留值的差别能显示出来,有时也可用改变柱温的方法,使不同组分保留值差别扩大。

4.1.2　与其他分析仪器结合定性

气相色谱能有效地分离复杂的混合物,但不能有效地对未知物定性。而有些分析仪器,如质谱、红外等虽是鉴定未知结构的有效工具,但对复杂的混合物则无法分离、分析。若把两者结合起来,实现联机既能将复杂的混合物分离,又可同时鉴定结构,是目前仪器分析的一个发展方向。

实现联机需要硬件与软件条件。硬件条件需要一种色谱和其他分析仪器连接的"接口",以便把样品通过色谱分离后的各组分依次进入用于鉴定的分析仪器的样品池中。实现联机的条件如下。

①样品池的体积足够小,色谱分离后相邻的组分不至于同时保留在样品池内。

②分析的速度足够快,以便色谱一个组分峰洗脱的期间就能达到对组分的分析(采集一个图谱)。

③分析的灵敏度足够高、检测限低,以便对需要分析的组分能够取得足够信噪比的分析图谱。

目前常见色谱与其他分析仪器连接的技术主要有以下两种。

4.1.2.1　色谱—质谱联用

质谱仪灵敏度高,扫描速度快,能准确测知未知物相对分子质量,而色谱则能将复杂混合物分离。因此,色质联用技术是目前解决复杂未知物定性问题的最有效工具之一。

4.1.2.2　色谱—红外光谱联用

纯物质有特征性很高的红外光谱图,并且这些标准图谱已被大量积累下来,利用未知物的红外光谱图与标准谱图对照则可定性。

除此以外,核磁共振、紫外光谱等技术也可以与色谱联用。

4.2　色谱的定量分析

在一定的操作条件下,被分析物质的质量 m_i 与检测器上产生的响应信号(色谱图表现为峰面积 A_i 或峰 h_i)成正比,见式(2-18)。

$$m_i = f_i A_i \text{ 或 } m_i = f_{hi} h_i \tag{2-18}$$

上式就是定量分析的依据,对组分定量的步骤如下:

①准确测定峰面积 A_i 或峰高 h_i。

②准确求出定量校正因子 f_i' 或 f_{hi}。

③根据公式正确选用定量计算方法,把测得的 A_i 或 h_i 换算成百分含量或浓度。

常用的定量方法有以下四种。

4.2.1 归一化法

归一化法是较常用的一种方法,当试样中各组分都能流出色谱柱,并在色谱图上显示色谱峰时,可用此法进行定量计算。如以面积计算,称面积归一化法;如以峰高计算,称峰高归一化法。以面积归一化法为例,若样品有 n 个组分,进样量为 m,则其中 i 组分的含量计算见式(2-19)。

$$P_i = \frac{m_i}{m} \times 100\% = \frac{A_i f_i'}{A_1 f_1' + A_2 f_2' + \cdots + A_n f_n'} \times 100\% \qquad (2-19)$$

f_i' 如为相对质量校正因子,则得质量百分含量;如为相对摩尔校正因子或相对体积校正因子,则得摩尔分数或体积分数。

4.2.1.1 归一化法的优点
①不必知道进样量,尤其是进样量小而不能测准时更为方便。

②此法较准确,仪器及操作条件稍有变动对结果的影响不大。

③比内标法方便,特别是需要分析多种组分时。

④如 f_i' 值相近或相同(如同系物、同分异构体等)可不必求出 f_i',而直接用面积或峰高归一化,这时公式可简化为式(2-20)。

$$P_i = \frac{m_i}{m} \times 100\% = \frac{A_i}{A_1 + A_2 + \cdots + A_n} \times 100\% \qquad (2-20)$$

4.2.1.2 归一化法的缺点
①即使是不必定量的组分也必须求出峰面积。

②所有组分的 f_i' 值均需测出,否则此法不能应用。

4.2.2 外标法

外标法又称标准样校正法或标准曲线法,指按梯度添加一定量的标准品(对照品)于空白溶剂中制成对照样品,与未知试样平行地进行样品处理并检测。不同浓度的标准品进样,以峰面积为值绘制成标准曲线,从而推算出未知试样中被测组分浓度的定量方法。

4.2.3 内标法

内标法是常用的比较准确的定量方法。分析时准确称取试样 W,其内含待测组分 m_i,精确加入一定量某纯物质 m_s 作内标物,进样并测出峰面积 A_i 和 A_s,按式(2-21)计算组分 i 的百分含量。

因为

$$\frac{m_i}{m_s} = \frac{A_i f_i'}{A_s f_s}$$

故

$$P_i = \frac{A_i f_i' m_s}{A_s f_s W} \times 100\% \qquad (2-21)$$

一般常以内标物为基准($f_s' = 1$)进行简化计算。

对内标物的要求是纯度要高,结构与待测组分相似。内标峰要与组分峰靠近但能很好地分离,内标物和被测组分的浓度相接近。

内标法的优点是定量准确,测定条件不受操作条件、进样量及不同操作者进样技术的影响;其缺点是选择合适的内标物较困难,每次需准确称量内标和样品,并增加了色谱分离条件的难度。

4.2.4 内加标准法

当色谱图上峰较密集时,采用内标法是比较困难的,此时,可采用(样品)内加标准法,即在试样中加入一定量为 m_i' 的待测组分。设样品中有组分 1 和组分 2(图 2-4)。

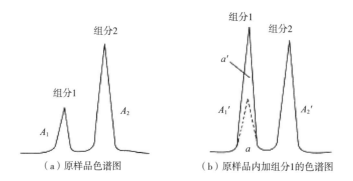

(a)原样品色谱图　　　　(b)原样品内加组分1的色谱图

图 2-4　内加标准法定量图

A_1,A_2 是组分 1 和 2 的峰面积,原样品中添加 m_i' 的组分 1 后,组分 1、2 峰面积变为 A_1'、A_2',因此 A_1' 面积包括两部分——相当原样品组分 m_i 的峰面积 a 与原样品

添加 m_i' 后增加的面积为 a'，即：

$$A_1' = a + a' \tag{2-22}$$

同一样品虽两次进样，因浓度不同，得到的峰面积不同，但其峰面积比例是相同的，即：

$$A_1/A_2 = a/A_2' \tag{2-23}$$

$$a = A_1 \times A_2'/A_2 \tag{2-24}$$

则

$$a' = A_1' - a = A_1' - A_1 \times A_2'/A_2 \tag{2-25}$$

然后就可按照内标法计算组分 1 和 2 的百分含量，即把加入量 m_1' 作为 m_s，对应的色谱峰面积 a' 作为 a_s，代入公式。因 a 和 a' 是同物质的峰面积，所以当计算组分 1 时，不需加校正因子。计算组分 2 时，要加校正因子，即：

$$P_1 = \frac{am_1'}{a'w} \times 100\% \tag{2-26}$$

$$P_2 = \frac{A_2'f_2'm_1'}{a'f_1'w} \times 100\% \tag{2-27}$$

此法需两次进样，测量误差较内标法大，操作也较烦琐。

此外，还有内标标准曲线法、转化定量法、收集定量法等。

5　常见色谱仪

色谱仪是为进行色谱分离分析用的装置,包括进样系统、检测系统、记录和数据处理系统、温控系统以及流动相控制系统等。现代的色谱仪具有稳定性、灵敏性、多用性和自动化程度高等特点。有气相色谱仪、液相色谱仪和凝胶色谱仪等。

5.1　气相色谱仪

气相色谱仪是利用色谱分离技术和检测技术,对多组分的复杂混合物进行定性和定量分析的仪器。通常可用于分析热稳定且沸点不超过 500℃ 的有机物。气相色谱仪的基本构造可分为分析单元和显示单元两部分。前者主要包括气源及控制计量装置、进样装置、恒温器和色谱柱;后者主要包括检测器和自动记录仪。其中色谱柱(包括固定相)和检测器是气相色谱仪的核心部件。

气相色谱中常用的载气有氢气、氮气、氩气,纯度要求 99% 以上,化学惰性好,不与有关物质反应。载气的选择除了要求考虑对柱效的影响外,还要与分析对象和所用的检测器相配。气相色谱的色谱柱主要有两类:填充柱和毛细管柱(开管柱)。柱材料包括金属、玻璃、熔融石英等。色谱柱的分离效果除与柱长、柱径和柱形有关外,还与所选用的固定相和柱填料的制备技术以及操作条件等许多因素有关。检测器是将经色谱柱分离出的各组分的浓度或质量(含量)转变成易被测量的电信号(如电压、电流等),并进行信号处理的一种装置,是色谱仪的眼睛。根据检测器的响应原理,可将其分为浓度型检测器和质量型检测器。浓度型检测器测量的是载气中组分浓度的瞬间变化,即检测器的响应值正比于组分的浓度,常见的有热导检测器和电子捕获检测器;质量型检测器测量的是载气中所携带的样品进入检测器的速度变化,即检测器的响应信号正比于单位时间内组分进入检测器的质量,常见的是氢焰离子化检测器和火焰光度检测器。

5.2 液相色谱仪

液相色谱仪根据固定相是液体或是固体,又分为液—液色谱及液—固色谱。现代液相色谱仪由高压输液泵、进样系统、温度控制系统、色谱柱、检测器、信号记录系统等部分组成。与经典液相柱色谱装置比较,具有高效、快速、灵敏等特点。高压输液泵将流动相打入系统,样品溶液经进样器进入流动相,被流动相载入色谱柱(固定相)内,由于样品溶液中的各组分在两相中具有不同的分配系数,在两相中做相对运动时,经过反复多次的吸附—解吸的分配过程,各组分在移动速度上产生较大的差别,被分离成单个组分依次从柱内流出,通过检测器时,样品浓度被转换成电信号传送到记录仪,数据以图谱形式打印出来。

高压泵的一般压强为 40~50MPa,流速可调且稳定,当高压流动相通过层析柱时,可降低样品在柱中的扩散效应,可加快其在柱中的移动速度,这对提高分辨率、回收样品、保持样品的生物活性等都是有利的。色谱柱一般长度为 10~50cm,内径为 2~5mm,由优质不锈钢或厚壁玻璃管或钛合金等材料制成,柱内装有直径为 5~10μm 粒度的固定相(由基质和固定液构成)。固定相中的基质是由机械强度高的树脂或硅胶构成,它们都具有惰性、多孔性和比表面积大的特点,加之其表面经过机械涂渍,或者用化学法偶联各种基因(如磷酸基、季铵基、羟甲基、苯基、氨基或各种长度碳链的烷基等)或配体的有机化合物,因此这类固定相对结构不同的物质有良好的选择性。另外,固定相基质粒小,柱床极易达到均匀、致密状态,极易降低涡流扩散效应。基质粒度小,微孔浅,样品在微孔区内传质短。这些对缩小谱带宽度、提高分辨率是有益的。根据柱效理论分析,基质粒度小,塔板理论数 N 就越大,这也进一步证明基质粒度小,会提高分辨率的道理。液相色谱常用的检测器有紫外/可见检测器、光电二极管矩阵检测器、示差折光检测器、荧光检测器、电化学检测器、电导检测器等。

6　色谱技术的应用

6.1　气相色谱技术

在气相色谱中,由于使用了高灵敏的检测器,可以检测 $10^{-13} \sim 10^{-11}$ g 物质。其分析操作简单,分析速度快,通常一个试样的分析可在几分钟到几十分钟内完成。只要在气相色谱仪允许的条件下可以汽化而不分解的物质,都可以用气相色谱法测定。对部分热不稳定物质,或难以汽化的物质,通过化学衍生化的方法,仍可用气相色谱法分析。气相色谱仪在石油化工、医药卫生、环境监测、生物化学、食品检测等领域都得到了广泛的应用。

6.1.1　在石油化工中的应用

气相色谱法在石油化工中的应用非常重要,主要应用于油气田勘探中的地球分析、原油分析、炼厂气分析、模拟蒸馏、油田分析、单质烃分析、含硫和含氮化合物分析、汽油添加剂分析、脂肪烃分析、烃分析和工艺过程色谱分析等。例如,元素硫是石油形成过程中复杂生物化学反应的中间产物,它在汽油中含量极微,不容易测定,而过去常采用比色法和极谱法进行分析,但元素硫不能直接测定出来,必须转化成其他形式,因此分析的精确度和精密度较差,且样品分析用量大,限制了其某些特色应用,而采用气相色谱和质谱联用的方法对炼油生产的支馏汽油、催化裂化汽油、催化重整汽油中的元素硫进行分析测定,可直接进样,样品用量少,与现有方法比较具有简便快速灵敏且无干扰的优点,具有良好的应用前景。此外,气相色谱法在石油工业产品的汽油中含硫的分析方面也具有广泛的应用价值,其可以有效地定量测定汽油中的各种硫化物组分的含量,对于分析评价脱硫过程具有重大意义。

6.1.2　在医药卫生中的应用

2015 年版《中国药典》收载使用气相色谱法进行质量分析的品种及其制剂共132 个,其中一部收载 78 个品种,二部收载 54 个品种;另外收载涉及气相色谱法使用的通则 9 个,一部 6 个,二部 3 个。涉及药品的定性分析、含量测定、有关物质检查、残留溶剂测定、农药残留量测定法、中药指纹图谱检查等方面。

气相色谱法在中药材分析中的应用主要用于测定药材中的挥发油类有效成分或指标性成分及测定药材中农药的残留量。如薄荷药材中的薄荷醇和薄荷酮、丁香药材中的丁香酚、石菖蒲药材中的 α-细辛醚和 β-细辛醚挥发性成分等,以及药材中残留的有机氯、磷、拟除虫菊类农药等。中药材中,部分不易挥发的成分也可以制成衍生物后再进行 GC 分析,如夏枯草药材中的齐墩果酸和熊果酸可以用重氮甲烷衍生化后,制成其甲酯化衍生再进行 GC 分析。气相色谱法在大孔吸附树脂溶剂残留检测方面也有大量的应用。

6.1.3 在环境监测中的应用

气相色谱技术是环境监测领域常用的分析检测技术之一,该技术通常用来检测环境中挥发性和半挥发性的有机物,可以同时进行定性分析和定量分析,并且具有较高的灵敏度和排除干扰特性,对于水环境中的痕量污染物仍然具有良好的分离效能。采用传统监测方法对水环境进行监测时,由于存在检测时间长,试剂消耗量大、多组分不能同时检测等问题,研究开发一种新的技术去改善工作效率是十分必要的。近年来,人们对气相色谱的研究日趋成熟,对水环境监测起到了变革性作用,在地表水、废水等多种水环境中得到了很好的应用,有效解决了多组分同时高效快速测定的难题,为水环境监测提供了保障,开辟了新路径。

6.1.4 在食品安全中的应用

为了提高农产品的产量,不得不大量使用农药。农药使用不当,不仅会造成误食者急性中毒而且对农作物和环境的污染经过生物富集和食物链作用会在人体内累积引起慢性中毒危害人体健康。因此监测农产品食品及环境中的农药残留已引起人们的广泛关注,各国制定的农药残留标准也越来越严格。目前 GC 仍是农药残留分析中使用最广泛的方法之一。非极性或弱极性固定相的毛细管柱 GC 得到广泛应用,取代了传统的填充柱 GC。GC—AED、GC—MS 和 GC—MS—MS 联用技术也日臻成熟。

6.2 液相色谱技术

与气相色谱相比较,液相色谱不受试样挥发性和热稳定性的限制,非常适合于分离分析高沸点、热稳定性差、生物活性以及相对分子质量大的物质。HPLC 已经应用于核酸、肽类、内酯、稠环芳烃高聚物、药物、人体代谢产物、生物大分子、表面活性剂、抗氧剂、除锈剂等的分离分析。在化学工业、资源环境、食品安全及临床等领域广泛应用,目前在生命科学中也显示出重要地位。

6.2.1 在兽药残留分析中的应用

兽药用于禽类疾病治疗或作为饲料添加剂喂养动物后,在动物组织及蛋、奶等产品中形成残留,称为兽药残留。兽药残留水平较高的食品会对人体健康构成威胁,其对人类及环境的危害主要是慢性的、远期的和累积性的,如致敏、致癌、发育毒性、体内蓄积、免疫抑制和诱导耐药菌株等。目前,兽药残留分析已受到人们的普遍关注,其中心任务是为动物和动物性食品中的兽药残留监控提供重要的分析手段,包括食品残留的含量测定与结构鉴定以及组织分布与代谢。高效液相色谱(HPLC)的快速发展大幅拓宽了兽药残留分析的范围。目前,许多兽药残留的分析方法以 HPLC 为主,且色谱—质谱联用技术,如 HPLC—MS 和 GC—MS,不但灵敏度高,而且能提供详细的结构信息,是目前应用最为广泛的确证方法之一。

6.2.2 在天然和合成高分子产物分离测定中的应用

空间排阻色谱(SEC)主要应用于分离测定天然和合成高分子产物,如从氨基酸和多肽中分离蛋白质、测定聚合物的相对分子质量和相对分子质量分析。这常是其他色谱方法不能解决的问题。

6.2.3 在食品分析中的应用

HPLC 在食品分析中有广泛的应用,主要包括食品本身组成,尤其是营养成分(如氨基酸、蛋白质、糖等)的分析;人工加入的食品添加剂(如甜味剂、防腐剂)的分析以及在食品的加工、储运、保存过程中由于周围环境引起的污染物(如农残、真菌素、病原微生物)的分析。这些成分中的绝大多数都可以采用 HPLC 分析。

蛋白质和肽是生命现象的基本物质,也是食品中主要营养成分和功能性因子。由于蛋白质(包括酶)和肽的结构复杂性、生物活性的敏感性以及食品基质中杂质的多样性,因此有关蛋白质和多肽的分析研究是近年来功能食品和生命科学中较活跃的研究课题。

6.2.4 在药物分析中的应用

HPLC 主要用于复杂成分的分离、定性与定量。由于 HPLC 分析样品的范围不受沸点、热稳定性、相对分子质量及有机或无机物的限制,一般来说,只要能配成溶液就可以用 HPLC 分析。因此 HPLC 的分析范围远比 GC 广泛。目前,HPLC 已广泛用于微量有机药物及中草药有效成分的分离、鉴定与含量分析。近年来,HPLC 对体液中原形药物及其代谢产物的分离分析,在灵敏度、专属性及分析速度等方面都有其独特的优点,已成为体内药物分析、药理研究及临床检验重要的分离分析手段。

6.3　二维高效液相色谱技术

自 HPLC 出现之后,人们一直致力于减少在色谱分离中的谱峰扩展,以提高色谱柱的柱效和分离的选择性。20 世纪 70 年代,Huber 等提出了二维高效液相色谱分离技术,其在一维和二维填充柱之间用一个或两个多孔切换阀组成连接界面,就可实现各维色谱柱的独立运行或将一维柱未能分开的谱峰进行切割,进入二维柱进行再次分离,从而显示出二维高效液相色谱超强的分离能力。二维高效液相色谱法具有切割功能、反冲洗脱功能和痕量组分的富集功能。

二维液相色谱不仅在环境分析、聚合物分析等领域获得广泛应用,而且在生命科学中成为重要的研究手段。20 世纪 90 年代中期在生命科学研究中,开展了蛋白质组学研究,它的任务是要表达出一种生物体在整个生命过程所涉及的全部蛋白质。分析蛋白质的组成是一个十分复杂的分析任务,在生命科学中正把蛋白质组学的研究看作是后基因组时代了解基因功能活动的最重要的途径之一。目前,许多研究工作都已使用二维高效液相色谱来分离、纯化组分复杂的蛋白质样品。

6.4　色谱—质谱联用技术

6.4.1　气相色谱—质谱联用技术

质谱法具有灵敏度高、定性能力强等特点,但样品要纯,才能发挥其特长。另外,进行定量分析又较复杂;气相色谱法则具有分离效率高、定量分析简便的特点,但定性能力却较差,因此气相色谱与质谱联用是分析复杂有机化合物和生物化学混合物的最有力的工具之一,目前它已广泛应用于环境、农业、食品、生物、医药、石油和工业等诸多科学领域。环保领域在检测许多有机污染物,特别是一些浓度较低的有机化合物,如二噁英等的标准方法中就规定用 GC—MS。

GC—MS 联用技术具有两个优点:一是气相色谱仪是质谱法理想的"进样器",试样经色谱分离后以纯物质形式进入质谱仪;二是质谱仪是气相色谱法理想的"检测器",适用面广、灵敏度高、鉴定能力强。

所以,GC—MS 联用技术既发挥了色谱法的高分离能力,又发挥了质谱法的高鉴别能力。这种技术适用于做多组分混合物中未知组分的定性鉴定,可以判断化合物的分子结构,也可以准确地测定未知组分的相对分子质量,可以鉴定出部分分离甚至未分离开的色谱峰等。一般来说,凡能用气相色谱法进行分析的试样,大部分都能用 GC—MS 进行定性鉴定和定量测定。

6.4.2　液相色谱—质谱联用技术

对于高极性、热不稳定、难挥发的大分子有机化合物,使用 GC—MS 有困难。液相色谱的应用不受沸点的限制,能对热稳定性差的试样进行分离、分析。然而液相色谱的定性能力更弱,因此液相色谱与有机质谱联用(LC—MS)的意义是显而易见的。

LC—MS 联用技术的研究始于 20 世纪 70 年代。与 GC—MS 不同的是 LC—MS 似乎经历了一个更长的实践研究过程,直到 20 世纪 90 年代才出现了被广泛接受的商品接口及成套仪器。

由于液相色谱的一些特点,在实现联用时它需要解决的问题主要有两方面:一是液相色谱流动相对质谱工作条件的影响,二是质谱离子源的温度对液相色谱分析试样的影响。

现在 LC—MS 已成为生命科学、医药和临床医学、化学和化工领域中最重要的工具之一。它的应用正迅速向环境科学、农业科学等众多方面发展。值得注意的是,目前各种接口技术都有不同程度的局限性。

参考文献

[1]达世禄. 色谱学导论[M]. 2 版. 武汉:武汉大学出版社,1999.

[2]陈浩. 仪器分析[M]. 3 版. 北京:科学出版社,2021.

[3]伍惠玲,漆寒梅. 色谱分析技术[M]. 北京:化学工业出版社,2021.

[4]于世林. 色谱过程理论基础[M]. 北京:化学工业出版社,2019.

[5]师宇华,费强,于爱民,等. 色谱分析[M]. 北京:科学出版社,2022.

[6]欧阳津,那娜,秦卫东,等. 液相色谱检测方法[M]. 3 版. 北京:化学工业出版社,2020.

[7]段更利．现代色谱技术[M]．北京:人民卫生出版社,2020.

[8]苏立强．色谱分析法[M]．2版．北京:清华大学出版社,2017.

[9]夏之宁,季金苟,杨丰庆．色谱分析法[M]．重庆:重庆大学出版社,2012.

[10]孙毓庆．现代色谱法[M]．2版．北京:科学出版社,2021.

[11]李昌厚．高效液相色谱仪器及其应用[M]．北京:科学出版社,2016.

[12]张维冰．毛细管电色谱理论基础[M]．北京:科学出版社,2017.

[13]夏之宁,季金苟,杨丰庆．色谱分析法[M]．重庆:重庆大学出版社,2012.

[14]宓捷波,许泓．液相色谱与液质联用技术及应用[M]．北京:化学工业出版社,2018.

[15]于世林．高效液相色谱方法及应用[M]．3版．北京:化学工业出版社,2019.

[16]许国旺,侯晓莉,朱书奎．分析化学手册[M]．3版．北京:化学工业出版社,2016.

[17]丁立新．色谱分析[M]．北京:化学工业出版社,2019.

[18]林炳昌．色谱模型理论导引[M]．北京:科学出版社,2004.

[19]何世伟．色谱仪器[M]．杭州:浙江大学出版社,2012.

[20]齐美玲．气相色谱分析及应用[M]．3版．北京:科学出版社,2022.

[21]方惠群,于俊生,史坚．仪器分析[M]．北京:科学出版社,2021.

[22]高向阳．新编仪器分析[M]．4版．北京:科学出版社,2017.

[23]张新祥,李美仙,李娜．仪器分析教程[M]．3版．北京:北京大学出版社,2022.

[24]尹华,王新宏．仪器分析[M]．3版．北京:人民卫生出版社,2021.

第 3 部分　色谱技术在纺织品及服装有害物质检测中的应用

1 甘醇类有害物质

1.1 检测原理

纺织工业中常用的结构和性质类似的甘醇类有机溶剂主要有六种:乙二醇单甲醚(ECME),沸点 124.5℃;乙二醇单乙醚(EGEE),沸点 135℃;乙二醇甲醚乙酸酯(EMA),沸点 145℃;乙二醇乙醚醋酸酯(EGEA),沸点 156.4℃;二乙二醇二甲醚(DEGDME),沸点 162℃;三甘醇二甲醚(TEGDME),沸点 216℃。均为无色透明液体,能够与水、乙醇、乙醚及多数有机溶剂互溶,它们的化学性质稳定,不易发生化学反应,极性较强,溶解能力较强。

EGME 在印染工业中可用作渗透剂和匀染剂;EGEE 可用于纤维的染色,还可用于配制油漆稀释剂和脱漆剂;EMA 广泛应用于油漆、涂料工业清洗剂、木材着色剂等产品的生产中;EGEA 主要用于金属、家具喷漆的溶剂,可用作保护性涂料、染料、树脂、皮革的溶剂,还可与其他化合物配合用作皮革黏合剂;DEGDME 主要被用作无污染清洗剂、萃取剂和稀释剂;TEGDME 主要被用于特种增塑剂。为了使我国服装业与国际贸易市场快速接轨,必须充分了解生态纺织品的相关标准,加强对国内生态纺织品的标准化管理,建立一个快速有效的检测方法。目前,国际上还没有出台纺织品中 EGME、EGEE、EMA、EGEA、DEGDME 和 TEGDME 六种残留溶剂的同时检测方法。

本章所介绍的方法用强极性色谱柱 DB—WAX 通过优化的前处理同时测定 EGME、EGEE、EMA、EGEA、DEGDME 和 TEGDME 这六种有机溶剂。由于甘醇类溶剂是强极性物质,所以选择了 DB—WAX 这种极性色谱柱来检测。实验的前处理没有统一的确定方法,本章采用甲醇作为提取溶剂,利用超声萃取和振荡萃取得出较优的前处理方法;而且,目前大部分研究的都是其中几个物质的检测,并没有这六种物质的同时检测方法,本章建立了一个有效、快速测定纺织品中这六种有机溶剂残留量的方法。

检测原理:用有机溶剂超声波提取试样中的六种有机溶剂,提取液经滤膜过滤后,用气相色谱—质谱联用仪(GC—MS)测定,外标法定量。

1.2 实验材料与方法

1.2.1 实验试剂

甲醇:色谱纯 GR≥99.9%,国药集团化学试剂有限公司;丙酮:色谱纯 GR≥99.9%,国药集团化学试剂有限公司;二氯甲烷:色谱纯 GR≥99.9%,国药集团化学试剂有限公司;乙二醇单甲醚标准品(GR≥99%,CAS 号:109-86-4)、乙二醇单乙醚标准品(GR≥99%,CAS 号:110-80-5)、乙二醇甲醚乙酸酯标准品(GR≥98%,CAS 号:110-49-6)、乙二醇乙醚醋酸酯标准品(GR≥99%,CAS 号:111-15-9)、二乙二醇二甲醚标准品(GR≥99%,CAS 号:111-96-6)、三甘醇二甲醚标准品(GR≥99%,CAS 号:112-49-2),北京百灵威科技有限公司;0.45μm 聚四氯乙烯滤膜。

1.2.2 实验仪器

气质联用仪(7890A/5975C 型,美国安捷伦公司);电热恒温鼓风干燥箱(DHG-9240A 型,上海一恒科技有限公司);超声波清洗器(KQ-500B,昆山市超声仪器有限公司);旋转蒸发器(IKA,上海人和科学仪器有限公司);电子天平(AE260,瑞士梅特勒-托利多公司)等。

1.2.3 标准溶液的配制

1.2.3.1 单一标准储备液的配制

分别准确称取 0.5000g(精确至 0.0001g)EGME、EGEE、EMA、EGEA、DEGDME 和 TEGDME 标准品至 100mL 容量瓶中,用甲醇定容至刻度,配成 5g/L 的标准储备液。

将配制好的单一标准储备液置于 4℃低温冰箱中保存,有效期为 3 个月。

1.2.3.2 标准混合储备液的配制

准确移取已配制好的单一标准储备液各 1.0mL 于 100mL 容量瓶中,用甲醇定容至刻度线,配成 0.05g/L 的标准混合储备液,置于 4℃低温冰箱中保存,有效期为 3 个月。

1.2.3.3 标准使用液的配制

分别移取不同体积的单一标准储备液并用甲醇定容,配制成 0.5mg/L、1.0mg/L、2.0mg/L、5.0mg/L、10.0mg/L 系列标准混合使用液。

分别移取不同体积的标准混合储备液并用甲醇定容,配制成 0.5mg/L、1.0mg/L、2.0mg/L、5.0mg/L、10.0mg/L 系列标准混合使用液。

1.2.4 实验方法

1.2.4.1 实验步骤和技术路线

由于 EGME、EGEE、EMA、EGEA、DEGDME 和 TEGDME 的物化性质比较相似,因此使用混合标准溶液同时测定,技术路线如图 3-1 所示。

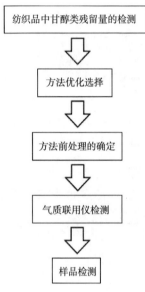

图 3-1 检测方法步骤

1.2.4.2 样品前处理

准确称取 0.50g 样品于 50mL 反应器中,加入 10mL 甲醇,加盖旋紧,将反应器在超声清洗器中常温超声提取 40min,用注射器提取部分样品液体过 0.45μm 的聚四氯乙烯滤膜于进样瓶中,供 GC—MS 测定分析。

1.2.4.3 分析条件

(1)色谱条件

DB-WAX(30m×0.25mm,0.25μm)色谱柱,前进样口温度为 120℃,起始温度为 50℃,保持 1min,以 3℃/min 的速度升温至 85℃,再以 25℃/min 升温至 150℃,最后以 20℃/min 的速度升温至 200℃;后运行温度为 50℃;不分流进样,进样量 1.0μL;流速为 1.0mL/min,载气为氦气,纯度>99.999%,溶剂延迟为 5min。

(2)质谱条件

EI 电离方式,电离能量为 70eV,离子源温度为 230℃,四极杆温度为 150℃,扫描模式为全扫描定量和选择离子扫描定性,扫描质量数范围:28～150amu,EGME、EGEE、EMA、EGEA、DEGDME 和 TEGDME 的质谱参数列于表 3-1。

表 3-1 6 种有机溶剂的质谱参数

名称	定量离子(m/z)	定性离子(m/z)	离子丰度比
EGME	45	45、58、76	100:7:9
EGEE	59	45、59、72	44:100:43
EMA	43	43、58、73、88	100:79:12:9
EGEA	43	43、59、72、87	100:50:53:13

名称	定量离子(m/z)	定性离子(m/z)	离子丰度比
DEGDME	59	45、59、89	25：100：25
TEGDME	59	45、59、89、103、133	20：100：12：16：6

1.2.4.4　实验方法准确性的验证

（1）回收率验证

通过加标回收的方式进行验证。

（2）实际验证

配制浓度为 0.5mg/L、1.0mg/L、2.0mg/L、5.0mg/L、10.0mg/L 系列标准使用液,在每天的不同时刻测两条标准曲线,重复测定 3 天。

配制浓度为 0.5mg/L、5.0mg/L、10.0mg/L 的标准使用液进行验证,重复测定3 天。

1.2.4.5　实际样品的测定

准确称取 0.50g 实际样品置于 50mL 反应器中,通过优化后的前处理方法进行预处理,然后供气质联用仪测定分析得出实验结果。

1.3　结果与讨论

1.3.1　前处理优化

1.3.1.1　提取溶剂的选择

不同溶剂 GC/MS 测定分析结果如图 3-2 所示。当二氯甲烷作为提取溶剂时,色谱图中 EGME、EGEE 和 EMA 的拖尾都较严重,峰形较差,且 15min 后基线漂移。当丙酮作为提取溶剂时,乙二醇单甲醚有拖尾现象,且 EGME、EGEE、EMA 和 EGEA 出现双峰,峰形较差。甲醇作为提取溶剂时,从图中可看出六种目标物的分离效果较好,峰型较好,基线较稳定。

经过上述提取率和色谱图的比较,综合考虑得出,甲醇的分离度较好,响应峰的峰形较好,基线较为平稳,出峰没有严重拖尾,杂质峰对响应峰基本无影响,并且甲醇的提取率也较高,所以选择甲醇作为提取溶剂。

1.3.1.2　提取时间的选择

取一定量的贴衬布完全浸泡于 200mg/L 的混合标准使用液中 5h,再晾干制成含有目标分析物的阳性样品,取 0.5g 样品于反应器中加入 10mL 甲醇,进行超声萃

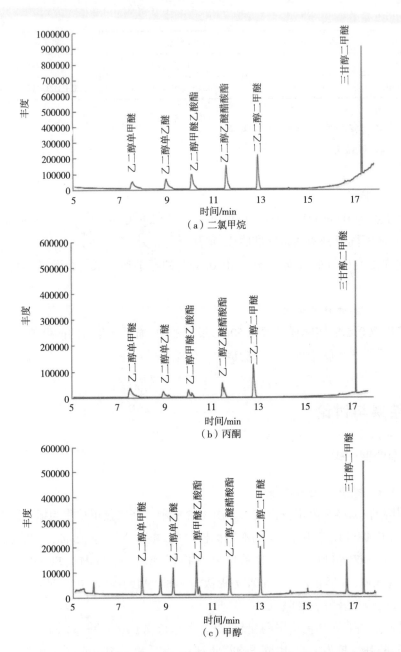

图 3-2 二氯甲烷、丙酮和甲醇作为提取溶剂时混合标准使用液的色谱图

取时间的实验,结果显示,萃取 40min 后,萃取液中 EGME、EGEE、EMA、EGEA、DE-GDME 和 TEGDME 的浓度基本达到平衡,故萃取时间选择 40min。

1.3.1.3　提取方式的选择

（1）振荡提取

准确称取 0.50g 贴衬样品放入反应器中,加入 1mL 10.0mg/L 的 EGME、EGEE、EMA、EGEA、DEGDME 和 TEGDME 标准混合使用液和 9mL 甲醇,置于振荡器中振荡 1h,再使用注射器提取并用 0.45μm 聚四氯乙烯滤膜过滤,然后供气质联用仪检测,结果见表3-2。

表3-2　贴衬布经振荡提取的回收率

样品名称	添加量/(mg/L)	回收率/%					
		EGME	EGEE	EMA	EGEA	DEGDME	TEGDME
贴衬布	1.0	75±2.3	72±4.4	74±3.4	70±2.7	81±2.6	68±4.0

（2）超声提取

准确称取 0.50g 贴衬样品放入反应器中,加入 1mL 浓度为 10.0mg/L 的标准混合使用液和 9mL 甲醇,放入超声清洗器中超声 40min,再使用注射器提取并用 0.45μm 的聚四氯乙烯滤膜过滤,然后供气质联用仪检测,结果见表3-3。

表3-3　贴衬布经超声提取的回收率

样品名称	添加量/(mg/L)	回收率/%					
		EGME	EGEE	EMA	EGEA	DEGDME	TEGDME
贴衬布	1.0	90±2.7	105±3.6	96±2.6	103±3.4	108±4.8	97±2.6

由于索氏提取需要大量的溶剂,还需经过旋转蒸发进行浓缩,会有损耗,且较耗费时间,与本实验需要的经济快速检测不相符,所以暂不考虑。经过以上样品前处理的选择比较,当提取溶剂选择甲醇时,出峰效果好且提取率高,提取时间在 40min 时趋于稳定,比较振荡提取和超声提取,采用振荡提取时,各溶剂的回收率在 68%~81%,实验结果较差,不能很好地提取完全,且较耗费时间。采用超声提取时,六种目标分析物的回收率在 94%~107%。所以综合考虑,选择甲醇为提取溶剂,提取时间为 40min,提取方法采用简便快速且回收率高的超声提取。

1.3.2　GC—MS 检测条件优化

1.3.2.1　色谱条件的选择

（1）前进样口温度的选择

六种目标分析物的沸点在 120~220℃ 之间,比较进样口温度为 120℃、160℃、

200℃和230℃。实验结果表明,进样口温度在接近120℃时峰形较好,且分离效果好,所以选择进样口的温度为120℃。

(2)升温速率的选择

由于需要测定的物质较多且沸程较大,所以本实验升温曲线分为三个梯度。梯度一比较了升温速率分别为3℃/min、6℃/min、8℃/min 和15℃/min,当升温速率较慢时,溶剂中杂质对 EMA 的出峰影响越小;梯度二比较了升温速率分别为15℃/min、25℃/min、30℃/min 和50℃/min,结果显示在 25℃/min 时出峰峰形最好,且杂质的影响较少;梯度三比较了10℃/min、15℃/min 和20℃/min,结果表明,当升温速率较慢时,TEGDME 受较多杂质峰影响,当升温速率较快时,TEGDME 出峰提前且受杂质峰影响较少,所以梯度三选择了 20℃/min。

1.3.2.2 质谱条件的选择

EGME 的特征离子为 m/z 45、58、76,EGEE 的特征离子为 m/z 45、59、72,EMA 的特征离子为 m/z 43、58、73、88,EGEA 的特征离子为 m/z 43、59、72、87,DEGDME 的特征离子为 m/z 45、59、89,TEGDME 的特征离子为 m/z 45、59、89、103、133,依据六种目标分析物的特征离子的质量数大小,设定全扫描范围,为了避免基质中过大质量数或者过小质量数的影响,扫描范围设定为 28~150amu。

综上所述,得出 5.0mg/L 的 EGME、EGEE、EMA、EGEA、DEGDME 和 TEGDME 混合标准使用液的色谱图如图 3-3 所示,左上角为甲醇空白溶液的色谱图。

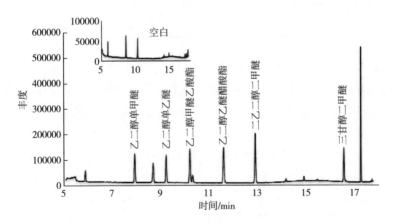

图 3-3　混合标准溶液色谱图

根据数据库中的质谱图检索得出的六种混合标准溶液的质谱图以及对应的分子结构式如图 3-4 所示,EGME 的定性离子为 m/z 45、58、76,EGEE 的定性离子为 m/z 45、59、72,EMA 的定性离子为 m/z 43、58、73、88,EGEA 的定性离子为 m/z 43、

59、72、87，DEGDME 的定性离子为 m/z 45、59、89，TEGDME 的定性离子为 m/z 45、59、89、103、133。

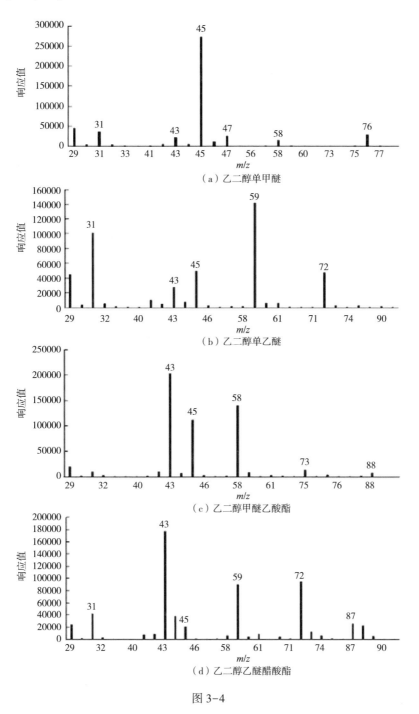

（a）乙二醇单甲醚

（b）乙二醇单乙醚

（c）乙二醇甲醚乙酸酯

（d）乙二醇乙醚醋酸酯

图 3-4

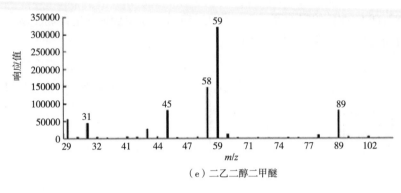

（e）二乙二醇二甲醚

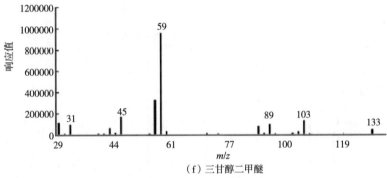

（f）三甘醇二甲醚

图 3-4 测定物质的质谱图

1.3.3 方法验证

1.3.3.1 方法的线性范围

该方法的线性范围、线性方程及相关系数见表 3-4。

表 3-4 目标检测物的线性范围、线性方程及相关系数

目标物	线性范围	线性方程	线性相关系数
乙二醇单甲醚	0.5～1.0mg/L	$A=74309c+8139.2$	0.9998
乙二醇单乙醚	0.5～1.0mg/L	$A=39290c+7207.4$	0.9992
乙二醇甲醚乙酸酯	0.5～1.0mg/L	$A=59485c+5114.8$	0.9996
乙二醇乙醚醋酸酯	0.5～1.0mg/L	$A=50792c+6156.3$	0.9994
二乙二醇二甲醚	0.5～1.0mg/L	$A=96359c+15731$	0.9998
三甘醇二甲醚	0.5～1.0mg/L	$A=96047c+517.42$	0.9997

注 A 为色谱峰面积；c 为溶液浓度（mg/L）。

1.3.3.2　方法检出限

6种目标分析物的方法检出限见表3-5。

表3-5　6种目标分析物的检出限

目标分析物	最低检出限/（mg/L）	检出限	
		mg/L	mg/kg
EGME	0.08	0.25	5.0
EGEE	0.09	0.28	5.6
EMA	0.08	0.26	5.2
EGEA	0.08	0.25	5.0
DEGDME	0.05	0.17	3.4
TEGDME	0.08	0.26	5.2

1.3.4　方法准确性验证

1.3.4.1　回收率验证

实验采用加标回收的方式对方法的准确性进行验证。

分别称取0.50g羊毛、棉和涤纶的空白布料，放入反应器中，分别加1mL浓度为0.5mg/L、5.0mg/L、10.0mg/L的EGME、EGEE、EMA、EGEA、DEGDME和TEGDME标准混合溶液，再加9mL甲醇，超声40min后用注射器提取部分样品液体过0.45μm聚四氯乙烯滤膜于进样瓶中，然后用气质联用仪检测，结果见表3-6。

表3-6　6种有机溶剂在不同空白基质中的回收率

样品名称	添加量/（mg/L）	平均回收率/%					
		EGME	EGEE	EMA	EGEA	DEGDME	TEGDME
羊毛	0.5	98±3.6	97±1.7	101±6.2	108±2.1	98±1.6	99±6.5
	5.0	95±2.7	98±3.7	93±2.5	99±1.9	95±3.3	102±5.8
	10.0	99±1.7	98±5.7	99±1.7	97±3.3	98±4.2	101±4.7
棉	0.5	101±3.6	107±3.5	103±1.4	103±4.2	96±4.1	103±5.2
	5.0	97±5.7	97±1.8	103±2.5	104±2.5	97±2.9	96±4.2
	10.0	98±3.2	96±4.4	102±2.1	103±2.1	97±3.2	103±5.8

样品名称	添加量/(mg/L)	平均回收率/%					
		EGME	EGEE	EMA	EGEA	DEGDME	TEGDME
涤纶	0.5	96±2.9	101±2.2	95±2.6	105±3.6	104±3.7	102±4.7
	5.0	95±1.8	96±1.7	105±3.6	101±2.5	97±4.2	103±5.9
	10.0	102±2.7	96±1.4	103±3.2	97±2.9	101±4.1	102±6.1

由表 3-6 可以看出,本方法的回收率在 90%~110%,因此本方法的准确性较好。

1.3.4.2 方法准确性与精密度

根据验证实验结果准确性时所建立的 6 条标准曲线,与 0.5mg/L、5.0mg/L、10.0mg/L 标准溶液通过实验比较所得出的结果见表 3-7。

表 3-7 方法准确性与精密度

指标	加标量	EGME	EGEE	EMA	EGEA	DEGDME	TEGDME
准确性	加标浓度/(mg/L)	相对偏差/%	相对偏差/%	相对偏差/%	相对偏差/%	相对偏差/%	相对偏差/%
	0.5	-2.33	-1.83	-0.83	-1.17	-2.17	-1.67
	5.0	0.33	-5.83	5.67	1.83	3.33	3.83
	10.0	2.17	7.33	3.83	-2.33	8.67	-2.83
精密度	加标浓度/(mg/L)	重复性/重现性(RSD)/%	重复性/重现性(RSD)/%	重复性/重现性(RSD)/%	重复性/重现性(RSD)/%	重复性/重现性(RSD)/%	重复性/重现性(RSD)/%
	0.5	2.96/5.08	3.94/5.79	3.96/8.18	4.30/4.74	3.29/4.47	4.74/5.18
	5.0	2.86/2.99	2.67/3.15	3.17/4.13	2.90/3.55	3.42/3.53	2.85/4.09
	10.0	1.91/2.47	1.90/2.51	1.73/2.88	2.07/2.46	1.97/2.28	1.93/2.57

由表 3-7 可以看出,当加标浓度为 0.5mg/L、5.0mg/L 和 10.0mg/L 时,所得值较标准曲线的相对偏差为 -5.83%~8.67%,日内得出的样品重复性为 1.73%~4.74%,日间得出的样品重现性为 2.28%~8.18%,综合所得,此方法的准确性较好。

1.3.5 实际样品检测

实验选择棉、羊毛、涤纶和两种不同人造皮革作为实验样品,由于实验室未找到乙二醇单甲醚、乙二醇单乙醚、乙二醇甲醚乙酸酯、乙二醇乙醚醋酸酯、二乙二醇二甲醚和三甘醇二甲醚的阳性样品,所以用实际布料作为替代,分别称取棉、羊毛、涤纶和两种不同人造皮革各 0.5g,放入反应器中,分别加入 1mL 10.0mg/L 和 100.0mg/L 的乙二醇单甲醚、乙二醇单乙醚、乙二醇甲醚乙酸酯、乙二醇乙醚醋酸酯、二乙二醇二甲醚和三甘醇二甲醚标准混合溶液,再加 9mL 的甲醇,加盖超声 40min 后,用注射器提取并用 0.45μm 的聚四氯乙烯滤膜过滤,然后使用气质联用仪检测,结果见表 3-8。

表 3-8　6 种有机溶剂在不同基质中的回收率

样品		浓度/(mg/L)	溶剂	平均回收率/%	溶剂	平均回收率/%
棉		1.0	EGME	103.1±7.3	EGEA	101.3±7.5
			EGEE	100.6±5.8	DEGDME	100.8±6.3
			EMA	101.2±7.5	TEGDME	103.4±8.2
		10.0	EGME	98.4±3.3	EGEA	99.5±3.2
			EGEE	99.3±3.2	DEGDME	100.9±2.1
			EMA	98.3±2.7	TEGDME	94.4±3.8
羊毛		1.0	EGME	94.5±4.6	EGEA	93.3±5.7
			EGEE	93.8±6.1	DEGDME	92.1±4.2
			EMA	99.6±5.7	TEGDME	95.9±5.2
		10.0	EGME	100.9±3.7	EGEA	101.9±3.5
			EGEE	103.1±4.0	DEGDME	100.3±3.1
			EMA	97.6±3.8	TEGDME	92.5±2.6
涤纶		1.0	EGME	91.5±6.8	EGEA	92.2±5.3
			EGEE	90.4±6.3	DEGDME	90.8±4.2
			EMA	102.9±5.9	TEGDME	98.0±6.4
		10.0	EGME	101.2±3.8	EGEA	101.6±2.1
			EGEE	101.9±2.5	DEGDME	101.2±3.0
			EMA	101.5±2.2	TEGDME	94.0±2.7

续表

样品		浓度/(mg/L)	溶剂	平均回收率/%	溶剂	平均回收率/%
人造皮革1		1.0	EGME	105.1±7.5	EGEA	101.5±6.3
			EGEE	101.3±8.9	DEGDME	102.2±6.9
			EMA	101.8±6.9	TEGDME	101.3±5.8
		10.0	EGME	104.1±5.8	EGEA	106.5±3.0
			EGEE	105.2±4.8	DEGDME	104.1±3.7
			EMA	103.4±4.1	TEGDME	100.5±4.5
人造皮革2		1.0	EGME	102.9±6.8	EGEA	100.6±7.9
			EGEE	99.4±6.3	DEGDME	100.9±8.2
			EMA	98.4±7.2	TEGDME	100.5±8.0
		10.0	EGME	102.8±5.3	EGEA	105.4±4.1
			EGEE	97.5±4.2	DEGDME	98.9±4.8
			EMA	102.3±3.5	TEGDME	102.4±5.2

本方法对棉、羊毛、涤纶和人造皮革实际样品进行测试,得出的结果是回收率基本在90%~107%之间。

1.4 结论

本研究建立了一个简便、快速测定生态纺织品中乙二醇单甲醚(EGME)、乙二醇单乙醚(EGEE)、乙二醇甲醚乙酸酯(EMA)、乙二醇乙醚醋酸酯(EGEA)、二乙二醇二甲醚(DEGDME)和三甘醇二甲醚(TEGDME)6种有机残余溶剂的气相色谱和质谱联用法。实验主要用 DB-WAX 极性色谱柱通过优化的前处理同时测定EGME、EGEE、EMA、EGEA、DEGDME 和 TEGDME 这6种有机溶剂,结果表明,EG-ME、EGEE、EMA、EGEA、DEGDME 和 TEGDME 在线性范围为 0.5~10.0mg/L 中,线性方程的相关系数分别为 0.9998、0.9992、0.9996、0.9994、0.9998 和 0.9997,方法最低检出限为 0.05~0.19mg/L,样品检出限为 3.4~5.6mg/kg,回收率在 90%~107%之间。

2　酰胺类有害物质

2.1　检测原理

N,N-二甲基甲酰胺(DMFa)、N,N-二甲基乙酰胺(DMAc)和 N-甲基吡咯烷酮(NMP)是纺织品制造工业中重要且经常使用的万能溶剂,主要用于聚酰胺材料的聚合及合成纤维的纺纱等过程。2013 年 1 月,生态纺织品检测标准 Oeko-Tex® Standard 100 将 N-甲基吡咯烷酮、N,N-二甲基乙酰胺加入限用检测物质列表,使 Oeko-Tex® Standard 100 中对溶剂限量的名单由原先的 1 种增加到 3 种,且规定在纺织品中的限量为 0.1%。日本《化学物质审查规制法》将二甲基乙酰胺、N-甲基吡咯烷酮列入优先评估化学品(Pacs)清单,并规定若产品含有该物质,生产商和进口商必须告知消费者;美国《华盛顿儿童产品安全法》中要求儿童产品中 N-甲基吡咯烷酮的含量超过 100mg/kg 必须申报。

二甲基甲酰胺(DMFa),沸点为 153℃;二甲基乙酰胺(DMAc),沸点为 164～166℃;N-甲基吡咯烷酮(NMP),沸点为 202℃;三者均为无色透明极性溶剂,可以和水、乙醚、乙醇及多数有机溶剂互溶,它们的热稳定性较高,极性较强,溶解能力较强,腐蚀性较低,此三种在纺织品中残留的溶剂均属于有毒溶剂分类中的第二类有机溶剂,已经被证明是对人无基因毒性但有动物致癌性的溶剂。研究表明,DMFa、DMAc 和 NMP 具有人体危害性,可由呼吸道、皮肤和胃肠道吸收进入体内,刺激皮肤和黏膜,长期接触可导致中枢神经系统机能障碍,损伤肝、肾、胃等重要脏器,引起呼吸器官、肾脏、肝脏、血管系统的病变。

Accuracy profile 是 2004 年首次由 Feinberg 等提出的在药学检测领域首先使用的一种分析方法的验证理论。该理论提出了测量不确定度与 β 期望容忍度区间的关系。2006 年,González 和 Herrador 又发表了进一步推进这一验证方法应用的相关研究。Accuracy profile 的基本思路为判定新检测方法测定的一个未知定量数据的准确性与分析者对分析方法准确性要求有一致性。事实上,每一个分析者都希望使用一个分析方法得到的样品的测量值(X)与真实值(μ)(该值通常是无法获得的)之间的差异低于一个可接受的限值(λ),这个关系可以采用下述公式表示:

$|X - \mu| < \lambda$。可接受的限值 λ 取决于分析者的要求或是分析方法的目的,在生物类重复性较差的样品测试中一般取值为 20%,而在纺织品检测项目中通常可设定为 10%。在每一个浓度水平下,通过计算其 β 期望容忍度区间就可以得到一定浓度范围内的 Accuracy profile 图。Accuracy profile 图的绘制可以直观得出该分析方法是否满足检测要求的综合结论。再则,根据 ISO/IEC 17025 的要求,当需要提供方法的测量不确定度时,通过使用 Accuracy profile 方法可以进一步计算得到该方法的测量不确定度而无须再进行额外的补充实验,在进行方法验证的过程中同时也得到了方法的测量不确定度,从而简化了实验人员的工作量。本研究对 Accuracy profile 的方法验证理论在高效液相色谱和气相色谱质谱法测定纺织品中三种有机残留溶剂检测方法验证中的使用进行了探讨。

检测原理:本章节采用超纯水机械萃取反相高效液相紫外检测器法(HPLC/DAD)和有机溶剂萃取气相色谱质谱检测方法(GC—MS)同时检测纺织品中 DMFa、DMAc 和 NMP 的方法,并采用 Accuracy profile 理论对新开发方法进行了验证与测量不确定度评估。

2.2　实验材料与方法

2.2.1　实验试剂

甲醇:色谱纯,迪马科技;乙腈:色谱纯,迪马科技;超纯水:实验室制备;乙酸乙酯:分析纯,国药集团化学试剂有限公司;正己烷:分析纯,国药集团化学试剂有限公司;二氯甲烷:分析纯,国药集团化学试剂有限公司;丙酮:分析纯,国药集团化学试剂有限公司;二甲基甲酰胺(DMFa)标准品:纯度 $\geqslant$99.9%,CAS 号:68-12-2,北京百灵威科技有限公司;二甲基乙酰胺(DMAc)标准品:纯度 $\geqslant$99.5%,CAS 号:127-19-5,北京百灵威科技有限公司;N-甲基吡咯烷酮(NMP)标准品:纯度 $\geqslant$99%,CAS 号:872-50-4,北京百灵威科技有限公司。

2.2.2　实验仪器

高效液相色谱仪(Waters e2695-2998 型,美国沃特斯公司);恒温振荡器(SHA-C型,常州国华电器有限公司);超声波清洗器(KQ-500B,昆山市超声仪器有限公司);超纯水机(MILLIPORE Direct-QTM,美国密理博公司);电子天平(AE260,梅特勒-托利多);水洗过滤膜(孔径 0.45μm,上海生亚过滤器材);气相色谱质谱联用仪(7890A/5975C 型,美国安捷伦公司);电热恒温鼓风干燥箱(DHG-9240A 型,上海一恒科技有限公司);旋转蒸发器(IKA,上海人和科学仪器有限公司)。

2.2.3 标准溶液的配制

2.2.3.1 DMFa、DMAc、NMP 标准储备液的配制

准确称取 0.1000g(精确至 0.0001g)DMFa 标准品至 100mL 容量瓶中,用甲醇定容至刻度,配成 1g/L 的 DMFa 标准储备液;准确称取 0.1000g(精确至 0.0001g)DMAc 标准品至 100mL 容量瓶中,用甲醇定容至刻度,配成 1g/L 的 DMAc 标准储备液;准确称取 0.1000g(精确至 0.0001g)NMP 标准品至 100mL 容量瓶中,用甲醇定容至刻度,配成 1g/L 的 NMP 标准储备液。

将 DMFa、DMAc、NMP 标准储备液置于 4℃ 低温冰箱中保存,有效期为 3 个月。

2.2.3.2 标准混合储备液的配制

准确移取 DMFa、DMAc、NMP 标准储备液各 1.0mL 于 10mL 容量瓶中,用甲醇定容至刻度,配成 0.1g/L 的标准混合储备液,于 4℃ 低温冰箱中保存,有效期为 2 个月。

2.2.3.3 标准工作溶液的配制

用于 HPLC 分析的标准工作溶液:采用超纯水将标准储备溶液稀释成浓度分别为 0.5μg/mL、1.0μg/mL、2.0μg/mL、4.0μg/mL、8.0μg/mL、10.0μg/mL 的标准工作曲线溶液,此溶液采用每天现用现配。

用于 GC—MS 分析的标准工作溶液:分别移取不同体积的 DMFa、DMAc、NMP 标准储备液用乙酸乙酯定容,配制成 0.5mg/L、1.0mg/L、2.0mg/L、4.0mg/L、5.0mg/L、8.0mg/L、10.0mg/L 系列标准使用液。

2.2.3.4 标准验证溶液的配制

因 DMFa、DMAc 和 NMP 主要用于腈纶等合成纤维的制造过程,因此标准验证溶液的配制采用标准贴衬布作为基质,分别加入 DMFa、DMAc 和 NMP 标准溶液,采用优化好的提取前处理方法萃取后,使最终的溶液中目标物质 DMFa、DMAc 和 NMP 的浓度均为 1.5mg/L、5mg/L、9mg/L 每天现用现配,该组溶液用于方法验证。

用于 GC—MS 的标准验证溶液采用标准腈纶贴衬布作为基质,分别移取不同体积的混合标准储备液用乙酸乙酯定容,配制成 0.8mg/L、3.0mg/L、5.0mg/L、8.0mg/L、9.0mg/L、10.0mg/L、20.0mg/L、80.0mg/L 系列标准混合使用液。

2.2.4 仪器检测条件

2.2.4.1 HPLC 方法条件

色谱柱为 Spursil C18(250mm×4.6mm,5μm);流动相为 25% 甲醇、70% 超纯水

和5%乙腈;流量为1.0mL/min;柱温35℃;样品温度25℃;2D通道波长为200nm,等度洗脱,进样量为10μL。

2.2.4.2 GC—MS条件

毛细管色谱柱:DB-5MS(30m×0.25mm,0.25μm);前进样口温度:230℃;进样体积:1μL;不分流进样;载气:高纯氦气;溶剂延迟:3min。

升温程序:起始温度50℃,保持0.5min,以10℃/min的速度升温至120℃,保持1min。GC—MS质谱条件选择:EI源,电离能量70eV,离子源温度230℃,四极杆温度150℃,扫描模式为全扫描和选择离子扫描,扫描质量数范围:30~120amu。

2.2.5 实验方法

2.2.5.1 提取前处理过程优化

采用机械振荡方法分别对自制阳性样品1(含DMFa阳性样品)、样品2(含DMAc阳性样品)、样品3(含NMP阳性样品)萃取检测。通过改变实验条件(固液比、振荡时间、频率、温度),比较其萃取效果,优化前处理条件,得到优化后的提取前处理过程:将纤维剪成5mm×5mm大小,取0.5g于50mL旋口玻璃反应器中,加入10mL超纯水于40℃恒温摇床上以150r/min的频率振荡30min,萃取液采用0.45μm水性滤膜过滤后用于HPLC分析。

甲基甲酰胺(DMFa)、二甲基乙酰胺(DMAc)和N-甲基吡咯烷酮(NMP)的检测是经过优化的前处理条件,然后通过气质联用法进行的。气质联用法优化后的前处理方法为:将织物剪成5mm×5mm大小,称取0.5g样品放入反应器中,加入10mL乙酸乙酯,放入超声波清洗器中超声30min,用0.45μm聚四氟乙烯滤膜提取过滤,然后用气质联用仪检测。

2.2.5.2 方法验证

优化后的检测方法通过回归方程线性、检出限与定量限、真实性、精密度、准确度和回收率来进行验证,此外,通过上述指标的验证可以得出方法的测量不确定度评估值。首先分别于连续3天2次独立重复配制浓度分别为0.5mg/L、1.0mg/L、2.0mg/L、4.0mg/L、8.0mg/L、10.0mg/L的标准工作曲线溶液,由此可绘制6条不同的线性方程;同时也于连续3天2次按照前述方法独立重复配制浓度为1.5mg/L、5mg/L、9mg/L的标准验证溶液进行HPLC分析;配制浓度为0.8mg/L、3.0mg/L、9.0mg/L溶液进行GC—MS测定,并将测得的响应值分别代入绘制的线性方程中计算溶液的检测浓度。通过测定的标准验证溶液的浓度值来计算本检测方法的测定值的真实性、精密度和准确性,同时绘制Accuracy profile曲线以验证方法的有效性,并计算方法的测量不确定度。通过在涤纶、腈纶、芳纶、黏胶纤维、棉和羊毛的实际样品中分别添加 0.5mg/L、5.0mg/L 和 50.0mg/L 不同水平浓度的标样来评价方法的回收率。通过向标准腈纶贴衬基质中添加标样使其达到 3 倍信噪比的浓度来获得方法的检出限，10 倍信噪比的浓度来获得方法的定量限。

　　分别称取棉、涤纶、腈纶、羊毛和黏胶纤维的空白布料各 0.5g，分别加 1mL 浓度为 5.0mg/L、10.0mg/L、20.0mg/L 的二甲基甲酰胺、二甲基乙酰胺和 N-甲基吡咯烷酮标准混合溶液，再加入 9mL 乙酸乙酯，超声 30min 后用 0.45μm 聚四氯乙烯滤膜提取过滤，然后用气质联用仪检测回收率。

2.2.5.3　数据处理

本实验数据统计处理使用 Microsoft Excel 2007 和 SPSS 19.0 软件。

2.3　结果与讨论

2.3.1　HPLC/DAD 检测方法

2.3.1.1　液相色谱分离条件选择

通过前期条件摸索，得出 HPLC 测试条件如下：色谱柱为 Spursil C18(250mm×4.6mm，5μm)，流动相为 25%甲醇、70%超纯水和 5%乙腈，总流量为 1.0mL/min；柱温 35℃；样品温度 25℃；2D 通道波长为 200 nm，等度洗脱，进样量为 10μL。在上述 HPLC 测试条件下，3 个残留溶剂的色谱分离效果如图 3-5 所示，相邻两峰的分离度 R 均为 2.5，表明相邻峰均已完全分开。

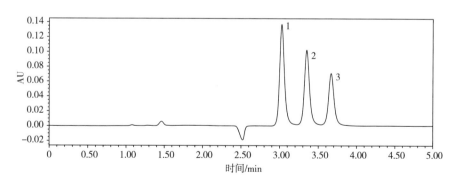

图 3-5　DMFa/DMAc/NMP 标准混合溶液的典型 HPLC 图

1—DMFa　2—DMAc　3—NMP

在实验的定性分析过程中，如遇到无法根据保留时间进行定性分析的情况时，可以通过 3D 光谱扫描来确定目标物质的最大吸收波长，从而再结合保留时间对未知样品进行定性分析,如图 3-6 所示。DMFa、DMAc 及 NMP 的保留时间分别为 3.025min、3.348min、3.665min。

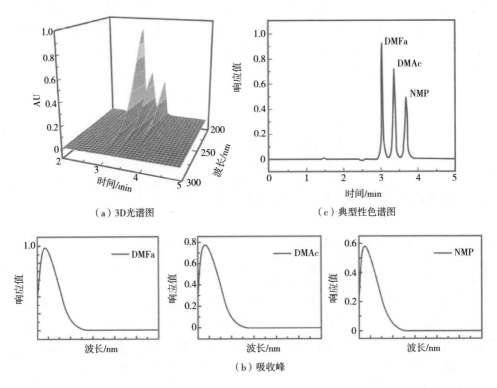

（a）3D光谱图　　（c）典型性色谱图

（b）吸收峰

图 3-6　三种有机残余溶剂的 3D 光谱图、吸收峰及典型性色谱图

2.3.1.2　提取条件优化

分别采用超声和振荡两种萃取方法对阳性黏胶纤维中的 DMFa、DMAc 和 NMP 进行提取,比较其提取效果,其中 1#样品为 DMFa 阳性样品,2#样品为 DMAc 阳性样品,3#样品为 NMP 阳性样品。

（1）提取方法的选择

称取样品 1#、2#、3#各 0.5g(精确至 0.0001g),剪碎成约 5mm×5mm 大小,混匀,置于 50mL 的反应器中,加入 10mL 超纯水,密封;分别超声或振荡萃取 30min;提取后,用孔径 0.45μm 的水系滤膜过滤,以供 HPLC 测定。结果发现,三种样品经超声和振荡萃取出来的含量没有明显区别,如图 3-7 所示。考虑到相对于超声,振荡可以对更多组的样品同时进行处理,更适合大批量检测,因此本研究组选用振荡的方法。

（2）固液比的选择

称取样品 1#、2#、3#各 0.5g(精确至 0.0001g),剪碎成约 5mm×5mm 大小,混

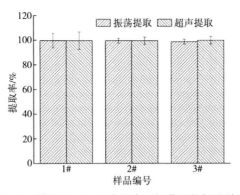

图 3-7 样品 1#、2#、3#在超声和振荡下的提取效果

匀,置于 50mL 反应器中,分别加入 7.5mL、10mL、15mL、20mL、25mL 超纯水(即固液比分别为 1∶15、1∶20、1∶30、1∶40、1∶50),密封;提取振荡 30min 后,用孔径 0.45μm 水系滤膜过滤,以供 HPLC 测定。将结果换算到同一固液比(1∶20)后,本研究组发现固液比为 1∶15 就能完全提取,如图 3-8 所示。但是固液比为 1∶15 时,提取液刚刚能浸没样品,因此为保证浸泡充分,选择固液比为 1∶20。

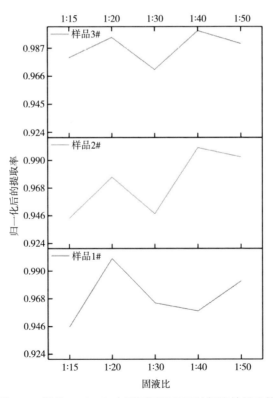

图 3-8 样品 1#、2#、3#在不同固液比下的提取效果比较

（3）提取时间的选择

称取样品 1#、2#、3#各 0.5g（精确至 0.0001g），剪碎成约 5mm×5mm 大小，混匀，置于 50mL 的反应器中，加 10mL 超纯水，密封；分别振荡萃取 5min、10min、20min、30min、40min、50min、60min；萃取后，用孔径 0.45μm 的水系滤膜过滤，以供 HPLC 测定。图 3-9 为不同振荡时间下样品 1#、2#、3#的提取效果，本研究组发现样品 3#（NMP）仅需振荡 5min 就能完全提取，样品 1#（DMFa）和样品 2#（DMAc）则需 20min。为了保证提取完全，选定振荡时间为 30min。

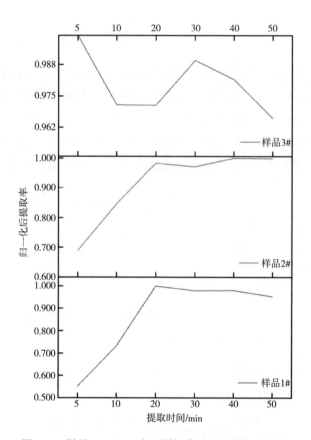

图 3-9　样品 1#、2#、3#在不同振荡时间下的提取效果

（4）提取温度的选择

称取样品 1#、2#、3#各 0.5g（精确至 0.0001g），分别在 25℃、30℃、40℃、50℃、60℃水浴下振荡萃取 30min；提取后，用孔径 0.45μm 的水系滤膜过滤，以供 HPLC 测定。图 3-10 为不同振荡温度下样品 1#、2#、3#的萃取效果，结果发现样品 1#（DMFa）和样品 2#（DMAc）在常温 25℃和其他几个水浴温度下提取出来的含量没

有明显区别,样品 3#(NMP)水浴提取的含量明显比常温下大,而不同水浴温度无区别。因此本研究组选定的振荡温度为实验室常用的 40℃。

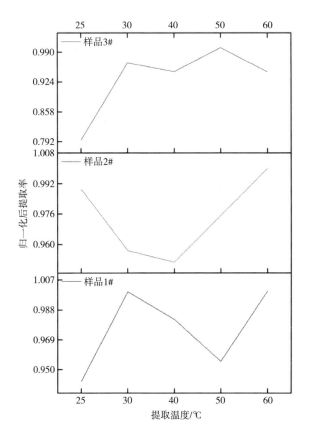

图 3-10　样品 1#、2#、3#在不同振荡温度下的提取效果

(5)最终的提取条件

如图 3-11 所示,通过归一化处理后最终确定本测试方法为:称取 0.5g 样品,剪碎成约 5mm×5mm 大小,混匀,置于 50mL 的反应器中,加入 10mL 超纯水,密封,40℃下振荡萃取 30min。萃取后,用孔径 0.45μm 的水系滤膜过滤,以供 HPLC 测定。

2.3.1.3　方法验证

(1)方法的线性关系

用 0.5mg/L、1.0mg/L、2.0mg/L、4.0mg/L、8.0mg/L、10.0mg/L 系列 DMFa、DMAc、NMP 标准工作溶液进行测定,重复 3 天,每天 2 组。发现 DMFa、DMAc、NMP 的色谱峰面积 A 与质量浓度 c 之间的确存在良好的线性关系,表 3-9 给出了 DMFa、DMAc、NMP 的线性范围、线性方程和线性相关系数。

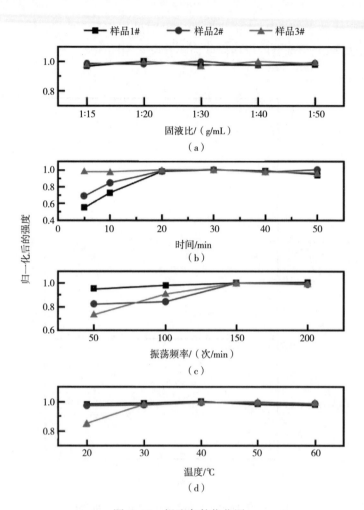

图 3-11　提取条件优化图

表 3-9　方法的线性关系和检出限

物质	线性范围/（mg/L）	线性方程	线性相关系数
DMFa	0.5~10	$A=62694.27891c+71.02392$	0.9999
DMAc	0.5~10	$A=52507.29930c+576.13686$	0.9999
NMP	0.5~10	$A=33796.82218c+712.70602$	0.9999

注　A 为色谱峰面积；c 为溶液浓度（mg/L）。

（2）检出限与定量限

本方法采用重复 12 次测定 0.5mg/L 的 DMFa、DMAc、NMP 标准工作溶液的方法确定仪器检出限，以 3 倍信噪比计算得到 DMFa、DMAc、NMP 的方法检出限，如

表 2 所示。通过分析得出 DMFa、DMAc 与 NMP 的方法检出限分别为 1.1mg/kg、2.8mg/kg 和 2.6mg/kg,定量限分别为 3.7mg/kg、9.3mg/kg 和 8.7mg/kg。本方法的检出限能满足 REACH 法规中 SVHC 限用物质清单对这 3 种物质的检测限量要求。

(3)真实性/精密度及准确性分析

方法的真实性与精密度可显示方法的系统误差与随机误差情况。真实性表示加标溶液(标准验证溶液)的测定值与理论添加值之间的一致性,使用标准偏差(%)表示。本方法的测定真实性通过分析 DMFa、DMAc 和 NMP3 种目标物质 3 个浓度水平下的标准验证溶液浓度值与理论添加浓度之间的标准偏差来计算,结果见表 3-10。从表 3-10 中可以看出,3 种有机溶剂的测定值的真实性在-5.61% ~ 1.69%之间,均在±10%的可接受范围内。

方法的精密度采用一天内重复性实验结果的相对标准偏差(RSD%)代表的日内精密度(重复性)和 3 天间重复性实验结果的相对标准偏差(RSD%)代表的日间精密度(重现性)表示。通过测定 3 种有机溶剂的 3 个浓度水平标准验证溶液浓度值后计算获得,结果见表 3-10。从表 3-10 可以看出,DMFa 的日内精密度与日间精密度在 1.39% ~ 3.88%之间,DMAc 的日内精密度与日间精密度在 0.39% ~ 4.51%之间,而 NMP 的日内精密度与日间精密度范围在 0.43% ~ 5.70%之间。3 种溶剂的精密度均未超过 10%,表明本方法的测定值具有较好的精密性。

表 3-10　DMFa、DMAc、NMP 的测定方法的测量真实性和精密度

指标	加标浓度	DMFa	DMAc	NMP
	标准曲线范围:0.5~10mg/L(6 个浓度水平)			
真实性	加标浓度/(mg/L)	相对偏差/%	相对偏差/%	相对偏差/%
	1.5	−5.61	−5.46	1.69
	5	1.77	−1.99	0.83
	9	0.99	−3.39	1.38
精密度	加标浓度/(mg/L)	日内精密度/日间精密度(RSD)/%	日内精密度/日间精密度(RSD)/%	日内精密度/日间精密度(RSD)/%
	1.5	1.42/1.91	1.68/3.05	2.79/5.70
	5	2.22/3.88	0.39/4.06	1.67/1.91
	9	1.39/2.84	1.95/4.51	0.43/2.42

（4）回收率测定

称取涤纶、腈纶、芳纶、黏胶纤维、棉和羊毛的实际检测样品（经空白实验）各 0.5g，分别加入 1mL 5.0mg/L、50.0mg/L、500.0mg/L 的 DMFa、DMAc、NMP 标准混合溶液，再加入 9mL 的超纯水，按优化后的提取方法及 HPLC 测试条件进行加标回收测试，计算加标回收率，结果见表 3-11。从表 3-11 中可以分析看到，各类纺织品中 DMFa 的加标回收率在 97.0%~103.0% 之间，RSD 值在 0.9%~4.9% 之间；DMAc 的加标回收率在 94.8%~102.2% 之间，RSD 值在 0.8%~4.8% 之间；NMP 的加标回收率在 96.9%~103.0% 之间，RSD 值在 0.7%~4.3% 之间，表明该测试方法完全满足日常检测要求。

表 3-11　不同纤维基质中 DMFa、DMAc、NMP 的加标回收率

纤维样品	加标浓度/ (mg/L)	DMFa		DMAc		NMP	
		回收率/%	RSD/%	回收率/%	RSD/%	回收率/%	RSD/%
涤纶	0.5	102.7	1.8	97.6	4.8	99.4	3.8
	5.0	100.7	1.2	102.2	1.9	100.9	1.8
	50.0	99.8	1.4	99.9	1.3	99.8	1.4
腈纶	0.5	100.2	2.6	97.6	3.9	100.0	4.1
	5.0	99.6	1.5	100.6	2.0	100.2	1.5
	50.0	98.6	0.9	98.6	0.8	98.5	0.7
芳纶	0.5	100.6	2.6	99.9	2.8	98.7	2.5
	5.0	99.3	1.0	100.2	1.9	99.8	2.4
	50.0	97.7	1.9	97.7	2.0	97.7	2.0
黏胶纤维	0.5	103.0	4.9	95.3	4.4	101.5	1.6
	5.0	100.4	1.2	100.6	2.2	100.2	1.4
	50.0	99.0	1.2	99.1	1.1	99.2	1.0
棉	0.5	102.5	3.9	96.5	4.2	101.7	4.3
	5.0	99.3	1.1	99.8	0.8	103.0	2.7
	50.0	97.5	1.3	97.5	1.2	97.8	1.2
羊毛	0.5	102.1	3.8	94.8	4.2	102.8	4.0
	5.0	98.3	3.1	97.9	2.1	99.8	1.6
	50.0	97.0	2.1	97.4	2.7	96.9	1.7

（5）Accuracy profile 评价与不确定度评估

测量结果的准确性主要是通过测定值的总误差来表示，主要判断测定结果与

理论加标量的一致性。Accuracy profile 是一种可视化评价新开检测方法总误差的一种方式,使用 Accuracy profile 图可以作为一种评价检测方法准确度的决策工具。本章按照 Feinberg 与 González 的方法将 3 个不同浓度的标准验证溶液在连续 3 天 2 次进样的 6 个实际检测浓度值,6 个实际检测浓度值与理论浓度值的相对偏差值分别输入 SPSS 软件中通过单样本 T 检验的比较均值命令,分别得到在 95% 置信度区间内的浓度与相对偏差的 β 期望容忍度区间低限/高限,数据见表 3-12。通过表 3-12 中的数据绘制的 Accuracy profile 图如图 3-12 所示。图 3-12 中的 Accuracy profile 图纵坐标表示测定值相对标准验证溶液理论浓度的相对偏差,横坐标表示标准验证溶液的理论浓度值,本方法将可接受的误差线设置为 ±10%。从图 3-12 可以看出,相对偏差的 β 容忍度区间内的上下限值均未超过 ±10%,因此,本方法的测定值在标准工作曲线的浓度范围内准确性较高(95% 的置信度区间内)。

表 3-12　DMFa、DMAc 和 NMP 测定方法的测量准确性及不确定度

指标		DMFa	DMAc	NMP
		标准曲线范围:0.5~10mg/L(6 个浓度水平)		
准确性	加标浓度/(mg/L)	浓度的 β 期望容忍度区间低限/高限(mg/L)	浓度的 β 期望容忍度区间低限/高限(mg/L)	浓度的 β 期望容忍度区间低限/高限(mg/L)
	1.5	1.43/1.48	1.37/1.46	1.43/1.62
	5	4.88/5.30	4.69/5.11	4.94/5.14
	9	8.82/9.36	8.28/9.11	8.89/9.36
	加标浓度/(mg/L)	相对偏差的 β 期望容忍度区间低限/高限/%	相对偏差的 β 期望容忍度区间低限/高限/%	相对偏差的 β 期望容忍度区间低限/高限/%
	1.5	−9.26/−1.96	−8.48/−2.44	−4.40/7.77
	5	−2.37/5.90	−6.17/2.18	−1.18/2.85
	9	−2.01/4.00	−7.97/1.19	−1.20/3.95
不确定度	加标浓度/(mg/L)	不确定度/(mg/L)	不确定度/(mg/L)	不确定度/(mg/L)
	1.5	0.02	0.03	0.05
	5	0.12	0.12	0.06
	9	0.15	0.23	0.13

续表

指标		DMFa	DMAc	NMP
		标准曲线范围:0.5~10mg/L(6 个浓度水平)		
不确定度	加标浓度/ (mg/L)	扩展不确定度(k=2) (mg/L)	扩展不确定度(k=2) (mg/L)	扩展不确定度(k=2) (mg/L)
	1.5	0.03	0.05	0.11
	5	0.24	0.24	0.11
	9	0.30	0.47	0.26
	加标浓度/ (mg/L)	相对扩展不 确定度/%	相对扩展不 确定度/%	相对扩展不 确定度/%
	1.5	2.04	3.40	7.01
	5	4.71	4.72	2.27
	9	3.39	5.18	2.93

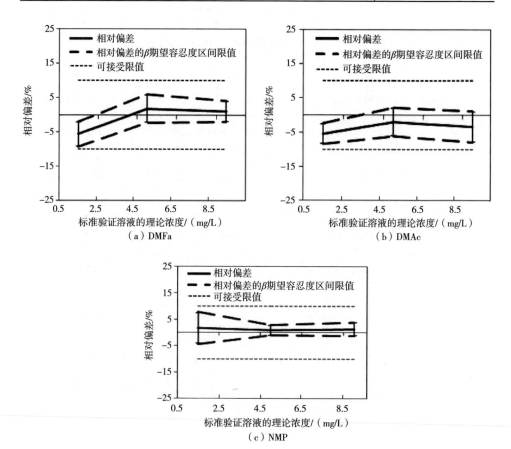

图 3-12　DMFa、DMAc 和 NMP 的 Accuracy profile 图

　　方法的不确定度评估反映了根据检测方法得到的测定数据的扩散性,本研究通过文献报道的方法对标准验证溶液浓度值的测定值按照 Feinberg 等提供的方法对标准验证溶液的不同浓度进行了不确定度评估,扩展不确定度因子为 $2(k=2)$。不确定度评估值见表 3-12,3 种溶剂的相对扩展不确定度均在 10% 以内。

2.3.1.4　实际样品测定

　　采用优化的 RP-HPLC 方法对实验室收到的实际纺织样品进行 DMFa、DMAc 和 NMP 的测定,并通过向实际样品中添加 40mg/kg 的标准溶液以评价测定的回收率。对不同纤维材质的纺织品样品的定量分析结果见表 3-13。

表 3-13　实际样品中 DMFa、DMAc 和 NMP 测定值

样品类型	样品测定值/(mg/kg)			加标后测定值/(mg/kg)		
	DMFa	DMAc	NMP	DMFa	DMAc	NMP
样品 A(100%涤纶面料,紫色)	ND①	ND	ND	43.7	40.1	42.9
样品 B(100%腈纶面料,红色)	14.6	ND	36.9	56.9	41.3	79.4
样品 C(100%芳纶纱线,黑色)	17.4	ND	ND	57.0	39.3	39.7
样品 D(100%黏胶纤维,红色)	ND	ND	ND	44.8	40.8	44.0
样品 E(100%棉,红色)	4.8	ND	94.3	47.2	40.2	135.7
样品 F(100%棉,紫色)	ND	ND	ND	42.1	39.4	41.0
样品 G(100%羊毛,墨绿色)	4.0	ND	48.1	44.8	40.0	92.3
样品 H(100%羊毛,黑色)	10.0	ND	ND	51.3	40.5	42.3

①ND 表示未检出。

　　从表 3-13 中可以看出,每个样品的测定值均能被分析出且测定的回收率在 98.2%~112.1% 之间。从样品的色谱图中可以看出不同纤维对测定结果的基质影响不大(图 3-13)。因此,本方法适用于测定纺织品中 DMFa、DMAc 和 NMP 的残留量。

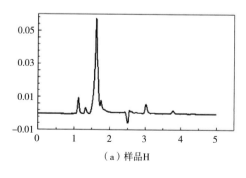
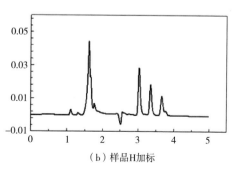

（a）样品 H　　　　　　　　　　　　　（b）样品 H 加标

图 3-13　实际样品 H 测定色谱图

2.3.2 GC—MS 测定方法

2.3.2.1 提取溶剂的选择

经过 GC—MS 测定分析,当丙酮作为提取溶剂时结果如图 3-14 所示,色谱图中有较大的溶剂干扰峰,当将色谱图的丰度范围缩小时所显示的杂质峰较多,如图 3-14 所示,目标物的分离效果差,杂质峰较多,不适合作为提取溶剂。

如图 3-14 所示,当二氯甲烷作为提取溶剂时,结果显示 DMFa、DMAc 和 NMP 虽然被检出杂质峰少,但是 3 种目标物的拖尾都较严重,且 DMFa 有交叉峰;当正己烷作为提取溶剂时,结果显示杂质峰较多,且 3 种目标物的分离效果差,不能完全分离;当乙酸乙酯作为提取溶剂时,DMFa、DMAc 和 NMP 这 3 种目标物的分离效果较好,且峰形较好,出峰时间较短,溶剂峰的干扰较小。

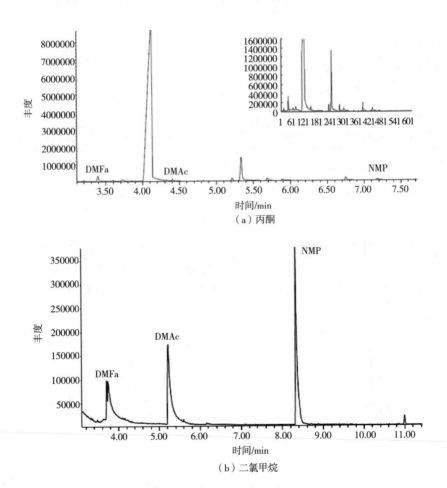

（a）丙酮

（b）二氯甲烷

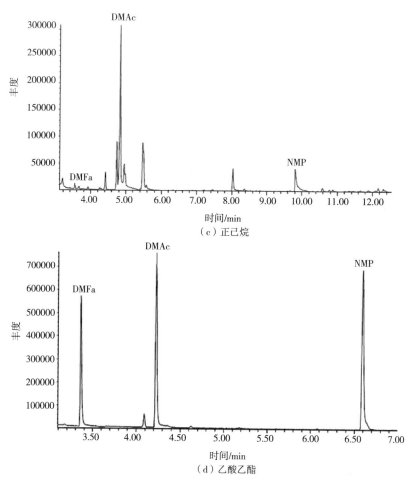

图 3-14 丙酮、二氯甲烷、正己烷、乙酸乙酯作为提取溶剂时混合标准液色谱图

经过上述实验的比较,综合考虑得出,乙酸乙酯的分离度较好,响应峰的峰形较好,基线较为平稳,出峰没有严重拖尾,出峰时间较短,溶剂峰易切除,并且乙酸乙酯对人体的毒害作用要比二氯甲烷小,提取率也较高,所以选择乙酸乙酯作为提取溶剂。

2.3.2.2 提取时间的选择

取一定量的贴衬布加入 0.5mg/L 混合标准使用液,进行超声萃取时间的实验,结果见表 3-14。萃取 30min 后,萃取液中 DMFa、DMAc 和 NMP 的浓度基本达到平衡,故萃取时间选择 30min。

表 3-14 提取时间的优化

提取时间/min	DMFa 提取率/%	DMAc 提取率/%	NMP 提取率/%
20	93.2±4.7	90.3±3.6	91.8±4.6

提取时间/min	DMFa 提取率/%	DMAc 提取率/%	NMP 提取率/%
30	97.8±6.8	96.9±2.9	93.8±2.8
40	97.2±1.9	97.0±5.8	93.4±4.7
50	98.3±3.9	96.8±3.9	95.6±5.7

2.3.2.3 提取处理方法的选择

①超声提取。称取 0.50g 的贴衬样品放入反应器中,加入 1mL 浓度为 10.0mg/L DMFa、DMAc 和 NMP 混合标准溶液和 9mL 乙酸乙酯,放入超声清洗器中超声 30min,用 0.45μm 聚四氯乙烯滤膜提取过滤,然后用气质联用仪检测,结果见表 3-15。

表 3-15 贴衬布经超声提取回收率

样品名称	添加量/(mg/L)	回收率/%		
		DMFa	DMAc	NMP
贴衬布	1.0	95±1.2	107±2.7	94±2.1

②超声后旋转蒸发提取。称取 0.50g 贴衬样品放入反应器中,加入 1mL 10.0mg/L DMFa、DMAc 和 NMP 混合标准溶液和 20mL 乙酸乙酯,超声 30min,将溶液转移到圆底烧瓶中,再向反应器中加入 20mL 乙酸乙酯,超声 20min,再将溶液转移至圆底烧瓶,将收集的盛有乙酸乙酯提取液的圆底烧瓶置于真空旋转蒸发仪上,于 40℃在低真空下浓缩至近 1mL,定容至 10mL,用 0.45μm 的聚四氯乙烯滤膜提取过滤,然后用气质联用仪检测,结果见表 3-16。

表 3-16 贴衬布经旋转蒸发提取的回收率

样品名称	添加量/(mg/L)	回收率/%		
		DMFa	DMAc	NMP
贴衬布	1.0	75±1.7	74±3.1	70±1.6

由于索氏提取需要大量的溶剂,耗时较长,且需经过旋转蒸发进行浓缩,会有损耗,与实验探究的经济快速检测不符,所以本实验采用超声提取的方式。经过上述样品前处理的选择比较,提取溶剂选择乙酸乙酯时分离效果较好且提取率高;提取时间在 30min 时趋于稳定;这里比较了超声提取和超声后旋转蒸发提取,采用超声后旋转蒸发提取时,结果表明 DMFa、DMAc 和 NMP

的回收率都在70%左右,实验结果不理想,都有一定程度的损失,采用直接超声提取时,DMFa、DMAc 和 NMP 的回收率在94%~107%,所以综合考虑,提取溶剂采用乙酸乙酯,提取时间为30min,提取方法采用快速、回收率好的超声直接提取后测定。

2.3.3　GC—MS 检测条件优化

2.3.3.1　前进样口温度的选择

DMFa、DMAc 和 NMP 的沸点都在200℃左右,比较进样口温度为200℃、230℃和250℃。实验结果表明,进样口温度在这3种情况下的改变对 DMFa、DMAc 和 NMP 的峰形影响较小,所以选择进样口的温度为230℃。

2.3.3.2　升温速率的选择

实验比较了升温速率分别为 4℃/min、8℃/min、10℃/min 和 12℃/min 时 DMFa、DMAc 和 NMP 峰形的变化。当升温速率较慢时,色谱图中会出现更多的杂质峰,当升温速率较快时,色谱峰的分离较差,所以升温速率选择了分离效果较好的 10℃/min。

2.3.3.3　扫描范围的选择

DMFa 的定性离子为 m/z 73、58 和 44,DMAc 的定性离子为 m/z 87、72 和 44,NMP 的定性离子为 m/z 99、72 和 44,根据选择离子的质量数大小,制订全扫描单位因为实验室中会有干扰带入,所以控制合理的全扫描单位可以去除较大质量数和较小质量数的基质干扰,所以扫描范围选择了 30~120amu。

综上所述,得出 2.0mg/L 的 DMFa、DMAc 和 NMP 混合标准使用液的色谱图如图 3-15 所示,右上角为乙酸乙酯空白溶液的色谱图。

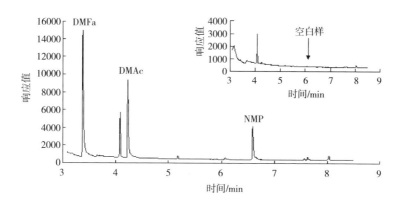

图 3-15　混合标准溶液色谱图

根据数据库中的质谱图检索得出的 DMFa、DMAc 和 NMP 质谱图以及对应的分子结构式如图 3-16 所示,DMFa 的定性离子为 m/z 73、58、44,DMAc 的定性离子为 m/z 87、72、44,NMP 的定性离子为 m/z 99、72、44。

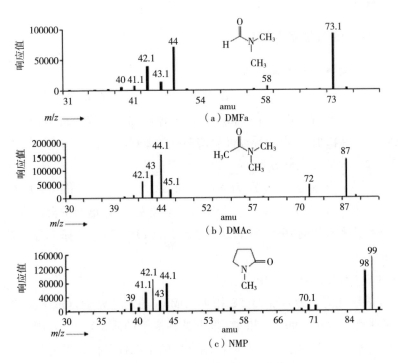

图 3-16　DMFa、DMAc 和 NMP 质谱图

DMFa、DMAc 和 NMP 的质谱参数列于表 3-17。

表 3-17　DMFa、DMAc 和 NMP 的质谱参数

名称	定量离子(m/z)	定性离子(m/z)	保留时间/min
DMFa	73	73,58,44	3.363
DMAc	87	87,72,44	4.229
NMP	99	99,72,44	6.595

2.3.4　方法线性范围和检出限

用 0.5mg/L、1.0mg/L、2.0mg/L、4.0mg/L、8.0mg/L、10.0mg/L 系列 DMFa、DMAc、NMP 标准工作溶液进行 GC—MS 测定,重复 3 天,每天 2 组。发现 DMFa、

DMAc、NMP 的色谱峰面积 A 与质量浓度 c 之间的确存在良好的线性关系，见表 3-18。

表 3-18　GC—MS 方法的线性关系

名称	线性范围/（mg/L）	线性方程	线性相关系数
DMFa	0.5~10	$A = 21957.47968c - 493.78862$	0.9994
DMAc	0.5~10	$A = 21770.34472c + 589.53496$	0.9999
NMP	0.5~10	$A = 25949.66829c - 853.25961$	0.9999

注　A 为色谱峰面积；c 为溶液浓度（mg/L）。

根据 3 倍信噪比计算得到最低检出限，DMF 为 0.13mg/L，DMAc 为 0.10mg/L，NMP 为 0.08mg/L，根据 10 倍信噪比最终得到样品的定量限，DMF 为 8.4mg/kg，DMAc 为 6.8mg/kg，NMP 为 5.0mg/kg。

2.3.5　方法准确性验证

2.3.5.1　回收率

采用加标回收的方式对方法的准确性进行验证。

称取棉、涤纶、腈纶、羊毛和黏胶纤维的空白布料各 0.5g，分别加入 1mL 浓度为 5.0mg/L、10.0mg/L、20.0mg/L 的 DMFa、DMAc 和 NMP 标准混合溶液，再加入 9mL 乙酸乙酯，超声 30min 后用 0.45μm 聚四氯乙烯滤膜提取过滤，然后用气质联用仪检测，结果见表 3-19，可以看出，本方法的回收率在 90%~110%，因此本方法的准确性较好。

表 3-19　3 种有机溶剂在不同空白基质中的回收率

样品名称	添加量/（mg/L）	平均回收率/%		
		DMFa	DMAc	NMP
棉	0.5	98	104	102
	1	99	102	98
	2	96	101	94
涤纶	0.5	102	108	99
	1	103	103	98
	2	93	100	96

样品名称	添加量/ (mg/L)	平均回收率/%		
		DMFa	DMAc	NMP
腈纶	0.5	103	108	97
	1	97	106	98
	2	92	99	96
羊毛	0.5	110	96	104
	1	106	101	98
	2	104	105	100
黏胶纤维	0.5	99	86	91
	1	102	103	98
	2	90	95	96

2.3.5.2 方法真实性、精密度与准确性验证

根据实验结果准确性验证时所建立的 6 条曲线和标准系列浓度为 0.8mg/L、3.0mg/L、9.0mg/L 的曲线,通过实验比较所得出的结果见表 3-20。

表 3-20 方法的真实性、精密度和准确性

指标		DMFa	DMAc	NMP
		校准范围:6 个水平		
真实性	加标浓度/ (mg/L)	相对偏差/%	相对偏差/%	相对偏差/%
	0.8	−3.87	−2.30	10.10
	3	−4.45	−4.83	9.58
	9	−2.37	−0.88	2.70
精密度	加标浓度/ (mg/L)	重复性/重现性 (RSD)/%	重复性/重现性 (RSD)/%	重复性/重现性 (RSD)/%
	0.8	2.31/7.95	5.17/9.68	2.68/5.48
	3	5.34/5.99	5.37/7.32	1.75/5.85
	9	4.16/5.54	3.50/4.66	1.24/3.59

指标		DMFa	DMAc	NMP
准确性	加标浓度/（mg/L）	β 期望容忍度最小/最大浓度限/（mg/L）	β 期望容忍度最小/最大浓度限/（mg/L）	β 期望容忍度最小/最大浓度限/（mg/L）
	0.8	0.70/0.83	0.70/0.86	0.83/0.93
	3	2.69/3.05	2.64/3.07	3.09/3.49
	9	8.28/9.30	8.48/9.36	8.89/9.59
	加标浓度/（mg/L）	β 期望容忍度最小/最大相对误差限/%	β 期望容忍度最小/最大相对误差限/%	β 期望容忍度最小/最大相对误差限/%
	0.8	−11.89/4.16	−12.22/7.63	3.76/16.43
	3	−10.46/1.56	−12.14/2.49	2.85/16.31
	9	−8.04/3.30	−5.73/3.96	−1.17/6.56

根据表 3-20 可以看出，当加标浓度为 0.8mg/L、3.0mg/L 和 9.0mg/L 时，所得值较标准曲线的相对偏差是 −4.83% ~ 10.10%，当天所得出的样品重复性为 1.24% ~ 5.37%，隔天所得出的样品重现性为 3.59% ~ 9.68%，表中所示的准确性中 β 期望容忍度最小/最大浓度限是在 95% 的置信区间内，范围为 0.70 ~ 9.59mg/L，误差限是在 −12.22% ~ 16.43%，一般根据经验所得，较低浓度的误差限在 20% 以内，较高浓度的误差限在 10% 以内，所以综合所得，此方法的准确性较好。

2.3.6 实际样品检测

选择棉、涤纶、腈纶、羊毛和黏胶纤维作为实验样品，由于实验室未找到 DMFa、DMAc 和 NMP 的阳性样品，所以用实际布料作为替代，称取棉、涤纶、腈纶、羊毛和黏胶纤维各 0.5g，分别加入 1mL 浓度为 8.0mg/L 和 80.0mg/L 的 DMFa、DMAc 和 NMP 标准混合溶液，再加入 9mL 的乙酸乙酯，超声 30min 后用 0.45μm 聚四氯乙烯滤膜提取过滤，然后用气质联用仪检测，结果见表 3-21。

表 3-21 3 种有机溶剂在不同基质中的回收率

样品		浓度/(mg/L)	溶剂	回收率/%
棉		0.8	DMFa	106.3±3.2
			DMAc	92.1±2.9
			NMP	85.6±4.5
		8	DMFa	91.6±3.4
			DMAc	93.9±5.3
			NMP	93.3±1.4
黏胶纤维		0.8	DMFa	98.0±2.3
			DMAc	92.6±7.2
			NMP	94.3±6.4
		8	DMFa	94.2±4.5
			DMAc	91.2±2.4
			NMP	96.9±2.6
羊毛		0.8	DMFa	96.1±3.4
			DMAc	93.6±4.5
			NMP	100.0±1.2
		8	DMFa	93.6±4.5
			DMAc	89.5±6.5
			NMP	95.6±3.4
涤纶		0.8	DMFa	96.8±2.3
			DMAc	97.7±3.6
			NMP	98.6±2.9
		8	DMFa	91.2±1.8
			DMAc	93.4±4.7
			NMP	97.3±4.3
腈纶		0.8	DMFa	1.04±2.6
			DMAc	95.6±2.8
			NMP	101.3±2.1
		8	DMFa	98.6±5.6
			DMAc	97.2±3.4
			NMP	99.3±3.9

应用本方法对棉、涤纶、腈纶、羊毛和黏胶纤维实际样品进行测试,得出的结果是回收率基本在 90%~110% 之间。

2.4　结论

①建立了采用超纯水机械振荡提取 RP-HPLC 法同时测定了纺织品中 DMFa、DMAc 和 NMP 三种沸点相对较高的溶剂残留量的方法。采用超纯水提取,与其他有机溶剂萃取方法相比避免了复杂基质的干扰且具有更好的环境友好型,更具经济性。同时采用 Accuracy profile 理论方法对优化方法进行了验证并对测定方法的不确定度进行了评估,结果表明本方法具有较高的测量准确性和精密性,灵敏度高。方法可对 DMFa、DMAc 和 NMP 的浓度分别高于 3.7mg/kg、9.3mg/kg 和 8.7mg/kg 的样品进行定量分析,完成能满足 REACH 法规中 SVHC 限用物质清单对这三种物质的检测限量要求。

②建立了同时、快速地测定生态纺织品中 N-甲基吡咯烷酮(NMP)、二甲基乙酰胺(DMAc)以及二甲基甲酰胺(DMFa)三种有机残余溶剂的气相色谱—质谱方法。实验主要用 DB-5 弱极性色谱柱通过优化的前处理同时测定 DMFa、DMAc、NMP 这三种有机溶剂,通过实验得出 DMFa、DMAc 和 NMP 在线性范围为 0.5~10.0mg/L 中线性方程的相关系数分别为 0.9998、0.9996、0.9999,方法最低检出限为 0.08~0.13mg/L,样品检出限为 5.0~8.4mg/kg,回收率在 90%~110% 之间,采用加标浓度为 0.8mg/L、3.0mg/L、9.0mg/L 时所得出的 β 期望容忍度最小/最大相对误差限在 20% 以内,准确性较高。

③建立的检测方法具有操作步骤简单、测定分析时间较短、灵敏度较高、稳定性好和经济等优点,且方法的回收率和精密度都可以满足检测要求。由于纺织品在日常生活中应用广泛,对人们的身体健康有着直接的影响,所以,本研究建立的酰胺类有机残留溶剂测定方法可为产品的质量监管提供重要的依据。

3 酯类有害物质

3.1 富马酸二甲酯类有害物质

3.1.1 检测原理

富马酸二甲酯(dimethyl fumarate, DMFu),又名反丁烯二酸二甲酯,分子式 $C_6H_8O_4$,相对分子质量 144.13,CAS 号 624-49-7,结构式如图 3-17 所示。富马酸二甲酯俗称"霉克星",纯品为白色鳞状结晶体,稍有辛辣味,易升华,对光热稳定,沸点 193℃,熔点 103~104℃,微溶于水,易溶于乙醇、丙酮、氯仿、乙酸乙酯等有机溶剂。由于富马酸二甲酯(DMFu)具有高效广谱抗菌、化学稳定性好、作用时间长、pH 值适应范围宽等优点,广泛应用于纺织品和皮革中的防霉、防虫蛀及抗菌整理。富马酸二甲酯的抗菌机理主要是其能顺利穿透微生物的细胞膜进入细胞中,抑制微生物细胞的分裂,并通过对二羧酸循环(TCAC)磷酸己糖途径(HMP)和酵解途径(EMP)的酶活性抑制来抑制微生物的呼吸作用,发挥抑菌作用,从而使微生物的生长繁殖被有效控制。

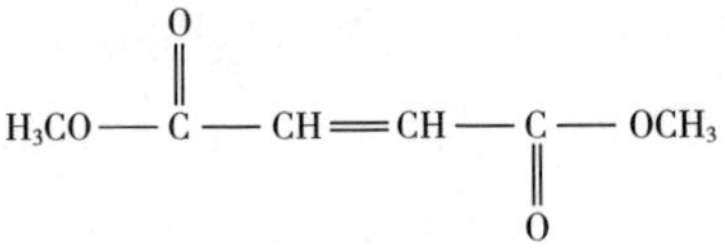

$$H_3CO-\overset{\displaystyle O}{\underset{}{C}}-CH=CH-\overset{\displaystyle O}{\underset{\displaystyle O}{C}}-OCH_3$$

图 3-17 富马酸二甲酯结构式

富马酸二甲酯易升华,作为防霉剂放在纺织品内很容易转化为有毒气体,尤其是在受热的情况下,产生的有毒气体通过挥发和渗透接触到皮肤上可引起皮肤过敏、皮疹或灼伤,接触眼睛也会导致严重的伤害。一项用皮革家具和纯富马酸二甲酯补片的人体临床研究(斑贴实验)显示,在最严重的情况下(达到 1mg/kg),人体可出现强烈的反应。根据这项研究,欧洲委员会还颁布了要求各成员国保证不将含有生物杀灭剂富马酸二甲酯的产品投放到市场上或销售该产品的草案,草案中规定产品中富马酸二甲酯的含量最大限量为每千克产品或产品零件含 0.1mg 富马酸二甲酯。

因为富马酸二甲酯是纺织品及皮革制品中较为典型及使用较广的一种酯类溶剂,对其检测方法的研究可为其他酯类物质的检测提供参考与借鉴意义。该方法操作简单、快速、准确度高、检出限低,能够广泛应用于纺织品及皮革中的富马酸二甲酯含量检测。

检测原理:利用超临界二氧化碳流体萃取的新型前处理技术与常规的超声波提取两种前处理方式,用气相色谱—质谱联用仪(GC—MS)测定,外标法定量。

3.1.2　实验材料与方法

3.1.2.1　仪器设备和样品

仪器设备:气相色谱—质谱仪(Agilent 6890N-5973,自动进样器,美国安捷伦公司);超声波提取器(KS-500EⅡ,宁波科生超声设备有限公司);旋转蒸发仪(RE-2000,上海亚荣生化仪器厂);超临界流体萃取系统(SFE-100M-2-C10,美国 Thar 公司)。

化学药品:富马酸二甲酯标样(纯度为 99.0%,德国 Dr-Ehrenstorfer 公司);甲醇、乙酸乙酯、丙酮、二氯甲烷均为分析纯。

实验材料:标准贴衬织物(棉织物符合 ISO 105-F02:2009 要求,毛织物符合 ISO 105-F01:2001 要求,涤纶织物符合 ISO 105-F04:2001 要求);牛皮、猪皮阴性样品(常温下放置 24h)。

3.1.2.2　溶液配制

富马酸二甲酯标准储备液:准确称取富马酸二甲酯标准品 0.2500g,用乙酸乙酯定容至 100mL,得 2500mg/L 富马酸二甲酯标准储备液。

富马酸二甲酯标准工作溶液:使用乙酸乙酯作为溶剂根据检测要求稀释成相应浓度的富马酸二甲酯工作标准溶液。

3.1.2.3　样品测试溶液的制备

(1)超声波提取法制备样品测试溶液

将纺织品面料和皮革剪碎至约 0.5mm×0.5mm 大小,混匀,准确称取 2.00g 放入 100mL 锥形瓶中,加入 20mL 乙酸乙酯,密封,超声波提取 20min,过滤,残渣重复用 20mL 乙酸乙酯超声波提取两次,合并滤液于 200mL 梨形瓶中,同时用玻璃棒将纤维中剩余的萃取液挤压出来,提取液再在 30℃水浴中旋转蒸发浓缩近干,加入乙酸乙酯清洗梨形瓶,将乙酸乙酯洗液转移到 5mL 容量瓶中定容,混匀,经 4000r/min 离心机离心 2min,浓缩液待分析。

（2）超临界 CO_2 提取方法制备样品测试溶液

将纺织品面料和皮革剪碎至约 0.5mm×0.5mm 大小,混匀,准确称取纺织品样品 2.00g 放入萃取罐中,夹带剂瓶中加入乙酸乙酯,密封,调节压力至 30MPa（300bar）,调节温度至 45℃,二氧化碳流量为 30g/min,夹带剂含量为 3%。操作步骤如下:

①开钢瓶,点击屏幕 start method。当收集罐的压力不再变化时,将其调至 1MPa（10bar）左右。

②先动态萃取 30min。

③然后点击 stop all,进入静态萃取过程 20min。

④之后再动态萃取,但只开二氧化碳泵吹扫 5min。

⑤关掉二氧化碳泵,点击 stop all。

⑥调节收集罐旁边的蓝色旋钮,将压力调至 0.2~0.3MPa（2~3bar）即可。

⑦接样,慢慢拧开接样阀门,全部接触后旋转关闭。

⑧再打开二氧化碳泵吹扫,同时将压力调至 1MPa（10bar）。

⑨关闭二氧化碳泵,关闭钢瓶,慢慢打开收集罐放气阀,至收集罐压力表为 0。

⑩打开收集罐,处理萃取后的废样品。

合并萃取液定容于 50mL 容量瓶中,提取液再在 30℃ 水浴中旋转蒸发浓缩近干,加入乙酸乙酯清洗梨形瓶,将乙酸乙酯洗液转移到 5mL 离心管中,定容至 2mL,混匀,经 4000r/min 离心机离心 2min,浓缩液待分析。

3.1.2.4 气相色谱—质谱分析条件

色谱柱:DB-5MS 柱（30m×0.25mm,0.25μm）;载气:氦气;流量:1.0mL/min;进样方式:不分流进样;进样口温度:220℃;升温曲线:50℃（1min）→150℃（1min）→260℃（1min）;质谱条件:四极杆温度 150℃;离子源温度:230℃;离子化方式:电子轰击电离源（EI,70eV）;接口温度:280℃;溶剂延迟 6min。

3.1.3 结果与讨论

3.1.3.1 超声波提取方法的优化

（1）提取溶剂的选择

为了比较不同溶剂对纺织品和皮革中富马酸二甲酯的提取效果,分别以甲醇、丙酮、乙酸乙酯、二氯甲烷四种溶剂作为提取剂,采用棉、毛、涤纶、牛皮和猪皮五种常见纺织品为研究对象,自制阳性样品,对其中的富马酸二甲酯进行提取,比较它们的萃取结果。实验结果如图 3-18 所示,结果表明四种溶剂中乙酸乙酯和甲醇的提取率较高,二氯甲烷的提取情况不稳定。实验中还分析了这四种溶剂配制的富马酸二甲酯标准溶液的色谱分离实验,由于甲醇、丙酮的极性较强,配制的富马酸二甲酯溶液在 GC—MS 仪上的分离效果较差,基线波动很大,影响检测的灵敏度,而乙酸乙酯、二氯甲烷作为溶剂时富马酸二甲酯都能在 GC—MS 仪上得到很好的分离,但是,由于二氯甲烷的沸点较低,配制的富马酸二甲酯极易结晶,影响检测的准确度,也易造成二氯甲烷萃取实验结果的不稳定和提取率偏低。因此,确定乙酸乙酯作为富马酸二甲酯的提取剂效果最好,提取率较高。

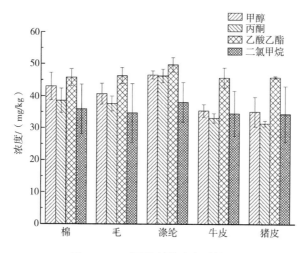

图 3-18　不同溶剂萃取实验结果

（2）提取工艺参数的确定

确定了以乙酸乙酯为富马酸二甲酯的提取溶剂,考察超声波提取方法中提取次数、提取时间等工艺参数对实验结果的影响,以固定其中一个参数来分析第二个参数的方法来确定提取工艺参数,实验结果如图 3-19 所示。由实验结果可以看出,当确定了提取溶剂、超声波单次提取时间后,乙酸乙酯的单次提取率可达到90%以上,且三次提取后较彻底;实验中还看出随着单次提取时间的延长,提取率也提高,提取时间为 20min 时,提取较完全。

（3）样品前处理方法的选择

样品经过乙酸乙酯提取后,为了能够对提取液进行浓缩,提高检测方法的检测限,摸索了用纯氮气吹浓缩、自然风吹浓缩和减压蒸馏浓缩 3 个常规方法进行浓缩富马酸二甲酯提取液,使用已加好 10mg/kg 富马酸二甲酯的纺织品面料作为样品,每种方法各做 3 个平行实验,对 DMFu 的回收率进行比较实验,具体结果见表 3-22。

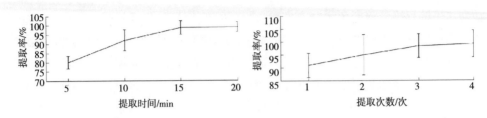

图 3-19　提取次数、提取时间对提取率的影响

表 3-22　三种浓缩方法的比较实验结果

样品	氮气吹浓缩回收率/%	自然风吹浓缩回收率/%	减压蒸馏浓缩回收率/%
10mg/kgDMFu 样品 1#	80.5	95.6	84.2
10mg/kgDMFu 样品 2#	83.4	91.2	90.1
10mg/kgDMFu 样品 3#	81.9	97.1	88.5
平均回收率	81.9±1.5	94.6±3.1	87.6±3.1

由实验结果可以看出，自然风吹浓缩的回收率最高，但是由于自然风吹干所耗时间太长，不适合实验工艺的应用，而提取后直接使用氮气吹干也需要较长时间及氮气的消耗量较大且回收率较低，因此选择减压蒸馏对乙酸乙酯提取液进行浓缩。因为富马酸二甲酯易升华的物理性质，实验中笔者还考察了水浴温度对实验回收率的影响，结果随着水浴温度的升高，回收率降低，但是温度太低时，由于低压浓缩的时间延长，回收率也不理想，实验结果见表 3-23。因此，实验中选择提取液在 30℃ 水浴中浓缩，回收率在 80%～100% 之间，满足实验要求。

表 3-23　减压蒸馏水浴温度对回收率的影响

样品	20℃ 回收率/%	30℃ 回收率/%	40℃ 回收率/%	50℃ 回收率/%	60℃ 回收率/%
10mg/kgDMFu 样品 1#	75.6	81.2	80.5	73.6	65.7
10mg/kgDMFu 样品 2#	73.8	89.6	76.4	76.1	66.5
10mg/kgDMFu 样品 3#	77.1	82.7	76.8	69.8	62.3
平均回收率	75.5±1.7	84.5±4.5	77.9±2.3	73.2±3.2	64.8±2.2

3.1.3.2　超临界二氧化碳提取方法的优化

（1）提取溶剂的选择

根据 3.1.3.1(1) 的结果，比较不同溶剂对纺织品和皮革中富马酸二甲酯的提取效果，分别以甲醇、丙酮、乙酸乙酯、二氯甲烷四种溶剂作为提取剂，对棉、毛、涤纶、牛皮和猪皮 5 种常见纺织品及皮革产品中的富马酸二甲酯进行提取，比较它们

的萃取结果,表明四种溶剂中乙酸乙酯和甲醇的提取率较高,提取情况稳定。能在
GC—MS 仪上获得很好的分离,确定乙酸乙酯作为富马酸二甲酯的提取剂效果最
好,提取率较高。超临界二氧化碳萃取需要加入一定量的夹带剂,最后从接样口流
出,所以实验也使用乙酸乙酯作为夹带剂。

（2）萃取条件的优化

超临界二氧化碳萃取的工艺参数主要有:萃取压力、萃取温度、萃取时间、二氧
化碳流速等。响应曲面法(response surface methodology,RSM)是一种优化生物过
程的统计学实验设计,采用该法可以建立连续变量曲面模型,对影响生物过程的因
子及其交互作用进行评价,确定最佳水平范围,而且所需要的实验组数相对较少,
可节省人力物力,因此该方法已经成功应用于生物过程优化中。响应曲面法,又称
为回归设计,是在多元线性回归的基础上主动收集数据的方法,可以获得具有较好
性质的回归方程。

超临界二氧化碳采用乙酸乙酯作为夹带剂,以萃取压力(A)、萃取温度(B)、萃
取时间(C)和二氧化碳流速(D)作为 4 个考察因素,选择 3 个水平进行实验。采用
Design−Expert 8.0.6 Trial 统计软件,利用响应曲面法中的 Box−Behnken Design
(BBD)以萃取压力、萃取温度、萃取时间、二氧化碳流量四个因素为自变量,在超临
界流体萃取系统可控范围内[萃取压力 10~50MPa(100~500bar)、萃取温度 20~
60℃、萃取时间 10~50min、二氧化碳流量 10~50g/min],以富马酸二甲酯的提取率
为响应值,进行实验设计,见表 3−24。

表 3−24　Box−Behnken Design 实验因素水平及编码

自变量	代码	编码水平		
		−1	0	+1
萃取压力/bar[①]	A	100	300	500
萃取温度/℃	B	20	40	60
萃取时间/min	C	10	30	50
二氧化碳流量/(g/min)	D	10	30	50

①1 巴(bar)= 0.1 兆帕(MPa)。

通过表 3−24 中所设计的四个自变量的三个不同添加水平的优化参数获得响
应曲面及等高线图,如图 3−20 所示。通过曲面拟合得到的萃取率的预测值见表
3−25。

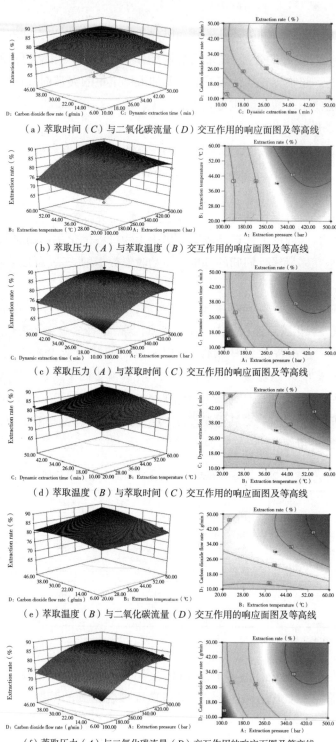

（a）萃取时间（C）与二氧化碳流量（D）交互作用的响应面图及等高线

（b）萃取压力（A）与萃取温度（B）交互作用的响应面图及等高线

（c）萃取压力（A）与萃取时间（C）交互作用的响应面图及等高线

（d）萃取温度（B）与萃取时间（C）交互作用的响应面图及等高线

（e）萃取温度（B）与二氧化碳流量（D）交互作用的响应面图及等高线

（f）萃取压力（A）与二氧化碳流量（D）交互作用的响应面图及等高线

图 3-20 富马酸二甲酯萃取响应面图谱分析

　　表 3-25 中的萃取率实验值一栏为本实验在两个交互条件下所测得的实际提取率数值,对实验数据进行多项式拟合回归,以萃取率(R)为因变量,萃取压力(A)、萃取温度(B)、萃取时间(C)、二氧化碳流量(D)为自变量建立回归方程如式(3-1)所示:

$$R=83.17+6.12 \times A+1.85 \times B+2.62 \times C+2.88 \times D+1.22 \times A \times B-0.28 \times A \times C+0.28 \times A \times D+$$

$$1.15 \times B \times C+1.36 \times B \times D-0.28 \times C \times D-4.57 \times A^2+0.66 \times B^2-1.88 \times C^2-1.45 \times D^2 \tag{3-1}$$

表 3-25　富马酸二甲酯萃取响应面实验设计及结果

实验号	A	B	C	D	萃取率/%	
					实际值	预测值
1	-1	-1	0	0	71.14	72.50
2	1	-1	0	0	80.01	82.31
3	-1	1	0	0	73.79	73.77
4	1	1	0	0	87.54	88.45
5	0	0	-1	-1	72.61	75.22
6	0	0	1	-1	76.53	79.90
7	0	0	-1	1	80.33	79.23
8	0	0	1	1	85.36	85.03
9	-1	0	0	-1	69.38	68.46
10	1	0	0	-1	82.68	81.28
11	-1	0	0	1	73.22	73.60
12	1	0	0	1	85.39	85.28
13	0	-1	-1	0	79.47	78.64
14	0	1	-1	0	80.09	80.03
15	0	-1	1	0	82.53	81.56
16	0	1	1	0	87.77	87.57
17	-1	0	-1	0	67.78	67.69
18	1	0	-1	0	81.05	80.51
19	-1	0	1	0	74.21	73.50
20	1	0	1	0	86.34	85.18
21	0	-1	0	-1	81.75	79.61
22	0	1	0	-1	82.11	80.59
23	0	-1	0	1	81.18	81.45
24	0	1	0	1	86.99	87.88
25	0	0	0	0	83.71	83.17

续表

实验号	A	B	C	D	萃取率/%	
					实际值	预测值
26	0	0	0	0	83.02	83.17
27	0	0	0	0	82.49	83.17
28	0	0	0	0	81.99	83.17
29	0	0	0	0	84.64	83.17

对回归方程进行方差分析,结果见表3-26。由方差分析可看出:$F_{回归}=17.70>$ $[F_{0.01(9,4)}=6.00]$,$P<0.05$,表明模型显著;$F_{失拟}=3.88<[F_{0.01(9,3)}=8.81]$ 失拟项 $P=0.1015>0.05$,表明失拟不显著;回归模型的 $R_{Adj}^2=0.8930$,说明该模型拟合程度良好,实验误差小。

从回归方程的各项误差可以看出,一次项中影响显著因素为 A,二次相中 A 的偏回归系数显著。在各因素水平范围内,按照对结果影响排序为 $A>C>D>B$,即萃取压力>萃取时间>二氧化碳流速>萃取温度。四个因素中 B 和 D 之间交互作用显著,即萃取温度与二氧化碳流速之间存在较为显著的交互作用。

根据 3D 响应面数学建模获得最优萃取压力在 44.794MPa(447.94bar)、萃取温度 60℃、萃取时间 50min、二氧化碳流速 50g/min 左右。从安全角度出发,选择最佳提取条件为萃取压力 40MPa(400bar)、萃取温度 45℃、动态萃取时间 30min、静态萃取 5min、二氧化碳吹扫 5min、二氧化碳流量 40g/min。

表 3-26　富马酸二甲酯萃取率响应曲面方差分析

来源	平方和	自由度	均方差	F	P
模型	820.68	14	58.62	17.70	<0.0001
A	450.07	1	450.07	135.87	<0.0001
B	41.11	1	41.11	12.41	0.0034
C	82.22	1	82.22	24.82	0.0002
D	62.61	1	62.61	18.90	0.0007
AB	5.95	1	5.95	1.80	0.2014
AC	0.32	1	0.32	0.098	0.7588
AD	0.32	1	0.32	0.096	0.7608
BC	5.34	1	5.34	1.61	0.2251
BD	7.43	1	7.43	2.24	0.1565
CD	0.31	1	0.31	0.093	0.7649

续表

来源	平方和	自由度	均方差	F	P
A^2	135.52	1	135.52	40.91	<0.0001
B^2	2.82	1	2.82	0.85	0.3719
C^2	22.89	1	22.89	6.91	0.0198
D^2	13.56	1	13.56	4.09	0.0626
残差	46.38	14	3.31	—	—
失拟	42.05	10	4.20	3.88	0.1015
误差	4.33	4	1.08	—	—
综合	867.05	28	—	—	—
校正系数	$R^2 = 0.9465$		$R^2_{Adj} = 0.8930$		

3.1.3.3　超声萃取与超临界萃取对比

在前述章节中分别进行了超声波提取与超临界二氧化碳萃取,为更简洁地表现两种方法的区别,将两种提取方法的比较列于表3-27。

表 3-27　超声萃取与超临界萃取富马酸二甲酯的方法比较

前处理技术	超声萃取	超临界二氧化碳萃取
萃取率	提取率 90% 以上,提取后材料中仍存有少量四氯乙烯	提取率 92.5% 以上,提取后材料中几乎不含四氯乙烯,主要能耗在仪器设备中
RSD	2.1%~8.4%	2.5%~9.7%
加标回收率	85%~101%	85.4%~98.6%
萃取时间	20~40min	动态萃取时间 30min,静态萃取 5min,二氧化碳吹扫 5min
萃取溶剂使用量	30~40mL 溶剂/样品	0.9mL/min 液态二氧化碳
综合	操作简便,仪器设备费用低,萃取完全面料上有残留	绿色环保,萃取率高,但有仪器损耗,萃取流体二氧化碳廉价,仪器参数控制精密度高,萃取使用溶剂含量较低

3.1.3.4　色谱分析过程

(1)色谱分离条件的确定

结合富马酸二甲酯的沸点及极性特点以及考虑皮革中含有较高的油脂干扰,经过反复实验,优化色谱分离条件确定进样口温度:220℃;色谱柱温度:升温曲线:

$50℃（1min）\xrightarrow{10℃/min}150℃（1min）\xrightarrow{30℃/min}260（1min）$，质谱与气相色谱接口温度设为280℃。在优化后的色谱条件下，样品中的富马酸二甲酯色谱峰可以得到很好的分离，富马酸二甲酯的保留时间为9.30min，得到的色谱峰尖锐，柱效高，准确度好，如图3-21所示。

（2）富马酸二甲酯的确证

取已经配制好的浓度为10mg/L富马酸二甲酯标准使用液，经GC—MS仪分析得到的富马酸二甲酯色谱峰保留时间为9.30min，它的总离子流图和质谱图分别如图3-21和图3-22所示，其特征离子峰 m/z 分别为59、85、113、144，丰度比为59：85：113：144＝18：50：100：1，与质谱标准谱库图比较，匹配度达97%。通过查看色谱峰特征离子的纯度，发现特征离子 m/z 113信号最强，灵敏度高，因此确定采用SIM选择离子检测法定性，提取 m/z 113特征离子峰面积定量。

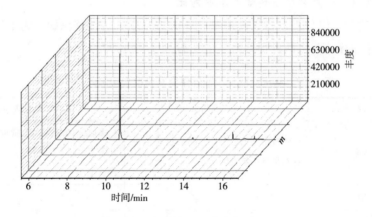

图3-21　富马酸二甲酯总离子流图

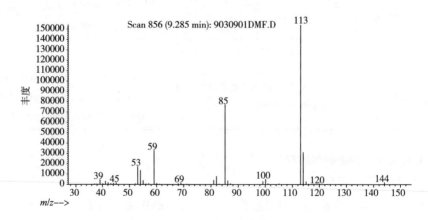

图3-22　DMFu的质谱图

3.1.3.5　方法确认

(1)标准曲线的确定

取已经配制好的浓度为 0.1mg/L、0.2mg/L、2mg/L、10mg/L、20mg/L 的富马酸二甲酯标准使用液,经过 GC—MS 气质联用仪分析,SIM 选择离子检测法检测,以特征离子 m/z 59、85、113、144 定性,特征离子 m/z 113 定量得到富马酸二甲酯色谱峰面积,以色谱峰面积为纵坐标,富马酸二甲酯浓度为横坐标,建立标准曲线 $A = 253463.3c+3320.2$(A:峰面积,c:浓度),相关系数 $r = 0.9999$,方法的最低检出限以信噪比 $S/N = 3$ 确定为 0.01mg/kg。

(2)精密度与回收率

分别取不含有富马酸二甲酯的纺织品全棉面料和牛皮两种样品,各取 3 份,分别加入 1mg/kg、5mg/kg、10mg/kg 3 个水平的 DMFu 标准液,经过超临界二氧化碳萃取后,按照上述色谱条件分析,于同日内测定 5 次和连续 5 天测定,计算日内、日间精密度以及加标回收率,具体数据见表 3-28。由表 3-28 可看出,不论是皮革还是棉制的纺织面料为基质,本检测方法的日内和日间精密度在 10% 以内,不同基质的目标物回收率在 86.2%~93.4% 之间,回收率能达到检测要求。

表 3-28　DMFu 精密度及回收率测定结果(n=5)

指标	1mg/kg DMFu 加标	5mg/kg DMFu 加标	10mg/kg DMFu 加标
牛皮	2.11±0.17	2.26±0.11	2.36±0.17
日内测定值精密度 RSD/% 全棉面料	5.03±0.31	6.70±0.54	7.15±0.29
日间测定值精密度 RSD/% 全棉面料	3.25±0.13	3.61±0.11	3.55±0.18
日间测定值精密度 RSD/% 牛皮	8.14±0.16	7.58±0.45	8.36±0.42
牛皮	87.5±2.63	90.2±3.61	92.9±6.50
加标回收率/% 全棉面料	86.2±4.31	90.1±6.31	93.4±2.80

3.1.4　结论

通过甲醇、丙酮、乙酸乙酯、二氯甲烷四种溶剂作为提取剂的实验比较,得出乙酸乙酯作为富马酸二甲酯的提取剂效果最好,提取率在 90% 以上,且确定了超声波提取工艺参数。在此基础上选择乙酸乙酯作为超临界二氧化碳萃取的夹带剂,通过对萃取压力、萃取时间、二氧化碳流速及萃取温度等条件的优化,确定了采用超临界二氧化碳萃取富马酸二甲酯的前处理条件。

确定了富马酸二甲酯的最佳色谱分离条件,在优化后的色谱条件下,样品中的富马酸二甲酯色谱峰可以得到很好的分离,富马酸二甲酯的保留时间是9.30min。结果中以SIM选择离子检测进行确证,特征离子m/z 113外标法定量,富马酸二甲酯在0.1~20mg/L范围内呈良好的线性关系($R = 0.9999$),方法的添加回收率在85%~95%之间,RSD为2.8%~6.5%,方法的最低检出限以信噪比$S/N = 3$确定为0.01mg/kg。

3.2 磷酸酯类有害物质

3.2.1 检测原理

磷酸酯类增塑剂是增塑剂的主要种类之一,它兼有阻燃和增塑双重功能,具有优良的增塑、阻燃、耐磨、抗菌等多功能,是多功能的增塑剂,常用作阻燃增塑剂使用,是合成材料加工助剂中主要类别之一,广泛应用于合成纤维、塑料、合成橡胶、木材、纸张、涂料等领域中。目前,国内外常用的品种有磷酸三苯酯(TPP)、磷酸邻三甲苯酯(ToCP)、磷酸间三甲苯酯(TmCP)、磷酸对三甲苯酯(TpCP)、磷酸三丁酯(TBP)、磷酸三辛酯(TOP)、磷酸二苯辛酯(DPOP)和磷酸甲苯二苯酯(CDP)等多个品种。伴随纺织工业、合成纤维工业的快速发展,增塑剂已成为最重要的加工助剂之一。磷酸三酯类阻燃剂因具有阻燃、隔热、隔氧、生烟量少、不易形成有毒气体等优点,在纺织品中应用广泛。但是添加到纺织品中的增塑剂在加工、使用的过程中会溶出、迁移和挥发损失,一方面影响制品的使用性能;另一方面释放到周围环境中,特别是迁移到人体,对人体健康和环境可能造成损害。研究表明,磷酸三苯酯(TPP)、磷酸三丁酯(TBP)等部分磷酸三酯类化合物具有神经毒性。有机磷酸酯类化合物对哺乳动物中毒机制主要是抑制乙酰胆碱酯酶,使其失去水解乙酰胆碱的能力,造成胆碱能神经末梢释放的乙酰胆碱蓄积,兴奋毒蕈碱受体和烟碱能受体,产生毒蕈碱样和烟碱样作用及中枢神经系统症状,为此,欧洲化学管理局(European Chemicals Agency,ECHA)对磷酸三酯类阻燃剂的危害进行了评估,并制定了相关的管控措施,并将磷酸三甲苯酯(tritolylphosphate,TTP)、TBP和TPP等列入《欧盟物质和混合物的分类、标签和包装法规》,规定在欧盟市场上投放这些化学品的供应商应对其进行分类标签。

目前,欧盟已发布相关的法令EN 71-9:2005,对磷酸三苯酯(TPP)、磷酸邻三甲苯酯(ToCP)、磷酸间三甲苯酯(TmCP)、磷酸对三甲苯酯(TpCP)4种磷酸酯类增塑剂进行了限制,国内尚无相关法律法规和强制性标准。但随着人们对健康环保纺织品需求的增加,磷酸酯类增塑剂的检测必将纳入未来的生态纺织品检测项目。8种磷酸酯类增塑剂化学信息见表3-29。

表 3-29　8 种磷酸酯类增塑剂化学信息表

中文名称	英文名称	英文缩写	CAS 号	化学分子式	分子量	分子结构式	用途	毒性/化学性质
磷酸三丁酯	Tributyl phosphate	TBP	126-73-8	$C_{12}H_{27}O_4P$	266.31	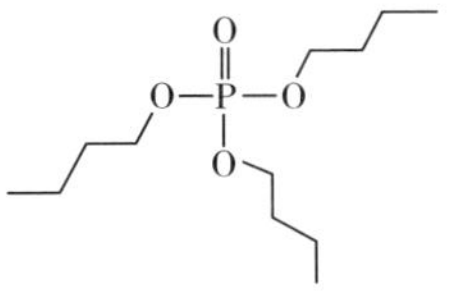	本品作硝化纤维、醋酸纤维膜的阻燃性增塑剂、聚氯乙烯的增塑剂,黏胶纤维中的樟脑不燃性代用品,也常用作涂料、黏合剂和油墨的溶剂,消泡剂,消静电剂,稀土元素的苯取剂	中毒。急性毒性:LD_{50} 1300mg/kg(小鼠经口),3000mg/kg(大鼠经口);亚急性和慢性毒性:兔经皮 240~48mg/kg×40 日腹泻、软瘫
磷酸三苯酯	Triphenyl phosphate	TPP	115-86-6	$C_{18}H_{15}O_4P$	326.29	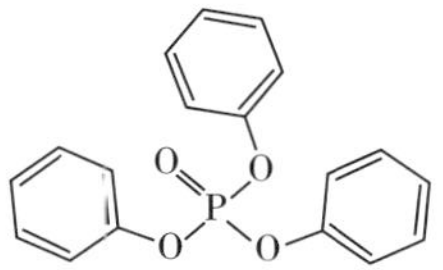	本品作气相色谱固定液、纤维素和塑料的增塑剂及赛璐珞中的樟脑不燃性取代物,用于增加塑料加工成型时的可塑性和流动性能,用作硝化纤维、醋酸纤维和聚氯乙烯等塑料的增塑剂	中毒。口服-大鼠 LD_{50}:3500mg/kg,口服-小鼠 LD_{50}:1320mg/kg;对人红细胞乙酰胆碱酯酶有轻度抑制作用,而对血浆酯酶无抑制

127

续表

中文名称	英文名称	英文缩写	CAS 号	化学分子式	分子量	分子结构式	用途	毒性/化学性质
磷酸邻三甲苯酯	Tri-o-tolyl phosphate	ToCP	78-30-8	$C_{21}H_{21}O_4P$	368.36		本品为主增塑剂,有很好的阻燃性,防霉性,耐磨性,挥发性低,电气性能好。主要用于聚氯乙烯电缆料、人造革、运输带、薄板、地板料等,也可用于氯丁橡胶。在黏胶纤维中作增塑剂和防腐剂。该品有毒,对中枢神经有毒害作用,不可用于食品和医药性包装材料、奶嘴、儿童玩具等	中毒。急性毒性:大鼠经口 LD_{50} 5190mg/kg,小鼠经口 LD_{50} 3900mg/kg;刺激数据:皮肤-兔子500mg 轻度,眼-兔子500mg/24h 轻度,对皮肤无刺激,能经口、皮肤和呼吸道进入机体;为迟发性神经性毒物;生殖毒性:大鼠经口最低中毒剂量(TDLO)3150mg/kg(雄性,21天),对睾丸、输精管、附睾有影响

续表

中文名称	英文名称	英文缩写	CAS号	化学分子式	分子量	分子结构式	用途	毒性/化学性质
磷酸间三甲苯酯	Tri-m-tolyl phosphate	TmCP	563-04-2	$C_{21}H_{21}O_4P$	368.36		本品为阻燃性增塑剂。与许多纤维素树脂、合成橡胶相容，尤其与聚氯乙烯相容性极好，且可作为相容性较差的助剂媒介，改善与树脂的相容性。本品有很好的相容性、阻燃性、防霉性、耐磨性、耐污染性、耐候性、耐辐射性和电气性能。本品用于油漆，可增进漆膜的柔韧性，还可用于合成橡胶及黏胶纤维的增塑剂。可用作难燃性增塑剂，用于聚氯乙烯制品，如电缆胶、地板革、运输带、薄板、地板胶和人造革。还可用于氯丁橡胶和黏胶纤维。此外，磷酸三甲苯酯还可用作防水剂、润滑剂和硝酸纤维素的耐燃性溶剂	中毒。急性毒性：大鼠经口 LD_{50} 5190mg/kg，小鼠经口 LD_{50} 3900mg/kg；刺激数据：皮肤－兔子 500mg 轻度，眼－兔子 500mg/24h 轻度，对皮肤无刺激，能经口、皮肤和呼吸道进入机体；为迟发性神经性毒物；生殖毒性：大鼠经口最低中毒剂量（TDLO）3150mg/kg（雄性,21天),对睾丸、输精管、附睾有影响

续表

中文名称	英文名称	英文缩写	CAS号	化学分子式	分子量	分子结构式	用途	毒性/化学性质
磷酸对三甲苯酯	Tri-p-tolyl phosphate	TpCP	78-32-0	$C_{21}H_{21}O_4P$	368.36		本品为阻燃性增塑剂。与许多纤维素树脂、聚苯乙烯、合成橡胶相容，尤其与聚氯乙烯相容性较好，且可作为相容性差的助剂媒介，改善与树脂间的相容性。本品有很好的相容性、阻燃性、防霉性、耐磨性、耐污染性、耐候性、耐辐射性和电气性能。本品用于油漆，还可用于合成橡胶及黏胶纤维做增塑剂。用作难燃性增塑剂，用于聚氯乙烯制品，如电缆料、薄板、地板料、人造革、运输带等。还用于氯丁橡胶和黏胶纤维。此外，磷酸三甲苯酯还用作防水剂、润滑剂和硝酸纤维素的耐燃性溶剂	中毒。急性毒性：大鼠经口 LD_{50} 5190mg/kg，小鼠经口 LD_{50} 3900mg/kg；刺激数据：皮肤-兔子 500mg 轻度，对皮肤无刺激；眼-兔子 500mg/24h 轻度，皮肤和呼吸道进入机体；为迟发性神经性毒物；生殖毒性：大鼠经口最低中毒剂量（TDLO）3150mg/kg（雄性，21 天），对睾丸、输精管、附睾有影响

续表

中文名称	英文名称	英文缩写	CAS 号	化学分子式	分子量	分子结构式	用途	毒性/化学性质
磷酸三辛酯	Trioctyl phosphate	TOP	78-42-2	$C_{24}H_{51}O_4P$	434.63	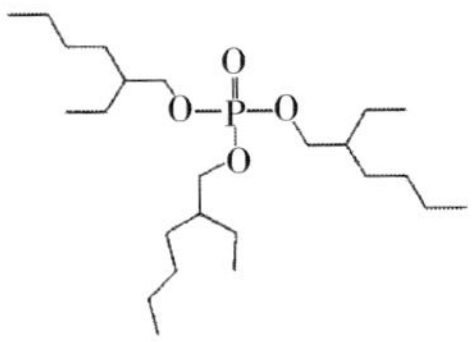	最早本品作为增塑剂使用,其相容性好,具有低温柔软性、阻燃性、耐菌性等特点,广泛用于塑料、纤维类加工中。主要应用于蒽醌法生产过氧化氢中代替氢化蒽松醇,使产品浓度高、质量好、自身消耗少	属微毒类,对皮肤和眼无刺激作用;LD_{50} 经口(大鼠经口)3700mg/kg,>12800mg/kg(小鼠经口),20000mg/kg(兔经皮)
磷酸二苯辛酯	Diphenyl 2-ethylhexyl phosphate	DPOP	1241-94-7	$C_{20}H_{27}O_4P$	362.40	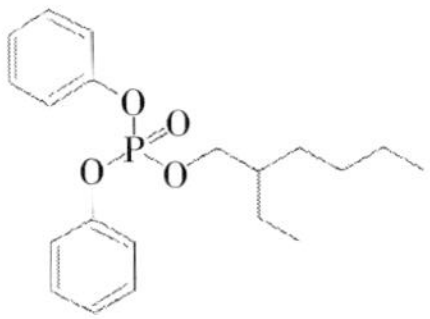	本品为阻燃性增塑剂,几乎能与阻燃工业用的所有树脂和橡胶相容,与聚氯乙烯的相容性更为优良。挥发性低,耐寒性和耐候性好,与邻苯二甲酸酯类增塑剂配合使用,可提高制品的韧性和耐候性,用于聚氯乙烯薄膜时,可提高抗张强度,改善耐磨性、耐湿性。也可作为合成橡胶的阻燃性增塑剂。包括本品在内的磷酸酯类增塑剂,最大特点是具有阻燃性、抗菌性也较强。产量最大的磷酸三甲苯酯(TCP)、磷酸三苯二苯酯(CDP)和磷酸三苯酯。磷酸酯的毒性一般都较强,本品允许用于食品包装材料	无毒,LD_{50} 3800mg/kg

131

续表

中文名称	英文名称	英文缩写	CAS 号	化学分子式	分子量	分子结构式	用途	毒性/化学性质
磷酸甲苯二苯酯[3]	Cresyl Diphenyl Phosphate	CDP	26444-49-5	$C_{19}H_{17}O_4P$	340.31		本品为阻燃型增塑剂,与树脂相容性好,用于聚氯乙烯、天然橡胶和合成橡胶等,还可用于合成润滑油和液压油。适用于聚氯乙烯、氯乙烯共聚物、聚乙烯醇缩醛、硝酸纤维素、乙基纤维素、醋酸丁酸纤维素等	不刺激皮肤,皮肤不易吸收,大剂量进入人体引起呼吸困难。LD_{50}:6400～12800mg/kg(大/小鼠经口)

注 磷酸甲苯二苯酯包括异构体 CDP Ⅰ 和异构体 CDP Ⅱ。

检测原理:样品经乙酸乙酯超声萃取后,用配有火焰光度检测器(P 型)的气相色谱仪测定或用气相色谱—质谱仪测定,外标法定量。

3.2.2　前处理条件的选择

纺织样品的取样按照 GB/T 10629—2009 中成品取样的相关规定执行,无特殊规定。选用自制阳性样品来进行以下实验。

3.2.3　提取方法的选择

目前生态纺织品检测的常用样品前处理方法有:快速溶剂萃取、超声萃取、振荡提取、溶剂回流萃取等方法,考虑到快速溶剂萃取法需要使用昂贵的仪器,不便于实际的推广,因此没有考虑此方法。考虑到方法的普遍适用性,采用超声萃取法。

3.2.4　萃取溶剂的选择

样品提取是检测分析工作的基本环节,而影响样品提取效率的主要因素有提取溶剂种类、提取温度、提取压力和提取时间等。在选择提取溶剂时,不仅要考虑目标分析物在溶剂中的溶解度、溶剂及基质的相互作用,还要考虑不同提取溶剂对提取效率的影响。本方法研究的 8 种磷酸酯类增塑剂溶解性质有一定差异:磷酸三丁酯与通常的有机溶剂混溶,也溶于水;磷酸三辛酯能与一般有机溶剂混溶,难溶于水;磷酸二苯辛酯能与一般有机溶剂混溶,难溶于水;磷酸三苯酯不溶于水,微溶于醇,溶于苯、氯仿、丙酮,易溶于乙醚;磷酸甲苯二苯酯溶于有机溶剂,微溶于水;磷酸邻三甲苯酯、磷酸间三甲苯酯和磷酸对三甲苯酯均易溶于醇、醚和苯,几乎不溶于水。为了确定最适合的萃取溶剂,根据它们的理化性质,分别考察了丙酮、甲醇、正己烷、乙酸乙酯和二氯甲烷等不同极性的提取溶剂对自制阳性涤纶样品中 8 种有机磷增塑剂的提取效果。结果表明,在相同的提取条件下,丙酮、乙酸乙酯和二氯甲烷的提取效率均较高,明显高于甲醇、正己烷的提取效率,且无显著差异(表 3-30)。不过,丙酮与二氯甲烷提取液颜色较深,基本将织物漂白了,几乎将织物中的可萃取物完全提取出来。由于本方法采用快速测定方法,尽量减少前处理步骤,样品直接进样对色谱柱污染较大。因此,本研究采用乙酸乙酯作为提取溶剂。

表 3-30　5 种不同溶剂对纺织样品中 8 种有机磷增塑剂的提取效果

单位:mg/kg

萃取溶剂	TBP	TOP	DPOP	TPP	CDP I	CDP II	ToCP	TmCP	TpCP
正己烷	1.86	2.05	2.12	1.44	1.67	1.49	1.84	1.88	1.64

萃取溶剂	TBP	TOP	DPOP	TPP	CDP I	CDP II	ToCP	TmCP	TpCP
丙酮	3.14	2.76	2.77	2.72	3.33	2.71	3.25	2.61	2.97
二氯甲烷	3.04	3.13	2.18	2.10	3.12	2.98	3.15	2.47	3.24
乙酸乙酯	2.95	3.01	3.13	2.74	3.08	2.76	3.22	3.19	3.11
甲醇	2.17	2.26	2.37	2.48	2.57	2.27	2.54	2.25	2.37

3.2.5 超声萃取条件的选择

3.2.5.1 超声萃取温度的选择

选取代表性自制阳性涤纶样品,剪成 5mm×5mm 以下大小,混匀。准确称取 1g 上述剪碎样品,精确至 0.01g,放入 50mL 具塞离心管中,加入 15mL 乙酸乙酯,置于超声萃取仪,设置常温(约 25℃)、40℃、50℃、60℃及 70℃等不同的温度,在频率为 40kHz 的超声波浴中,对样品进行超声提取 30min,其结果见表 3-31,可以看出,在相同的输出功率与工作频率下,水浴温度对超声萃取的影响不显著。因此,本方法采用常温超声萃取。

表 3-31 不同水浴温度超声萃取结果 　　　　　　　单位:mg/kg

萃取温度	TBP	TOP	DPOP	TPP	CDP I	CDP II	ToCP	TmCP	TpCP
常温	2.95	3.01	3.13	2.74	3.08	2.76	3.22	3.19	3.11
40℃	3.05	3.03	3.12	2.71	3.06	2.64	3.10	3.17	3.10
50℃	3.07	3.05	3.17	2.85	3.09	2.69	3.11	3.18	3.14
60℃	2.98	2.99	3.23	2.77	3.12	2.79	3.19	3.25	3.21
70℃	3.16	3.21	3.25	2.98	3.17	2.81	3.24	3.28	3.28

3.2.5.2 超声萃取时间及次数的选择

取一定量的自制阳性涤纶样品,在常温下进行超声萃取时间选择实验,结果见表 3-32。从表 3-32 结果可知,样品经过 30min 的超声萃取后,样品经过 60min、90min 和 120min 萃取,有机磷增塑剂的含量每次均有所增加,但所得结果差异并不显著,考虑到样品提取的方便性,采用 30min 常温超声萃取。

表 3-32 不同超声时间萃取结果 　　　　　　　单位:mg/kg

超声时间	TBP	TOP	DPOP	TPP	CDP I	CDP II	ToCP	TmCP	TpCP
30min	2.95	3.01	3.13	2.74	3.08	2.76	3.22	3.19	3.11
60min	3.06	3.03	3.16	2.75	3.09	2.68	3.13	3.20	3.13

续表

超声时间	TBP	TOP	DPOP	TPP	CDP I	CDP II	ToCP	TmCP	TpCP
90min	3.09	3.08	3.18	2.81	3.11	2.71	3.16	3.24	3.15
120min	3.12	3.14	3.24	2.83	3.15	2.78	3.21	3.28	3.25

3.2.6　样品的净化

纺织品样品提取物过 0.45μm 有机相针式过滤头即可直接进样分析。

3.2.7　仪器条件的选择

3.2.7.1　气相色谱条件

由于测试结果与所使用仪器和条件有关,因此不可能给出仪器分析的普遍参数,采用下列参数已被证明对测试是合适的。

色谱柱:HP-5(30m×0.32mm,0.25μm),或相当者;色谱柱温度:初始温度70℃保持/min,以 20℃/min 的速率升温至 250℃,保持 10min;进样口温度:245℃;FPD 检测器温度:250℃;氢气流速:75mL/min;空气流速:100mL/min;补偿气(N_2)流速:60mL/min;载气:氮气,纯度≥99.999%,2mL/min;进样方式:无分流进样,2min 后开阀;进样量:1μL。

3.2.7.2　气相色谱—质谱条件

由于测试结果与所使用的仪器和条件有关,因此不可能给出仪器分析的普遍参数,采用下列参数已被证明对测试是合适的。

色谱柱:HP-5MS(30m×0.25mm,0.25μm),或相当者;色谱柱升温程序:70℃,保持 1min,以 15℃/min 的速率升至 250℃,保持 7min,以 30℃/min 的速率升至 300℃,保持 3min;进样口温度:250℃;接口温度:250℃;载气:氦气,纯度≥99.999%,1mL/min;进样方式:无分流进样,2min 后开阀;进样量:1μL;电离方式:EI;电离能量:70eV;检测方式:选择离子监测(SIM)模式;溶剂延迟:8min;离子源温度:150℃;四极杆温度:230℃;其他质谱条件参见表 3-33。

表 3-33　8 种磷酸酯类增塑剂的质谱条件表

物质名称	保留时间/min	特征碎片离子(amu)		丰度比
		定量	定性	
磷酸三丁酯(TBP)	9.604	99	125,155,211	100:7.9:28.6:14.5
磷酸三苯酯(TPP)	14.998	326	170,215,233	100:19.3:22.3:20.1

物质名称	保留时间/min	特征碎片离子(amu)		丰度比
		定量	定性	
磷酸二苯辛酯(DPOP)	15.227	251	94,170,362	100:12.1:7.5:4.5
磷酸三辛酯(TOP)	15.532	99	71,113,211	100:9.5:22.8:7.1
磷酸甲苯二苯酯(CDPⅠ)	15.841	340	165,229,247	100:17.3:12.9:12.1
磷酸甲苯二苯酯(CDPⅡ)	16.168	340	77,165,184	100:16.8:16.3:14.1
磷酸邻三甲苯酯(ToCP)	17.138	368	165,181,277	100:97.3:60.3:51.7
磷酸间三甲苯酯(TmCP)	18.012	368	165,243,261	100:24.1:12.5:13.1
磷酸对三甲苯酯(TpCP)	19.602	368	107,165,198	100:21.7:17.4:13.4

注 磷酸甲苯二苯酯(CDPⅠ)与磷酸甲苯二苯酯(CDPⅡ)为同分异构体。

3.2.8 气相色谱法的线性关系

本实验采用外标定量的检测方法,将8种磷酸酯类增塑剂混合标准溶液的储备液用乙酸乙酯稀释成一系列不同浓度的标准溶液,分别为1μg/mL、3μg/mL、5μg/mL、7μg/mL和10 μg/mL。在上述色谱条件下,得到磷酸酯类增塑剂的进样浓度与GC—FPD的响应线性关系(结果见表3-34),结果表明8种磷酸酯类增塑剂的线性关系都较好,相关系数均在0.99以上。图3-23是8种磷酸酯类增塑剂混合标准溶液的气相色谱图,从图3-23可以看出,在16min内,9种物质(含异构体)色谱峰分离完全,峰形对称且尖锐。

表3-34 气相色谱测定8种磷酸酯类增塑剂校正曲线线性方程及相关系数

化合物	线性方程	线性相关系数	LOD/(μg/kg)	LOQ/(μg/kg)
磷酸三丁酯(TBP)	$A=6347.04c-247.68$	0.99994	6.9	23.1
磷酸三苯酯(TPP)	$A=6210.18c-236.13$	0.99993	13.6	45.3
磷酸二苯辛酯(DPOP)	$A=4388.54c+51.47$	0.99981	24.2	80.6
磷酸三辛酯(TOP)	$A=3806.88c-387.31$	0.99942	32.4	108.2
磷酸甲苯二苯酯Ⅰ(CDPⅠ)	$A=1141.90c-25.32$	0.99994	89.6	298.7
磷酸甲苯二苯酯Ⅱ(CDPⅡ)	$A=627.07c-9.31$	0.99995	172.5	575.2
磷酸邻三甲苯酯(ToCP)	$A=4794.9c-211.44$	0.99993	34.9	116.3
磷酸间三甲苯酯(TmCP)	$A=4443.03c-229.40$	0.99991	38.1	126.9
磷酸对三甲苯酯(TpCP)	$A=4349.93c-320.21$	0.99987	48.8	162.7

注 A 为浓度(μg/mL);c 为响应值;CDPⅠ、CDPⅡ是CDP的同分异构体。

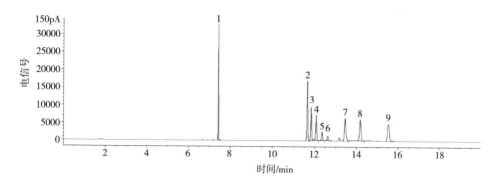

图 3-23 8 种磷酸酯类增塑剂标准物质的气相色谱图

1—磷酸三丁酯（TBP） 2—磷酸三苯酯（TPP） 3—磷酸二苯辛酯（DPOP） 4—磷酸三辛酯（TOP）

5—磷酸甲苯二苯酯Ⅰ（CDPⅠ） 6—磷酸甲苯二苯酯Ⅱ（CDPⅡ） 7—磷酸邻三甲苯酯（ToCP）

8—磷酸间三甲苯酯（TmCP） 9—磷酸对三甲苯酯（TpCP）

3.2.9 气相色谱—质谱法的线性关系

气相色谱—质谱分析时,用乙酸乙酯配制 8 种磷酸酯类增塑剂的混合标准溶液浓度分别为 0.1μg/mL、0.3μg/mL、0.5μg/mL、0.7μg/mL、1.0μg/mL,在所选定的色谱与质谱条件下进样,每个浓度至少重复进样 3 次,得到峰面积的平均值,对进样浓度与检测器峰面积绘制标准工作曲线,峰面积与质量浓度成正比,其线性方程及其相关系数及参考保留时间见表 3-35,8 种磷酸酯类增塑剂标准物质的气相色谱—质谱选择离子色谱图和质谱图如图 3-24~图 3-33 所示。

表 3-35 气相色谱—质谱法测定 8 种磷酸酯类阻燃增塑剂线性方程及其相关系数

化合物	线性方程	线性相关系数	LOD/(μg/kg)	LOQ/(μg/kg)
磷酸三丁酯（TBP）	$A = 3.03 \times 10^5 c - 2.55 \times 10^4$	0.996277	2.3	7.6
磷酸三苯酯（TPP）	$A = 1.58 \times 10^5 c - 5.94 \times 10^4$	0.995833	4.5	15.0
磷酸二苯辛酯（DPOP）	$A = 2.41 \times 10^5 c - 1.25 \times 10^5$	0.992483	8.0	26.6
磷酸三辛酯（TOP）	$A = 2.76 \times 10^5 c - 1.46 \times 10^5$	0.993267	10.7	35.7
磷酸甲苯二苯酯Ⅰ（CDPⅠ）	$A = 3.03 \times 10^4 c - 1.27 \times 10^4$	0.994428	29.6	98.6
磷酸甲苯二苯酯Ⅱ（CDPⅡ）	$A = 1.68 \times 10^4 c - 8.25 \times 10^3$	0.992966	56.9	189.8
磷酸邻三甲苯酯（ToCP）	$A = 9.58 \times 10^4 c - 3.72 \times 10^4$	0.996418	11.5	38.4
磷酸间三甲苯酯（TmCP）	$A = 1.24 \times 10^5 c - 5.92 \times 10^4$	0.993392	12.6	41.9
磷酸对三甲苯酯（TpCP）	$A = 1.11 \times 10^5 c - 6.38 \times 10^4$	0.999636	16.1	53.7

注 A 为浓度（μg/mL）；c 为响应值；CDPⅠ、CDPⅡ是 CDP 的同分异构体。

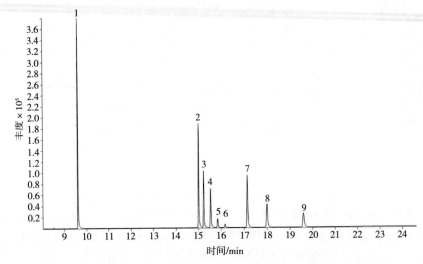

图 3-24　磷酸酯类增塑剂标准物质的气相色谱—质谱选择离子色谱图

1—磷酸三丁酯(TBP)　2—磷酸三苯酯(TPP)　3—磷酸二苯辛酯(DPOP)　4—磷酸三辛酯(TOP)

5—磷酸甲苯二苯酯Ⅰ(CDPⅠ)　6—磷酸甲苯二苯酯Ⅱ(CDPⅡ)　7—磷酸邻三甲苯酯(ToCP)

8—磷酸间三甲苯酯(TmCP)　9—磷酸对三甲苯酯(TpCP)

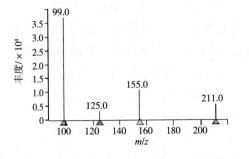

图 3-25　磷酸三丁酯(TBP)选择离子质谱图

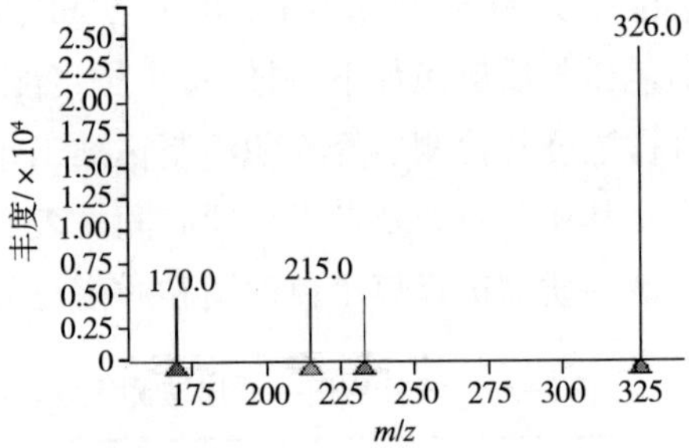

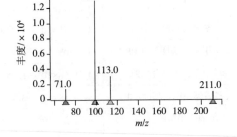

图 3-26　磷酸三苯酯(TPP)选择离子质谱图

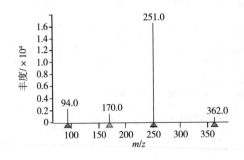

图 3-27　磷酸二苯辛酯(DPOP)选择离子质谱图

图 3-28　磷酸三辛酯(TOP)选择离子质谱图

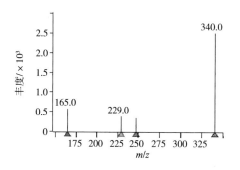

图 3-29　磷酸甲苯二苯酯 I
（CDP I）选择离子质谱图

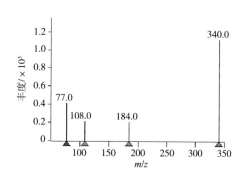

图 3-30　磷酸甲苯二苯酯 II
（CDP II）选择离子质谱图

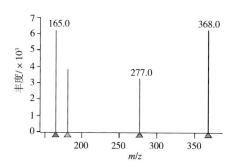

图 3-31　磷酸邻三甲苯酯（ToCP）
选择离子质谱图

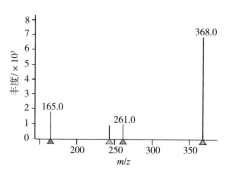

图 3-32　磷酸间三甲苯酯（TmCP）
选择离子质谱图

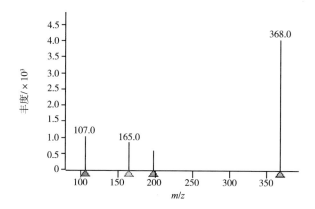

图 3-33　磷酸对三甲苯酯（TpCP）选择离子质谱图

3.2.10 检测定量限

一般,以 3 倍信噪比(S/N)确定方法的最低检出浓度(LOD),以 10 倍 S/N 确定方法的最低定量检出浓度(LOQ)。

8 种磷酸酯类增塑剂气相色谱法(GC—FPD)的最低检出浓度和最低定量浓度结果见表 3-34。

8 种磷酸酯类增塑剂对 FPD 检测器的响应灵敏度均较高,其中磷酸三丁酯(TBP)的最低检出浓度为 6.9μg/kg,其对应的最低定量浓度为 23.1μg/kg;磷酸甲苯二苯酯(CDPⅡ)的最低检出浓度最高,为 172.5μg/kg,其对应的最低定量浓度为 575.2μg/kg。

8 种磷酸酯类增塑剂气相色谱—质谱法(GC—MS)的最低检出浓度和最低定量浓度结果见表 3-35。

8 种磷酸酯类增塑剂对 GC—MS 检测响应灵敏度均较高,其中磷酸三丁酯(TBP)的最低检出浓度最低,其对应的最低定量浓度为 2.3μg/kg,其对应的最低定量浓度为 7.6μg/kg;磷酸甲苯二苯酯(CDPⅡ)的最低检出浓度最高,其对应的最低定量浓度为 56.9μg/kg,对应的最低定量浓度为 189.8μg/kg。

根据 8 种磷酸酯类增塑剂在 GC—FPD 和 GC—MS 上的信噪比(S/N)及实物样品添加回收率实验,确定本方法的检测低限。考虑到纺织品实际样品中 8 种磷酸酯类增塑剂检测操作方便性,统一将气相色谱法对纺织品中 8 种磷酸酯类增塑剂的测定定量低限均定为 2.0mg/kg;GC—MS 法对纺织品中 8 种磷酸酯类增塑剂的测定定量低限均定为 1.0mg/kg。

3.2.11 方法的回收率及精密度实验

将 8 种磷酸酯类阻燃增塑剂标准溶液添加到已知不含这 8 种磷酸酯类增塑剂的棉布料和涤纶布料,进行了添加回收率实验,添加浓度分别为 3.0mg/kg、6.0mg/kg 和 15.0mg/kg,结果见表 3-36~表 3-39。

表 3-36　GC—FPD 法测定 8 种磷酸酯类增塑剂在棉布中添加回收率实验结果($n=6$)

化合物	添加 3.0mg/kg		添加 6.0mg/kg		添加 15.0mg/kg	
	回收率 ($\bar{x} \pm s$)/%	RSD/%	回收率 ($\bar{x} \pm s$)/%	RSD/%	回收率 ($\bar{x} \pm s$)/%	RSD/%
磷酸三丁酯(TBP)	96.7±1.2	1.3	92.83±3.97	4.28	92.10±5.02	5.45
磷酸三苯酯(TPP)	96.3±2.9	3.1	90.57±4.20	4.64	92.07±1.77	1.92

化合物	添加 3.0mg/kg		添加 6.0mg/kg		添加 15.0mg/kg	
	回收率 $(\bar{x}\pm s)/\%$	RSD/%	回收率/ $(\bar{x}\pm s)/\%$	RSD/%	回收率 $(\bar{x}\pm s)/\%$	RSD/%
磷酸二苯辛酯（DPOP）	94.0±1.3	1.3	86.13±2.81	3.27	90.07±2.19	2.43
磷酸三辛酯（TOP）	107.0±2.5	2.4	95.50±4.55	4.77	92.53±5.14	5.55
磷酸甲苯二苯酯Ⅰ（CDPⅠ）	92.7±1.8	1.9	92.50±2.54	2.75	91.60±4.43	4.84
磷酸甲苯二苯酯Ⅱ（CDPⅡ）	103.3±3.7	3.6	95.10±1.97	2.08	90.50±3.37	3.72
磷酸邻三甲苯酯（ToCP）	100.5±1.8	1.8	93.53±3.89	4.16	94.98±4.71	4.96
磷酸间三甲苯酯（TmCP）	102.7±1.9	1.8	93.40±2.60	2.78	92.55±5.06	5.47
磷酸对三甲苯酯（TpCP）	102.3±2.8	2.7	93.53±3.46	3.70	91.95±5.28	5.74

表 3-37　GC—MS 法测定 8 种磷酸酯类增塑剂在棉布中添加回收率实验结果（n=6）

化合物	添加 3.0mg/kg		添加 6.0mg/kg		添加 15.0mg/kg	
	回收率 $(\bar{x}\pm s)/\%$	RSD/%	回收率/ $(\bar{x}\pm s)/\%$	RSD/%	回收率 $(\bar{x}\pm s)/\%$	RSD/%
磷酸三丁酯（TBP）	97.2±1.2	1.2	95.04±1.54	1.63	94 75±3.96	4.18
磷酸三苯酯（TPP）	94.2±0.6	0.6	94.93±1.51	1.59	94.10±3.45	3.67
磷酸二苯辛酯（DPOP）	100.1±0.7	0.7	100.21±0.84	0.84	92.68±4.86	5.24
磷酸三辛酯（TOP）	101.5±6.9	6.8	101.15±1.04	1.03	93.77±4.80	5.12
磷酸甲苯二苯酯Ⅰ（CDPⅠ）	98.3±0.8	0.8	93.31±0.83	0.89	92.35±2.93	3.18
磷酸甲苯二苯酯Ⅱ（CDPⅡ）	98.1±0.9	0.9	92.88±0.89	0.95	90.45±3.63	4.01
磷酸邻三甲苯酯（ToCP）	95.6±0.4	0.5	94.40±1.14	1.21	93.08±4.41	4.74
磷酸间三甲苯酯（TmCP）	97.7±0.8	0.8	96.24±1.62	1.68	92.50±5.51	5.95
磷酸对三甲苯酯（TpCP）	94.8±0.5	0.5	100.16±1.18	1.18	90.48±4.68	5.17

表 3-38　GC—FPD 法测定 8 种磷酸酯类增塑剂在涤纶中添加回收率实验结果（n=6）

化合物	添加 3.0mg/kg		添加 6.0mg/kg		添加 15.0mg/kg	
	回收率 $(\bar{x}\pm s)/\%$	RSD/%	回收率/ $(\bar{x}\pm s)/\%$	RSD/%	回收率 $(\bar{x}\pm s)/\%$	RSD/%
磷酸三丁酯（TBP）	92.1±1.5	1.6	92.53±2.59	2.80	91.33±2.21	2.42
磷酸三苯酯（TPP）	94.5±2.2	2.3	97.07±2.67	2.75	94.53±1.00	1.05

续表

化合物	添加 3.0mg/kg		添加 6.0mg/kg		添加 15.0mg/kg	
	回收率 ($\bar{x}\pm s$)/%	RSD/%	回收率/ ($\bar{x}\pm s$)/%	RSD/%	回收率 ($\bar{x}\pm s$)/%	RSD/%
磷酸二苯辛酯(DPOP)	91.7±4.2	4.6	93.63±3.22	3.44	89.73±4.05	4.51
磷酸三辛酯(TOP)	103.8±2.4	2.3	91.93±2.96	3.22	91.95±3.07	3.34
磷酸甲苯二苯酯Ⅰ(CDPⅠ)	89.7±2.4	2.7	91.73±2.66	2.89	91.83±5.42	5.90
磷酸甲苯二苯酯Ⅱ(CDPⅡ)	96.2±5.6	5.9	96.77±6.33	6.54	90.75±4.22	4.65
磷酸邻三甲苯酯(ToCP)	96.2±5.6	5.9	96.77±6.33	6.54	91.30±3.01	3.30
磷酸间三甲苯酯(TmCP)	95.2±4.0	4.2	93.80±3.94	4.20	90.48±2.38	2.63
磷酸对三甲苯酯(TpCP)	99.8±1.3	1.3	96.40±3.17	3.29	92.38±1.65	1.78

表3-39 GC—MS法测定8种磷酸酯类增塑剂在涤纶中添加回收率实验结果(n=6)

化合物	添加 3.0mg/kg		添加 6.0mg/kg		添加 15.0mg/kg	
	回收率 ($\bar{x}\pm s$)/%	RSD/%	回收率/ ($\bar{x}\pm s$)/%	RSD/%	回收率 ($\bar{x}\pm s$)/%	RSD/%
磷酸三丁酯(TBP)	92.6±3.2	3.4	93.35±7.62	8.16	92.64±2.65	2.86
磷酸三苯酯(TPP)	94.4±5.4	5.7	95.02±1.48	1.56	94.55±5.51	5.82
磷酸二苯辛酯(DPOP)	90.5±0.3	0.4	93.39±9.01	9.65	88.19±4.06	4.60
磷酸三辛酯(TOP)	102.9±5.8	5.7	91.00±6.27	6.89	91.41±9.52	10.41
磷酸甲苯二苯酯Ⅰ(CDPⅠ)	89.2±0.4	0.4	92.31±5.76	6.24	91.20±8.31	9.11
磷酸甲苯二苯酯Ⅱ(CDPⅡ)	95.5±2.2	2.3	95.24±2.25	2.36	91.48±3.52	3.85
磷酸邻三甲苯酯(ToCP)	95.3±5.9	6.2	95.84±3.89	4.06	91.80±3.87	4.21
磷酸间三甲苯酯(TmCP)	92.8±0.4	0.5	92.57±6.05	6.54	91.03±5.91	6.50
磷酸对三甲苯酯(TpCP)	97.3±1.4	1.5	96.83±7.49	7.74	92.25±6.19	6.71

4 烃类有害物质

4.1 四氯乙烯类有害物质

4.1.1 检测原理

四氯乙烯又名过氯乙烯、全氯乙烯,具有较强的热稳定性与去油污能力,其汽化蒸发时所需的总热量只需水的 10%,这可在烘干过程中节约大量时间和能量,同时它又可以回收重复利用,因此被广泛应用于干洗行业。而四氯乙烯也可能对从业人员和顾客造成伤害。有研究称四氯乙烯可引起鼻、咽喉烧灼感及咳嗽、呼吸短促甚至呼吸困难,可导致头痛、头晕和疲劳,长期或反复接触可引起慢性头痛、精力不集中及肝功能损伤。根据《关于消耗臭氧层物质蒙特利尔议定书》和《保护臭氧层维也纳公约》相关规定,四氯乙烯被列为消耗臭氧层的化学物质(ozone depleting substances,ODS)之一。不同国家对于四氯乙烯的车间空气卫生标准不同,但其允许范围均在 25~100mg/kg 之间。其中,中华人民共和国国家职业卫生标准 GBZ 2.1—2019《工作场所有害因素职业接触限值 第1部分:化学有害因素》明确规定,四氯乙烯的时间加权平均容许浓度(permissible concentration-time weighted average,PC-TWA)为 200mg/m³;而美国政府工业卫生师协会(American Conference of Governmental Industrial Hygienists,ACGIH),则指出四氯乙烯的阈限值—时间加权平均浓度(threshold limit value-time weighted average,TLV-TWA)为 25ppm(约为 185mg/m³),阈限值—短时间接触限值(threshold limit value-short term exposure limit,TLV-STEL)为 100ppm(约为 738mg/m³)。

皮革是经脱毛和鞣制等物理化学加工所得到的已经变性不腐烂的动物皮。而毛皮是从动物身上剥取的带毛被的革,一般以裘皮形式使用,主要有貂皮、狐皮、獭兔皮及黄狼皮等。动物皮毛是由表皮层及其表面密生着的针毛、绒毛、粗毛所组成。因动物种类不同,毛的类型组成比例不同,决定了毛皮质量的高低。据统计近年来,我国毛皮动物饲养量达 6000 万只,毛皮产量占世界的 1/4,毛皮制品企业 1200 多家。皮革与毛皮的保养目前大多还是采用干洗的方式,但因毛皮和皮革的复杂的组织结构与纺织制品规律的纤维排列不同,干洗后四氯乙烯溶剂在其中的残留与释放趋势也与纺织品存在较大差异。此外,在四氯乙烯的检测方法上,国家已经出台过纺织品的四氯乙烯检测方法《纺织品—干洗后四氯乙烯残留量的测定》(GB/T 24115—2009),该方法采用加入正己烷用顶空进样装置提取样品中的四氯乙烯,然后采用气相色谱—电子俘获检测器(GC—ECD)进行检测。因皮革毛皮等易在提取有机溶剂脱色以及毛皮吸收提取溶剂后会发生溶胀等因素,使皮革及毛皮中残留的四氯乙烯检测面临基质干扰大、提取回收率低等问题。对于干洗行业,衣物中干洗剂的残留量目前并没有统一的限量标准。目前,国际上还没有皮革和毛皮服装中四氯乙烯残留的定性、定量标准分析方法,我国也没有关于皮革和毛皮服装中四氯乙烯测定的相关国家标准和行业标准。

本章研究的主要目标一是建立一般纺织品以及皮革和毛皮服装中四氯乙烯干洗剂残留的定性、定量检测方法,二是研究一般纺织品皮革和毛皮服装中四氯乙烯干洗剂的释放速率及残留动态规律,为服装干洗行业四氯乙烯环境监控、服装干洗剂残留检测和服装穿着安全提供指导。

检测原理:采用超临界二氧化碳技术提取干洗后衣物中残留的四氯乙烯,经过0.45μm有机相滤膜过滤后,用气相色谱—质谱联用仪(GC—MS)测定,外标法定量。

4.1.2 实验材料与方法

4.1.2.1 实验试剂与实验材料

甲醇:色谱纯 GR≥99.9%,国药集团化学试剂有限公司;丙酮:色谱纯GR≥99.9%,国药集团化学试剂有限公司;二氯甲烷:色谱纯 GR≥99.9%,国药集团化学试剂有限公司;乙酸乙酯:色谱纯 GR≥99.9%,国药集团化学试剂有限公司;二硫化碳:色谱纯,美国天地 TEDIA 试剂有限公司;四氯乙烯:高纯试剂,CAS 号 127-18-4,优级纯,国药集团化学试剂有限公司;四氯乙烯:标准品纯度 99.0%,德国 Dr. Ehrenstorfer GmbH 公司;高纯二氧化碳:纯度大于 99.995%,上海都茂爱净化气有限公司;纯棉标准贴衬织物:符合标准 ISO9001:2008,GB/T 7568.2—2008;聚酯纤维标准贴衬织物:符合标准 ISO9001:2008,GB/T 7568.4—2002;桑蚕丝标准贴衬织物:符合标准 ISO9001:2008,GB/T 7568.6—2002;羊毛标准贴衬织物:符合标准 ISO9001:2008,GB/T 7568.1—2002;貂裘皮、羊皮、兔皮毛、狐狸皮毛、貉子皮毛:实验室收集的市售样品,一等品。

4.1.2.2 实验仪器

商业全封闭式自动干洗机(P3-08FQ,亚森洗涤设备有限公司);超声波清洗机(KQ-500B,昆山市超声仪器有限公司);超临界流体萃取系统(SFE-100M-2-

C10,美国 Thar 科技有限公司);电子分析天平(BSA124S,德国赛多利斯科学仪器有限公司);气相色谱—质谱联用仪(7890B-5977A,美国安捷伦科技有限公司);CS2 型溶剂解吸型活性炭采样管(规格 100/50mg/φ6×120mm);聚四氟乙烯采样袋(材质:PP 双阀门,规格:3L);高低温湿度实验箱(VOC 环境仓)(NTH-420,深圳市宏瑞新达科技有限公司);恒流空气采样泵(GILAIR-3,美国森西迪恩有限公司)。

4.1.2.3　标准溶液的配制

准确称取 PCE 标准品,用二氯甲烷制备成浓度为 1000mg/L 的标准溶液,并在 0~4℃条件下冰柜中保存备用,根据实验需求用二氯甲烷逐级稀释成适用浓度的标准工作液。

4.1.2.4　材料阳性样品的制备

所有的实验材料均送至专业商业干洗店按 ISO3175-2:2010 标准及使用 P3-08FQ 全封闭式商业自动干洗机进行统一干洗,作为自制的阳性样品。并制备 PCE 浓度为 60mg/kg 的加标样品备用,密封保存。洗涤程序包括干洗和烘干,不包括熨烫及后整理。干洗后的每种材料有效期较短,需立即实验。

4.1.2.5　提取方法的优化

(1)超临界二氧化碳萃取技术提取材料中的四氯乙烯

本实验采用美国 Thar(SFE-100M-2-C10 型)超临界萃取系统对每种材料单独进行提取。其操作程序为:

①打开冷凝器(P1)将温度降至 3℃,使液态二氧化碳在压入系统之前经过 P1 冷却。

②将材料剪碎至 5mm×5mm 以下大小,准确称取样品 2.00g(精确至 0.01g)放入萃取罐(ENT)中,同时向夹带剂瓶(co-solvent)中加入二氯甲烷,密封。

③调节屏幕系统压力为 36.82MPa、温度 36.62℃、二氧化碳流量 31.48g/min、夹带剂流量为 0.9mL/min。

④打开 CO_2 钢瓶,点击屏幕系统 start method。等萃取罐的压力表达到 36.82MPa 后不再变化时,将收集罐(SEP)压力调至 1MPa 左右,然后进行动态萃取,萃取时间持续 31.64min。

⑤点击二氧化碳吹扫,时间持续 5min。

⑥关掉二氧化碳钢瓶并暂停系统,将收集罐的压力调至 0.2~0.3MPa。

⑦将棕色收集瓶连接 SEP 接样阀收集提取液,用二氯甲烷稀释至 50mL 的容量瓶中。

⑧经 0.45μm 的有机相过滤膜过滤后,转移至 GC—MS 样品瓶中,待测分析。

采用单因素实验分别在不同萃取压力、萃取温度、萃取时间和 CO_2 流量实验条件下进行萃取，提取过程按照上述①~⑧方法获得提取液，经 0.45μm 过滤膜过滤，密封避光待测。

(2)超声萃取技术提取材料中的四氯乙烯

将加标样材料剪碎成 5mm×5mm 以下大小，混合均匀，准确称取样品 2.00g(精确至 0.01g)放置于 100mL 的具塞玻璃容器中，加入 50mL 二氯甲烷作为萃取溶剂，浴比为 1:25(g/mL)，密封。置于超声波清洗机中萃取，工作频率设定 40kHz，萃取温度为 35℃，提取时间 30min。取 1mL 提取液，经 0.45μm 有机相过滤膜过滤，转移至 GC—MS 样品瓶中，待测。

采用单因素实验分别在不同萃取温度、萃取时间的实验条件下进行超声波辅助提取，经 0.45μm 有机相过滤膜过滤，密封避光待测。

4.1.2.6 仪器分析条件

DB-5MS(30m×0.25mm,0.25μm)色谱柱，前进样口温度为 140℃，起始温度为 30℃，保持 2min，以 20℃/min 的速度升温至 120℃，保持 2min，再以 50℃/min 的速度升温至 200℃，保持 3min。不分流进样，进样量 1.0μL；流速为 1.0mL/min，载气为氦气，纯度>99.999%，溶剂延迟为 3.5min；质谱采用全扫描模式，质量数范围为 30~180amu，四级杆、离子源、质谱接口温度分别为 150℃、230℃和 280℃。

4.1.2.7 四氯乙烯释放模型的建立实验

(1)开放环境模拟及数学模型的建立

①一般纺织品及貂裘皮样品。分别以地表风速 1m/s、2m/s、3m/s、4m/s、5m/s 条件在大型恒温恒湿室中进行 5 组开放环境模拟单面受风、双面发散实验，模拟示意图如图 3-34 所示。每组包含 5 种材料(纯棉标准贴衬织物、涤纶标准贴衬织物、桑蚕丝标准贴衬织物、羊毛标准贴衬织物、貂裘皮)，各 19 样份。调节环境固定温度为 20℃±2℃，固定湿度为 65%±2%。每组实验进行 7 天，首天每种材料间隔 2h 抽检一样份，抽检 7 次。后 6 天每种材料间隔 12h 抽检一样份进行检测，抽检 12 次。所有抽检样品材料装入密封袋密封，待提取材料中残留的 PCE。

②羊皮、兔毛、狐狸毛、貂子毛样品。按照 ISO 3175-2:2010 中的条件模拟了一个室内的家庭环境来研究这些干洗后的皮毛样品中四氯乙烯的释放规律。环境的温度、湿度和风速对毛皮服装中四氯乙烯释放速率影响显著。因此，为了比较不同材质的毛皮材质的四氯乙烯释放速率，将室内温度控制在 20℃±2℃，湿度控制在 65%±3%，风速控制在 0.05m/s±0.01m/s。

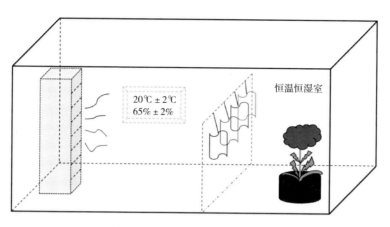

图 3-34　开放环境模拟装置示意图

分别在毛皮干洗后的第 1 天到第 18 天每天采样,按照与 4.1.2.5(2)与 4.1.2.6 中的方法进行提取分析四氯乙烯的含量。

(2)干洗服装中四氯乙烯残留在密闭环境下释放行为研究

①模拟实验的设置。密闭环境中影响 PCE 释放的主要因素是温度与湿度。由于温度与湿度之间也会互相影响,故分别探究在不同温度、不同湿度下四氯乙烯的释放行为。

根据国家标准 GB/T 2423.22—2012 及空间 VOC 气体 ISO16000:2011 标准进行模拟实验。实验装置是由 VOC 立方环境仓、活性炭吸附管及恒流采样泵链接而成,如图 3-35 所示。密闭模拟实验分 3 组进行,每组包含棉、涤、丝、毛、裘皮 5 种材料,每种材料 10 样份。

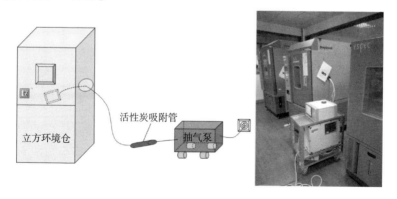

图 3-35　密闭环境模拟装置示意图

温度模拟:实验采用袋装法,使用恒流采样泵将所有采样袋抽真空,将每样份分别装入采样袋中,密封条密封,从采样袋充气阀充入 2L 氮气,然后将三组样品分别置于 0、20℃、40℃温度下的立方环境仓中进行实验。每组实验进行 5 天，每组中每种材料的采样袋气体间隔 12h 抽检一样份，每样份抽检气体量规格为 1.5L，共抽检 10 次。实验后将活性炭采样管取出，密封，并在低温无风环境中立刻提取活性炭中吸附的 PCE。取出采样袋中的材料密封保存，并及时提取检测。

湿度模拟：实验同样采用袋装法，使用恒流采样泵将所有采样袋抽真空，将每样份分别装入采样袋中，密封条密封，从采样袋充气阀充入 2L 氮气，然后将 3 组样品分别置于 35%、65%、95% 湿度下的 VOC 立方环境仓中进行实验，温度统一设置为 20℃，每组实验进行 5 天，每组中每种材料间隔 12h 抽检一样份，共抽检 10 次，将抽检材料装入密封袋密封，并及时提取检测。

②四氯乙烯的提取及检测。温度模拟的活性炭采样管提取：用砂轮打开活性炭采样管，将管内活性炭用 5mL 二硫化碳洗脱至棕色样品瓶中密封，于 35℃ 条件下超声振荡 5min，然后取 1mL 二硫化碳的洗脱液，经 0.45μm 的有机相过滤膜过滤后，转移至 GC—MS 样品瓶中，密封，按照 4.1.2.6 的方法进行 GC—MS 定性、定量分析。

湿度与温度模拟的材料提取：将密封袋中的材料取出剪碎成 5mm×5mm 以下大小，混合均匀，放置于 100mL 具塞玻璃容器中，加入 50mL 二氯甲烷作为萃取溶剂，浴比为 1∶25（g/mL）。密封。然后置于超声波清洗机中萃取，工作频率设定 40kHz，萃取温度为 35℃，提取时间 30min。取 1mL 提取液，经 0.45μm 有机相滤膜过滤，转移至 GC—MS 样品瓶中，按照 4.1.2.6 的方法进行 GC—MS 定性、定量分析。

4.1.2.8 数据分析

所有实验数据采用 SPSS12.0 统计软件进行拟合分析，采用 Origin 9.0 软件进行图形的绘制。

4.1.3 结果与讨论

4.1.3.1 四氯乙烯检测的前处理方法

（1）超临界实验条件

①夹带剂的选择。夹带剂的选择应从夹带剂与溶质的相互作用能改善溶质的溶解度和选择性、夹带剂与超临界溶剂和目标产物容易分离、不会造成对产品的污染 3 个方面来考虑。选取适当的夹带剂可以改善方法的敏感性，提高提取率。可以根据溶剂的极性来选取具有代表性的四种夹带剂：乙酸乙酯、二氯甲烷、丙酮、无水乙醇进行实验。从图 3-36 可以看出，通过对四种标样材料的综合比较，二氯甲烷获得的响应值最大，且分离效果好。傅科杰等利用超声萃取的方法提取干洗后毛皮服装中 PCE 的残留量，同样利用二氯甲烷得到了最好的提取率。由于干洗不

发生化学反应,只是 PCE 与油污之间的范德瓦尔斯力不同,所以不同纺织面料之间的差异并不大。

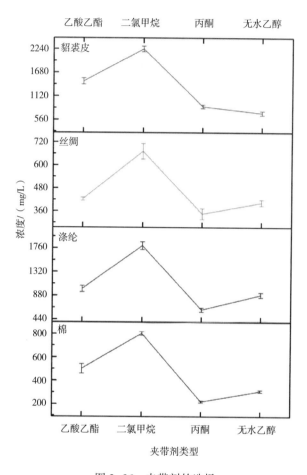

图 3-36　夹带剂的选择

夹带剂的加入方式是在动态萃取同时进行的,加入夹带剂量过少达不到提取率的要求,加入量过多则会导致试剂的浪费和环境污染。超临界萃取装置的夹带剂流量是按百分比含量来显示的,即 1% 的夹带剂流量为 0.3mL/min,2% 的夹带剂为 0.6mL/min,依此类推。通过实验得出如图 3-37 所示,当二氯甲烷夹带剂数显为 3%(0.9mL/min)时已达到萃取平衡,继续加大流量对 PCE 的提取率并没有提升。相比传统的萃取方法,所用的试剂量有一定的减小。综上所述,选用流量为 0.9mL/min 的二氯甲烷作为萃取的夹带剂。

②超临界二氧化碳萃取参数的优化。在超临界流体萃取系统可控范围内(萃

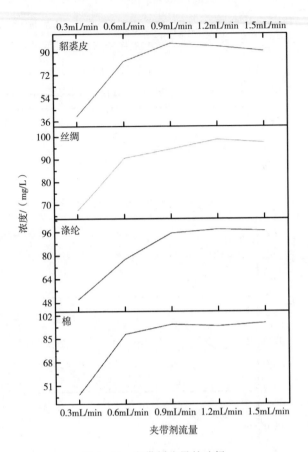

图 3-37　夹带剂流量的选择

取压力 10~50MPa、萃取温度 20~60℃、萃取时间 10~50min、二氧化碳流量 10~50g/min),将萃取压力的单因素优化方案设计为 10MPa、20MPa、30MPa、40MPa、50MPa;萃取温度设为 25℃、30℃、35℃、40℃、45℃;萃取时间设为 10min、20min、30min、40min、50min;二氧化碳流量分别设为 10g/min、20g/min、30g/min、40g/min、50g/min。实验结果如图 3-38 所示。结果表明萃取压力 30MPa、萃取温度 35℃、萃取时间 30min、二氧化碳流量 30g/min 条件下提取率响应值最优。

(2)超声提取条件的确立及优化

对一般纺织品(棉、涤纶、丝绸、毛)在温度为 35℃的条件下,对实验加标样超声不同的时间,得到的实验结果如图 3-39(a)所示。随着超声时间的增加,PCE 的提取率呈先升高后下降的趋势,当超声时间为 30min 时取得最大值,故实验选择超声时间为 30min 作为最优萃取条件。设置超声时间为 30min,在不同温度条件下,得到的实验结果如图 3-39(b)所示,随着超声温度的增加,PCE 的提取率也是先升

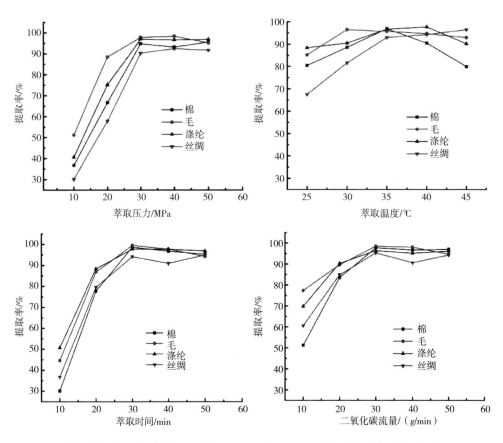

图 3-38　优化实验中萃取压力、萃取温度、萃取时间及二氧化碳流量的影响

高后下降,当超声温度到达 35℃时取得提取率的最大值,故实验选择超声温度为 35℃作为最优萃取条件。

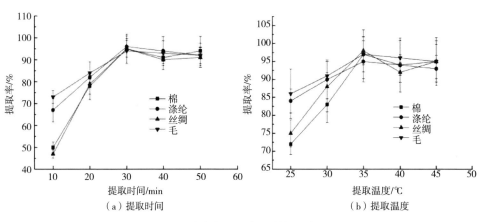

（a）提取时间　　　　　　　　　　（b）提取温度

图 3-39　超声条件对四氯乙烯提取率的影响

对于皮革和毛皮的提取,采用一般纺织品条件提取率较低。因而在35℃的条件下延长了提取的时间,提取结果见表3-40。表3-40将不同提取时间样品的浓度进行了归一化处理,结果能明显看到50~60min四氯乙烯的提取效果较好,提取在50min后,所有样品的平均提取率能达到0.91,在60min后,平均提取率达到0.92。表3-40还显示了羊皮、狐狸毛和貉子毛在50min后,兔毛在60min之后提取率有所下降,这主要是因为不同毛皮的材质内部结构的差异造成的。在60min左右时,各个材质的提取率能达到最大,随着提取时间的增加,从样品中提取的四氯乙烯开始挥发。因此,毛皮样品的提取时间为60min。

表3-40 不同毛皮样品的超声提取条件优化

提取时间/min	浓度 /(mg/kg)				浓度归一化结果			
	羊皮	兔毛	狐狸毛	貉子毛	羊皮	兔毛	狐狸毛	貉子毛
10	19	454	547	10	0.50	0.51	1.00	0.65
20	21	548	530	11	0.54	0.61	0.97	0.73
30	23	567	514	12	0.59	0.63	0.94	0.81
40	24	656	476	15	0.63	0.73	0.87	0.96
50	38	690	470	15	1.00	0.77	0.86	1.00
60	36	896	443	14	0.93	1.00	0.81	0.94
70	34	857	394	14	0.89	0.96	0.72	0.91
80	25	868	377	14	0.66	0.97	0.69	0.88
90	27	884	345	12	0.69	0.99	0.63	0.78

4.1.3.2 GC—MS检测条件的确定

对于一般纺织样品,利用超声提取技术提取其中的四氯乙烯,提取液按4.1.2.6中的参数进行GC—MS分析。通过优化的形状和响应色谱峰值,得到四氯乙烯的气相色谱与质谱图,如图3-40所示。优化后的四氯乙烯保留时间为4.877min,大幅提高了分析效率。气相色谱—质谱联用仪以全扫描模式进行,获得总离子流图(TIC),再通过提取离子的方式(SIM)提取 m/z 166的色谱图定性分析样品中的四氯乙烯。

而对于毛皮基质的测定结果也显示选择的仪器条件能很好地抵抗基质的干扰,对目标物进行快速定性分析。对于兔毛提取溶液中的四氯乙烯测定结果如图3-41所示。在毛皮提取物的基质下,溶液中的杂质较多,但四氯乙烯的选择性依然较强,通过SIM模式分析其保留时间也在4.981min。

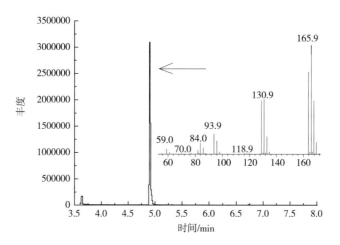

图 3-40　棉基质中的四氯乙烯(溶液中浓度约 60mg/L)的 GC—MS 分析

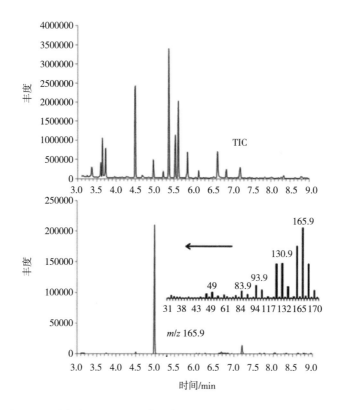

图 3-41　兔毛样品中加标 15mg/kg 四氯乙烯的总离子流图和 m/z 166 的提取离子图

如图 3-40 和图 3-41 所示,可选取 m/z 166、131、94 处的特征离子对 PCE 进行定性,其丰度比为 100∶66∶23。根据 m/z 166 处的特征离子峰面积和外标法进行定量分析。

4.1.3.3 方法验证

(1)标准曲线、检出限与精密度

分别吸取 1.0 μL 0.5~15mg/L 四氯乙烯标准溶液,按 4.1.2.6 中的色谱条件进行检测,以标准溶液浓度为横坐标,组分峰面积为纵坐标,绘制四氯乙烯浓度的标准曲线,根据标线拟合建立回归方程 $A = 1027955.7c + 20139.7$(A 为组分峰面积,c 为组分浓度),相关系数 R^2 为 0.9999,线性关系良好。同时,用三种不同浓度的标准溶液对该曲线进行验证相对误差最大仅为 2.7%,曲线精密度较高。通过实验根据三倍基线信噪比得到一般纺织品的检出限(LOD)值为 0.9mg/kg,毛皮服装的检出限为 1.4mg/kg。在一般纺织品中将 6 个 1.0μL 的 1.0mg/L 的标准溶液进行平行色谱检测,其相对标准偏差(RSD)为 1.22%;在毛皮样品中将 6 个 1.0μL 的 1.0mg/L 的标准溶液进行平行色谱检测,其相对标准偏差(RSD)为 2.31%。

(2)回收率

①超临界二氧化碳萃取技术的回收率。选择无干洗、不含 PCE 的材料每种各 18 个样品,进行加标回收率和精密度的实验,在上述每种材料基质中分别做 0.5mg/L、5.0mg/L 和 15mg/L 3 个水平添加,每个添加做 6 次平行实验,见表 3-41。棉材质的加标回收率在 97.9%~100.1%之间,RSD 在 1.67%~3.19%之间。涤材料的加标回收率在 101.2%~103.6%之间,RSD 在 2.90%~3.46%之间。丝材料的加标回收率在 95.1%~102.3%之间,RSD 在 2.50%~3.31%之间。裘皮的加标回收率在 94.2%~101.7%之间,RSD 在 2.42%~3.78%之间。

所有材料的加标回收率在 94.2%~103.6%之间,相对标准偏差(RSD)在 1.67%~3.78%之间,相比原有的检测技术精密度高,满足纺织检测的需求。

表 3-41　通过超临界 CO_2 萃取的不同材料中四氯乙烯加标回收率及精密度

| 样品 | 标准浓度/ (mg/L) | 加标回收率/% | | | | | | | RSD/% |
		1	2	3	4	5	6	平均值	
棉	0.5	96.5	103.8	98.6	94.3	99.6	100.7	98.9	3.05
	50	105.4	99.5	102.3	96.7	98.1	96.5	100.1	3.19
	150	100.2	95.4	97.8	96.3	98.4	99.2	97.9	1.67
涤	0.5	97.8	108.3	100.5	99.9	98.6	102.3	101.2	3.43
	50	102.2	104.2	106.5	108.5	97.1	103.5	103.6	3.46
	150	97.3	102.5	103.3	105.3	102.9	97.8	101.5	2.90

样品	标准浓度/（mg/L）	加标回收率/%							RSD/%
		1	2	3	4	5	6	平均值	
丝	0.5	94.2	95.9	91.1	93.9	97.1	98.8	95.1	2.60
	50	103.4	105.2	98.1	99.8	102.4	104.7	102.3	2.50
	150	98.5	97.3	104.4	96.8	103.4	95.9	99.4	3.31
羊皮	0.5	96.3	94.9	91.3	92.7	91.2	98.5	94.4	2.84
	50	99.8	93.1	94.5	98.3	96.9	98.4	96.8	2.42
	150	106.8	101.4	97.6	97.6	103.7	106.9	101.7	3.78

②超声萃取技术回收率的验证。选择无干洗、不含 PCE 的材料每种各 18 个样品,进行加标回收率和精密度的实验,在上述每种材料基质中分别做 0.5mg/L、5.0mg/L、15mg/L 3 个水平添加,每个添加做 6 次平行实验,见表 3-42。棉材质的加标回收率在 94.6%~97.9% 之间,RSD 在 2.89%~4.15% 之间。涤材料的加标回收率在 97.6%~101.7% 之间,RSD 在 3.65%~4.86% 之间。丝材料的加标回收率在 90.8%~98.1% 之间,RSD 在 3.51%~4.24% 之间。毛的加标回收率在 94.1%~101.6% 之间,RSD 在 2.41%~3.76% 之间,裘皮的加标回收率在 90.3 %~101.1% 之间,RSD 在 3.19%~3.98% 之间。所有材料超声萃取的加标回收率在 90.3%~101.7% 之间,相对标准偏差在 5% 以内。

表 3-42　通过超声提取后不同材料中四氯乙烯加标回收率及精密度

样品	标准浓度/（mg/L）	加标回收率/%							RSD/%
		1	2	3	4	5	6	平均值	
棉	0.5	95.1	102.7	97.2	95.4	92.0	92.1	95.7	4.15
	50	95.7	97.1	92.8	93.4	97.8	90.8	94.6	2.89
	150	99.1	90.8	100.9	99.7	99.8	97.1	97.9	3.76
涤	0.5	99.3	106.9	98.1	105.6	94.7	105.4	101.7	4.86
	50	101.1	100.4	96.3	99.8	91.5	96.7	97.6	3.65
	150	98.6	95.1	101.5	105.4	98.1	102.3	100.2	3.69
丝	0.5	94.6	101.9	94.2	93.3	96.6	102.9	97.2	4.24
	50	96.1	95.6	101.4	97.3	103.1	94.8	98.1	3.51
	150	94.1	88.1	85.6	92.4	95.1	89.5	90.8	4.10

续表

样品	标准浓度/（mg/L）	加标回收率/%						平均值	RSD/%
		1	2	3	4	5	6		
毛	0.5	96.2	94.8	91.2	92.6	91.1	98.4	94.1	2.85
	50	99.7	93.2	94.5	98.4	96.8	98.5	96.7	2.41
	150	106.7	101.3	97.7	97.7	103.6	106.8	101.6	3.76
羊皮	0.5	105.2	104.5	98.9	97.9	104.2	95.6	101.1	3.98
	50	98.4	100.7	95.6	92.1	98.8	102.7	98.0	3.89
	150	94.1	88.3	92.6	87.2	87.9	92.2	90.3	3.19

超临界萃取技术与超声萃取技术相比，超临界萃取工艺技术要求高，机械设备及加工成本昂贵，加标回收率及精密度是优于超声萃取的，超临界技术适用于高附加值物质的萃取，超声萃取适用于大量的实验操作，两种前处理技术完全满足 PCE 纺织检测需求。

4.1.3.4 开放环境中四氯乙烯释放的数学模拟

（1）负指数函数模型的建立

通过模拟开放环境得到的数据绘图，可知在固定材料和风速的情况下，材料中 PCE 的残留量是一个快速下降的过程，满足负指数函数形态和幂函数形态，故首先采用负指数函数进行布料残留量的初步拟合预测。

实验设计：布料每半天进行一次检测，间隔时间为 12h；首日测量每 2h 一次；布料在周一上午检测为初始状态，假设其时间为 0；假设每一组时间的实验样品中，初始残留的状态为一致。

符号假设：f 为布料残留含量；v 为风速；a 为布料残留初始含量（每种布料开始状态）；t 为布料放置时间；b 为自然状态下挥发速率（待定系数）；c 为风速状态下挥发增加速率（待定系数）；d 为常数项待定系数。

模型假设：由于符合负指数函数趋势，假设模型格式为：

$$f = (a - d) \cdot e^{-(b+cv)t} + d$$

此时可理解如下：

①布料残留含量随着时间 t 的推移呈现负指数下降形态。

②当 t 为 0 时，f 含量为初始状态含量 a。

③风速状态下的散发速率为自然散发速率 b 和风速状态加成 cv 的线性组合。

④d 是一个特殊量，假设释放过程到达该量后，是一个长期缓慢的释放过程，含量下降缓慢。

模型求解:通过开放环境下实验数据进行模型的 b、c、d 三个待定系数进行参数拟合,通过非线性拟合中最小二乘方式求解。

(2)释放预测模型构建

从图 3-42 看出,在棉材质中四氯乙烯残留量下降速度随着时间推移下降迅速,风速越大,下降速度越快。红色预测曲线基本能够预测残留量下降趋势,拟合效果较好。拟合结果为:

$$f = (a - 28.904) \cdot e^{-(0.279 + 0.253v)t} + 28.904$$

拟合优度 R^2 为 0.962。同时从拟合公式可以预测出棉织物中残留的 PCE 达到安全线 25mg/kg 的时间为 2~3 天。

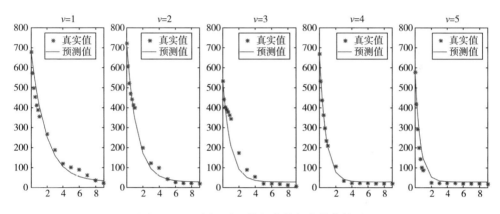

图 3-42　不同风速下棉织物的拟合优化结果

对于涤材质,从拟合图 3-43 来看,挥发过程拟合效果较好,但是后半天缓慢挥发过程拟合交叉。涤材料整体挥发速度较快,但是对残留物吸附力较强,后半段挥发较慢。拟合结果为:

$$f = (a - 364.96) \cdot e^{-(0.294 + 0.479v)t} + 364.96$$

拟合优度 R^2 为 0.979。在有风的条件下,涤织物达到安全穿着时间需要 1 周以上。

对于丝材质的负指数函数模型拟合优度最好(图 3-44),丝质材料残留物挥发速度迅速。拟合结果为:

$$f = (a - 22.781) \cdot e^{-(0.991 + 1.823v)t} + 22.781$$

拟合优度 R^2 为 0.988。在有风的条件下,丝织物达到穿着安全线仅需 1 天即可,适合干洗洗涤。

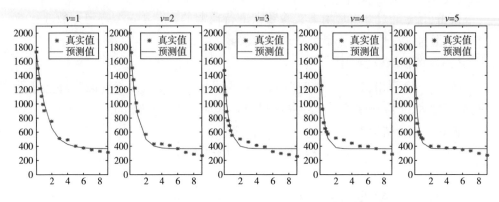

图 3-43 　不同风速下涤织物的拟合优化结果

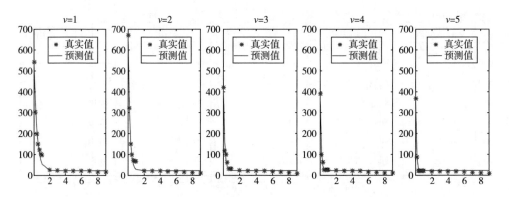

图 3-44 　不同风速下丝织物的拟合优化结果

通过观察初步建立的毛材质模拟图形(图 3-45),当风速较弱时拟合尾部集合效果较弱,当风速较大时,尾部集合相对较好。拟合结果为:

$$f = (a - 135.86) \cdot e^{-(0.524 + 0.390v)t} + 135.86$$

拟合优度 R^2 为 0.979。研究发现毛材质尽管在最大风速下散发残留的 PCE,但最终的残留量依然超过国家安全线,在通风 5~6 天的情况下,还需适当升温以最大限度地去除残留的 PCE。

通过观察拟合图(图 3-46)发现,羊皮材质的挥发过程与毛材质类似,当风速较弱时拟合尾部拟合效果较弱,当风速较大时,尾部拟合相对较好。拟合结果为:

$$f = (a - 155.64) \cdot e^{-(1.138 + 0.394v)t} + 155.64$$

拟合优度 R^2 为 0.977。数据表明,仅在风速作用下 PCE 残留量达不到安全标准,在通风 4~6 天的情况下需要适当升温以降低 PCE 残留量。

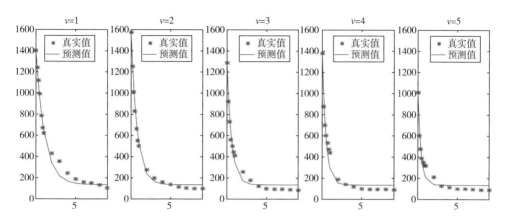

图 3-45　不同风速下毛织物的拟合优化结果

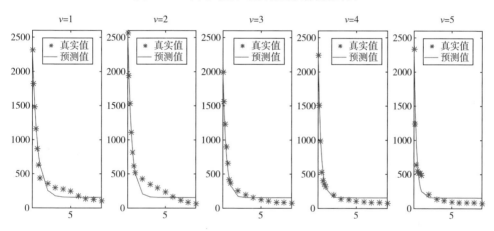

图 3-46　不同风速下羊皮的拟合优化结果

从参数本身来观察(表 3-43),涤、皮初始吸附 PCE 的量相对较高,丝和棉材料吸附状态较低,毛料处于中等水平。丝质和棉质比较,丝质系数 b 比较大,说明丝的自然挥发速率相比棉要快。同理皮的自然挥发速率比涤要快,但是涤纶透气性比皮毛要好,受风速影响较大。从参数 d 来看,涤对 PCE 的吸附性最强,残留存量最大,其次为皮料、毛料。丝质材料吸附性最弱。值得注意的是,图中的拟合优度(R^2 值)虽然有一定的差异,但从统计学的角度看都已达到置信率,说明拟合的数学模型在统计学意义上是成立的。

表 3-43　各类材质的参数汇总

材料	$a/(mg/kg)$	b	c	d	R^2 值
棉	700	0.279	0.253	28.904	0.962

材料	$a/(mg/kg)$	b	c	d	R^2值
涤	2000	0.294	0.479	364.964	0.979
丝	600	0.991	1.823	22.781	0.988
毛	1500	0.524	0.390	135.86	0.979
皮	2500	1.138	0.394	155.64	0.977

(3)毛皮纺织材料的释放趋势研究

毛皮在干洗后就直接进行了四氯乙烯残留量的测定,这个测定值被定为第0天的起始值(day 0),然后在接下去连续的18天内每天测定材料中四氯乙烯的含量。将每天材质中四氯乙烯的含量除以第0天的浓度起始值得到的值记为释放速率(RR)。如图3-47所示,所有材质的挥发主要发生在第1天,释放速率的数值都高于78%,其中绵羊皮的释放速率能达到99.8%,因此在第1天绵羊皮中的四氯乙烯残留几乎可以挥发完。

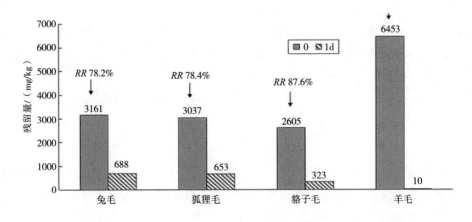

图3-47 在模拟室内环境中不同纤维材质干洗后残留PCE在1天内的释放率

图3-48显示了在干洗后的1~18天内在4种皮毛材质中四氯乙烯在模拟室内环境中的释放趋势。四氯乙烯在羊皮样品和貉子毛中的吸附能力较其他材质稍弱,在第1天和第9天后材料中的四氯乙烯残留分别降至10mg/kg以下。而相对来说,兔毛和狐狸毛对四氯乙烯的吸附较强,结果显示在第9天后其材料中的四氯乙烯残留分别能达到67mg/kg和91mg/kg。在第18天后,在兔毛和狐狸毛中仍然能检测到残留的四氯乙烯,其浓度分别为9mg/kg和27mg/kg。这个结果表明,要

想最大限度地减少四氯乙烯在毛皮中的残留,毛皮服装应该在干洗后立即挂晾。因为不同材质的皮毛结构对四氯乙烯的吸附能力有很大区别,所以干洗后的皮毛服装应该被挂晾至少 1~9 天以保证着装的安全性。

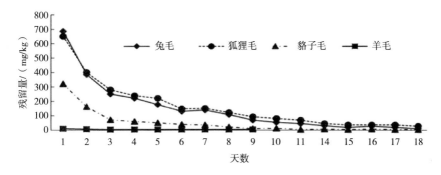

图 3-48　在模拟室内环境中不同纤维材质干洗后残留 PCE 的释放规律

因为不是所有毛皮服装中残留的四氯乙烯都会挥发光,因此,当人体穿着这些服装时将会通过直接接触或者皮肤呼吸的方式与四氯乙烯发生暴露,而这种接触将会对人体健康有害。通过美国职业安全与健康署(OSHA)的建议,人体能够接受的四氯乙烯暴露为在 100ppm 的环境中 8h,能够承受最大的暴露情况是每 3h 间隔在 200ppm 的四氯乙烯环境中暴露 5min。加利福尼亚的 OSHA 计划将允许的四氯乙烯浓度值设为 25ppm。此外,化学物质零排放计划(ZDHC)组织发布的纺织产品生产的限用物质清单(MRSL)规定在服装产品中不得检出四氯乙烯残留。因此,服装中残留的四氯乙烯量越少对人体伤害越少,达到阈值以下才安全。当然,每个人个体的差异也决定了其能耐受的暴露剂量与暴露时间都存在差异,而不同材质的毛皮面料的结构差异也导致了其对四氯乙烯的吸附与释放的能力不尽相同。

4.1.3.5　密闭环境中四氯乙烯挥发对环境因素的响应

(1)温度对四氯乙烯残留挥发的影响

不同温度对材料中四氯乙烯的残留量及释放到空间的含量趋势如图 3-49~图 3-51 所示。在没有与外界气体交换的情况下,PCE 的残留量和空间释放量的总和基本是守恒的,因此建立的四氯乙烯的收集与检测实验方法的精密度高。

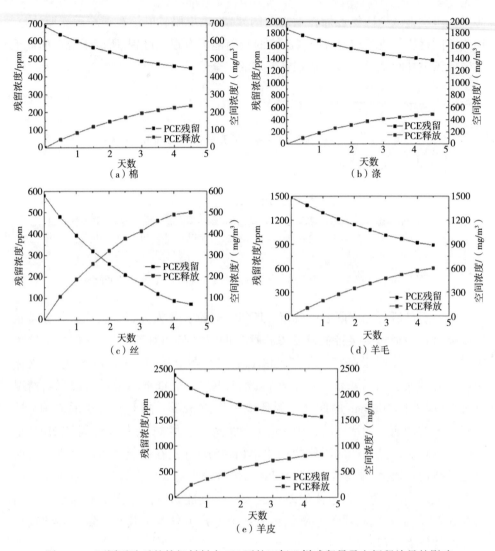

图 3-49 不同干洗后的纺织材料在 0℃ 下的四氯乙烯残留量及空间释放量的影响

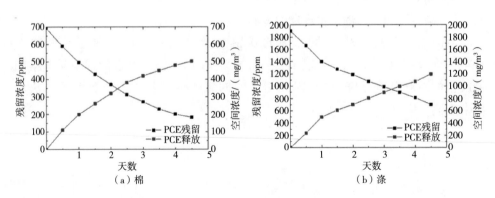

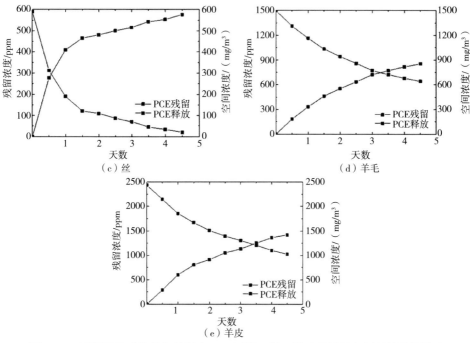

图 3-50　不同干洗后的纺织材料在 20℃下的四氯乙烯残留量及空间释放量的影响

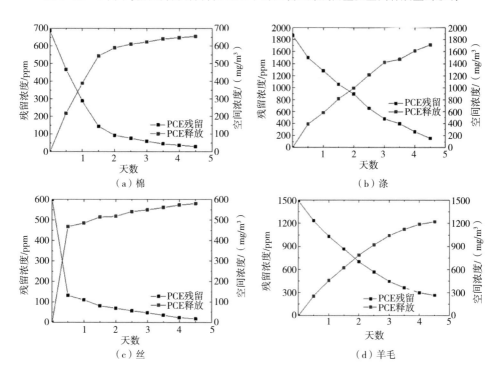

图 3-51

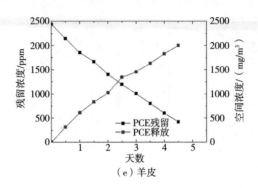

图 3-51　不同干洗后的纺织材料在40℃下的四氯乙烯残留量及空间释放量的影响

总体来看,在0℃条件下四氯乙烯的活跃程度不高,释放较为缓慢;20℃条件相当于室温无风密闭环境的自然散发状态,空间对四氯乙烯释放有一定的限制作用;40℃条件下材料中的四氯乙烯挥发较为剧烈,部分材料释放后期趋于平缓,这是由于散发出的四氯乙烯无法与外界进行交换,当浓度达到一定量时,呈吸附—释放—吸附的动态平衡状态。

从图3-49可以看到,棉、涤、羊毛和羊皮在0℃下的四氯乙烯残留量及空间释放量之间在实验完成的第5天内挥发量仍然没有超过残留量,因此,温度对这几种材质纺织品干洗后的挥发扩散有一定的影响。但丝绸在相同空间、相同温度下,在不到2天的时间挥发量就超过了残留量,因此,干洗后四氯乙烯在丝绸材质中残留温度的影响较小。

图3-50显示在20℃时,丝绸在不到1天内挥发量就超过了残留量,而其他材质都在2~3天挥发量才能超过残留量,在2~3天后空气中四氯乙烯的含量逐渐高于材质中的含量,又开始了一个缓和的吸附平衡的过程,直到空气中与材质中的四氯乙烯含量达到一个恒定的值,而到达这个恒定值的时间就主要与整个空间的大小有关。

从图3-51也可以看出在40℃时,丝绸仍旧在不到1天的时间内挥发量超过了残留量,且时间与20℃时无明显区别,其他材质都在2天内或2天左右挥发量超过了残留量,较20℃提前到达平衡,因此温度对棉、涤、毛和裘皮中四氯乙烯的释放影响远大于丝材质的纺织品。可以说丝材质的服装无论在什么季节进行干洗都可以很快地释放出其中残留的四氯乙烯,是一种干洗后着装相对安全的纺织材料。

值得注意的是,图3-49~图3-51中的(d)和(e)的动物毛纤维和羊皮材质中的PCE在密闭环境下的释放行为较为相似,干洗后的两种材质中的PCE基础含量较其他材料偏高,但随着温度的升高,四氯乙烯挥发速率增加。按照 40℃条件下的曲线进行预测,同种质量的裘皮材质的初始含量虽然高于动物毛纤维,但裘皮材质四氯乙烯 PCE 的吸附性要弱于毛材质,这与绵羊皮中四氯乙烯的释放率远大于其他毛类材质的现象相一致,这就证明不论是在密闭空间还是相对开放的空间中,不论环境温度的高低,干洗后毛制品的残留四氯乙烯挥发要慢于皮革制品,因此,毛皮服装干洗后其毛领部分等应悬挂通风更长时间以保证着装的安全。

根据国际标准,材料中 PCE 的安全残留量应在 25ppm 以下,空间中 PCE 的安全浓度应在 200mg/m³ 以下。通过对五种材料的分析可知,温度的升高增大了 PCE 的挥发速率,降低了 PCE 的最终残留量,材质的种类对 PCE 的残留量及释放量影响较大,当空间浓度达到一定量时,空间内的 PCE 呈吸附—释放—吸附的平衡状态,所有材质在实验条件下的空间释放量都超过了国家浓度安全线。密闭环境不仅不利于干洗后衣物中 PCE 的挥发,空间内 PCE 浓度严重超标还会影响人体的身体健康,因此干洗后的服装不应该直接悬挂于衣橱或是封闭的室内环境中。

(2)湿度对四氯乙烯残留的影响

通过对棉、涤、丝、毛、裘皮五种材质在 3 种湿度 35%、65%、95% 条件下的模拟,湿度对不同材质中 PCE 残留量的影响如图 3-52 所示。从实验结果可以看出,湿度对丝织物中 PCE 的挥发几乎没有影响;对于棉织物中的 PCE 释放过程有一定的影响,但实验最终残留量相差不大;涤、毛、裘皮材质中的 PCE 随着湿度的增加,平均释放速率减小,残留量逐渐增加。这是由于 PCE 不溶于水,当空间大小一定时,水分子越多,PCE 分子所处空间越小,运动越慢,即水分子对于 PCE 分子的扩散有一定的阻碍作用。所以湿度越大,越不利于 PCE 的挥发。

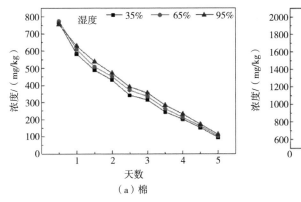

（a）棉

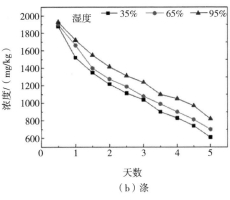

（b）涤

图 3-52

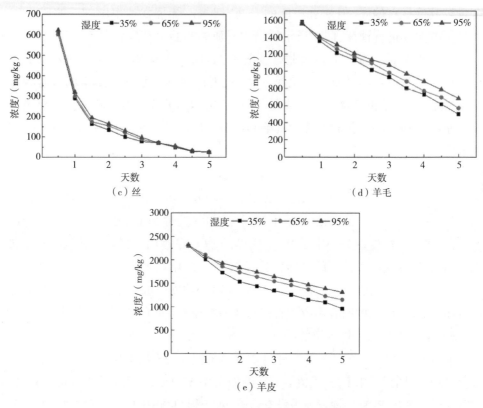

图 3-52　湿度对四氯乙烯残留量的影响

4.1.3.6　干洗对纤维及皮革形貌的影响

干洗是否对纤维材质有刻蚀作用而导致 PCE 在纤维中残留量过大,吸附作用较强。干洗前后纤维表面的形貌如图 3-53 所示,干洗前与干洗后的棉、丝纤维表面并没有太大差异;干洗后的涤、毛纤维表面更洁净光滑;干洗过程及 PCE 使用没有对毛的鳞片造成明显损伤,因此,干洗后纤维对四氯乙烯的吸附主要是物理吸附。

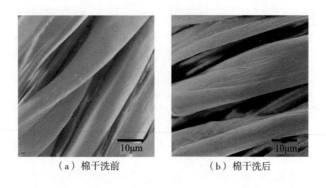

（a）棉干洗前　　　　　　　　（b）棉干洗后

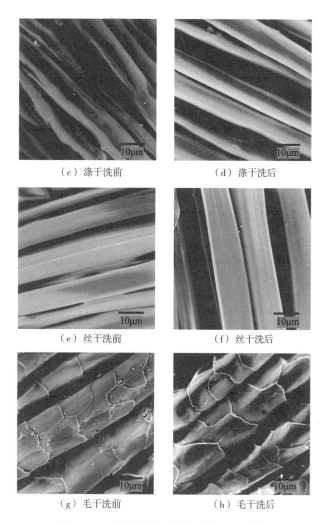

（c）涤干洗前　　　　　　　　（d）涤干洗后

（e）丝干洗前　　　　　　　　（f）丝干洗后

（g）毛干洗前　　　　　　　　（h）毛干洗后

图 3-53　干洗前后纤维表面的 SEM 照片

　　皮革和丝绸产品干洗前后的扫描电镜照片如图 3-54 所示,干洗前皮革因穿着受外界环境的影响易出现裂纹,四氯乙烯干洗后发现皮革中的细纹有改善的趋势,皮革内部疏松的结构对 PCE 的储存能力较强,因此相同干洗程序后四氯乙烯在皮革材质上的残留量较其他纺织材料中的含量大。对于丝绸,干洗前后形貌也没有明显差别,说明干洗对丝绸材料不会有明显损伤。

4.1.4　结论

　　①实验建立了 SC—CO_2 提取干洗后衣物中残留 PCE 的前处理技术。得到最优的提取条件为流量 0.9mL/min 的二氯甲烷作为夹带剂,萃取压力 30MPa、萃取

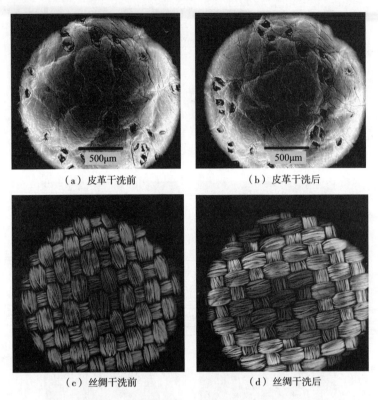

（a）皮革干洗前　　　　　　　　　　（b）皮革干洗后

（c）丝绸干洗前　　　　　　　　　　（d）丝绸干洗后

图 3-54　干洗前后皮革和丝绸的表面形貌

温度 35℃、萃取时间 30min、二氧化碳流量 30g/min。对棉、涤等一般纺织材料残留四氯乙烯的超声波提取方法最优条件为超声时间 30min，超声温度 35℃；对于毛皮样品的超声时间为 60min，超声温度为 35℃。

②GC—MS 检测四氯乙烯时，其保留时间在 4.877min 左右。可选取 m/z 166、131、94 处的特征离子对四氯乙烯进行定性，其丰度比为 100∶66∶23。选择 m/z 166 为特征定量离子，以该离子的峰面积和外标法进行定量分析。该方法对一般纺织品的检出限值为 0.9mg/kg，毛皮服装的检出限为 3.0mg/kg。方法的精密度在 1.22%~2.31%，所有样品的回收率在 90.3%~103.6% 之间，回收率的相对标准偏差在 1.67%~4.86% 之间。

③干洗后涤纶和皮革对四氯乙烯的吸附较高，丝和棉材料吸附能力较低，毛料处于中等水平。丝绸和皮革的自然挥发速率较快。皮毛服装干洗后需挂晾至少 1~9 天才可以保证着装安全。影响干洗后四氯乙烯在材质中残留的最主要的因素是纤维的材质，而温度与湿度环境对其释放的影响较小。干洗后皮毛制品残留的四氯乙烯挥发要慢于皮革制品，因此，皮毛服装干洗后其毛领部分等应悬挂通风更

长的时间以保证着装的安全。温度对材质中四氯乙烯释放的影响大于湿度。湿度越高对四氯乙烯的挥发越不利。提高环境温度可以明显提高残留四氯乙烯的挥发效率。

4.2　多环芳烃类有害物质

4.2.1　检测原理

多环芳烃(polycyclic aromatic hydrocarbons,PAH),是指两个或两个以上苯环稠合在一起的一系列烃类化合物及其衍生物,环上也可有短的烷基或环烷基取代基,包括萘、蒽、菲、芘等150多种碳氢化合物的总称,是一类化学致癌物质和环境污染物,具有生物难降解性和累积性,是世界公认的持久性难降解半挥发性、致畸变和致突变污染物。多环芳烃(PAHs)一般存在于煤、煤焦油和原油等自然物质中,而一些人为因素也会使环境中产生多环芳烃化合物。在纺织行业中,多环芳烃主要用作生产染料的基本原料。在染料行业中,以菲为原料制取2-氨基菲醌、苯绕蒽酮、硫化还原染料(蓝 BO、黑 BB 及棕色)等。蒽主要用来生产染料中间体蒽醌和鞣剂单宁,还被用在合成纤维的生产制造中。以蒽醌为原料,经磺化、氯化、硝化等,可得到范围很广的染料中间体,用于生产蒽醌系分散染料、酸性染料、还原染料、反应染料等,蒽醌染料在合成染料领域中占有很重要的地位。以芴为原料可制造涤纶用 C.I. 荧光增白剂 179。以苊为原料可制造苊红系有机颜料和苊类有机颜料;此外,苊也用来制造涤纶用的萘酰亚胺类 C.I. 荧光增白剂 162。在橡胶制品中,PAHs 主要存在于橡胶制品必不可少的两种主要原材料填充油和炭黑中。而塑料及其制品也是多环芳烃主要存在的载体,它进入塑料及其制品的途径主要是塑料中的添加剂,如塑料粒子在挤塑时和模具之间存在黏着,此时要加入脱模剂,而脱模剂中就可能含有 PAHs。

国际纺织品生态学研究与检测协会 2013 年发布的 Oeko-Tex® Standard-100 标准在原来 16 项 PAH 的基础上新增了 8 种多环芳烃,至此需要检测的多环芳烃数量增加到 24 种,其中婴幼儿产品中的部分多环芳烃含量小于 0.5mg/kg,24 种多环芳烃含量总和小于 5mg/kg,其他产品中的部分多环芳烃含量小于 1mg/kg,24 种多环芳烃含量总和小于 10mg/kg,该标准 2019 年 4 月 1 日实施。近期,欧盟委员会发布新规(EU)2018/1513,对欧盟 REACH 法规(EC)No1907/2006 附录 XⅦ中被归类为致癌、致基因突变、致生殖毒性(CMR)1A 类和 1B 类物质,对涉及服装及相关配饰、直接接触皮肤的纺织产品的限制物质清单作出了规定,将服装、纺织品及附件中8种多环芳烃的管控增加到附录ⅩⅦ第72条,规定了每种多环芳烃含量小于1mg/kg,该法规在2020年11月1日起实施。

到目前为止,各国家地区针对多环芳香烃(PAHs)的法规要求主要有:欧盟76/769/EEC,2005/69/EC,REACH法规SVHC清单;美国EPA METHOD 8275A;中国GB/T 28189—2011;德国GS认证、LFGB,还有Oeko-Tex® - 100标准。欧盟2005/69/EC指令限制的多环芳烃共8种,其中6种与美国EPA列管的16种多环芳烃相同,REACH法规也将8种多环芳烃列入SVHC物质清单。德国于2008年首次发布ZEK 01-08检测16种PAHs,我国于2011年发布的GB/T 28189—2011检测纺织品中16种PAHs,德国于2019年发布AfPS GS2019:01PAK,检测的PAHs项目从AfPS GS2014:01PAK的18种减少到15种。欧盟于2019年发布的检测纺织品中PAH的标准BS EN 17132—2019,也仅检测18种PAHs,不过,2021年发布的检测鞋类中PAH的标准BS EN ISO 16190:2021将PAH的项目提高到24种。表3-44为目前多环芳烃检测标准的具体检测项目。

检测原理:试样经超声波提取,必要时提取液经硅胶固相萃取柱净化后,浓缩、定容,用气相色谱—质谱仪(GC—MS)测定,采用选择离子监测模式,外标法定量。

4.2.2 检测方法

4.2.2.1 前处理条件的选择

纺织样品的取样按照GB/T 10629—2009中成品取样的相关规定执行,无特殊规定。选用自制阳性样品来进行以下实验。

(1)提取方法的选择

目前生态纺织品检测的常用样品前处理方法有:快速溶剂萃取、超声萃取、振荡提取、溶剂回流萃取等方法,考虑到快速溶剂萃取法需要使用昂贵的仪器,不便于实际的推广,因此没有考虑此方法。基于方法的普遍适用性,前处理方法采用超声萃取法。

(2)萃取溶剂的选择

24种PAHs均为非极性物质,结构不同极性也略有不同,因此提取溶剂的选择很重要。德国ZEK01-08标准采用甲苯作为提取溶剂,陈皓等人采用正己烷+丙酮(体积比1:1),对土壤中的PAHs进行有效的提取。

采用浸轧工艺制备的含有24种PAHs的棉布阳性样品,分别考察了正己烷、正己烷+丙酮(体积比1:1)和甲苯等不同极性的提取溶剂在常温下对自制阳性

表 3-44　目前多环芳烃检测标准项目一览表

2005/69/EC 指令（8 种）	BS EN 17132—2019 和 AfPS GS2014:01PAK（18 种）	ZEK 01-08 和 GB/T 28189—2011（16 种）	AfPS GS2019:01PAK（15 种）	Oeko-Tex® Standard-100:2013（24 种）	CAS 号
—	萘（Naphthalene）	萘（Naphthalene）	萘（Naphthalene）	萘（Naphthalene）	91-20-3
—	苊烯（Acenaphthylene）	苊烯（Acenaphthylene）	—	苊烯（Acenaphthylene）	208-96-8
—	苊（Acenaphthene）	苊（Acenaphthene）	—	苊（Acenaphthene）	83-32-9
—	芴（Fluorene）	芴（Fluorene）	—	芴（Fluorene）	86-73-7
—	菲（**Phenanthrene**）	菲（**Phenanthrene**）	菲（**Phenanthrene**）	菲（**Phenanthrene**）	85-01-8
—	蒽（Anthracene）	蒽（Anthracene）	蒽（Anthracene）	蒽（Anthracene）	120-12-7
—	荧蒽（**Fluoranthene**）	荧蒽（**Fluoranthene**）	荧蒽（**Fluoranthene**）	荧蒽（**Fluoranthene**）	206-44-0
—	芘（Pyrene）	芘（Pyrene）	芘（Pyrene）	芘（Pyrene）	129-00-0
苯并[a]蒽（Benzo[a]anthracene）	苯并[a]蒽（Benzo[a]anthracene）	苯并[a]蒽（Benzo[a]anthracene）	苯并[a]蒽（Benzo[a]anthracene）	苯并[a]蒽（Benzo[a]anthracene）	56-55-3
䓛（**Chrysene**）	䓛（**Chrysene**）	䓛（**Chrysene**）	䓛（**Chrysene**）	䓛（**Chrysene**）	218-01-9
苯并[b]荧蒽（**Benzo[b]fluoranthene**）	苯并[b]荧蒽（**Benzo[b]fluoranthene**）	苯并[b]荧蒽（**Benzo[b]fluoranthene**）	苯并[b]荧蒽（**Benzo[b]fluoranthene**）	苯并[b]荧蒽（**Benzo[b]fluoranthene**）	205-99-2
苯并[k]荧蒽（**Benzo[k]fluoranthene**）	苯并[k]荧蒽（**Benzo[k]fluoranthene**）	苯并[k]荧蒽（**Benzo[k]fluoranthene**）	苯并[k]荧蒽（**Benzo[k]fluoranthene**）	苯并[k]荧蒽（**Benzo[k]fluoranthene**）	207-08-9
苯并[j]荧蒽（Benzo[j]fluoranthene）	苯并[j]荧蒽（Benzo[j]fluoranthene）	—	苯并[j]荧蒽（Benzo[j]fluoranthene）	苯并[j]荧蒽（Benzo[j]fluoranthene）	205-82-3

续表

2005/69/EC 指令（8种）	BS EN 17132—2019 和 AfPS GS2014:01PAK（18种）	ZEK 01-08 和 GB/T 28189—2011（16种）	AfPS GS2019:01PAK（15种）	Oeko-Tex® Standard-100:2013（24种）	CAS 号
苯并[e]芘（Benzo[e]pyrene）	苯并[e]芘（Benzo[e]pyrene）	—	苯并[e]芘（Benzo[e]pyrene）	苯并[e]芘（Benzo[e]pyrene）	192-97-2
苯并[a]芘（Benzo[a]pyrene）	苯并[a]芘（Benzo[a]pyrene）	苯并[a]芘（Benzo[a]pyrene）	苯并[a]芘（Benzo[a]pyrene）	苯并[a]芘（Benzo[a]pyrene）	50-32-8
—	茚并[1,2,3-c,d]芘（Indeno[1,2,3-c,d]pyrene）	茚并[1,2,3-c,d]芘（Indeno[1,2,3-c,d]pyrene）	茚并[1,2,3-c,d]芘（Indeno[1,2,3-c,d]pyrene）	茚并[1,2,3-c,d]芘（Indeno[1,2,3-c,d]pyrene）	193-39-5
二苯并[a,h]蒽（Dibenz[a,h]anthracene）	二苯并[a,h]蒽（Dibenzo[a,h]anthracene）	二苯并[a,h]蒽（Dibenzo[a,h]anthracene）	二苯并[a,h]蒽（Dibenzo[a,h]anthracene）	二苯并[a,h]蒽（Dibenzo[a,h]anthracene）	53-70-3
—	苯并[g,h,i]苝（Benzo[g,h,i]perylene）	苯并[g,h,i]苝（Benzo[g,h,i]perylene）	苯并[g,h,i]苝（Benzo[g,h,i]perylene）	苯并[g,h,i]苝（Benzo[g,h,i]perylene）	191-24-2
—	—	—	—	二苯并[a,e]芘（Dibenzo[a,e]pyrene）	192-65-4
—	—	—	—	二苯并[a,h]芘（Dibenzo[a,h]pyrene）	189-64-0
—	—	—	—	二苯并[a,i]芘（Dibenzo[a,i]pyrene）	189-55-9

续表

2005/69/EC 指令 (8种)	BS EN 17132—2019 和 AfPS GS2014:01PAK(18种)	ZEK 01-08 和 GB/T 28189—2011(16种)	AfPS GS2019: 01PAK(15种)	Oeko-Tex® Standard-100:2013(24种)	CAS 号
—	—	—	—	二苯并[a,l]芘(Dibenzo[a,l]pyrene)	191-30-0
—	—	—	—	1-甲基芘(1-Methylpyrene)	2381-21-7
—	—	—	—	环戊烯并(c,d)芘(Cyclopenta[c,d]pyrene)	27208-37-3

注　加粗字体为 SVHC 清单。

样品的提取效率,在输出功率为500W,频率为37kHz的超声波浴中,对样品进行超声提取30min,提取效果见表3-45。

表3-45 提取溶剂对提取效果的影响

序号	目标物	正己烷/(mg/kg)	正己烷—丙酮/(mg/kg)	甲苯/(mg/kg)
1	萘	0.67	0.78	0.76
2	苊烯	0.78	0.84	0.73
3	苊	0.85	0.90	0.84
4	芴	0.84	0.81	0.93
5	菲	1.30	1.40	1.34
6	蒽	0.59	0.72	0.65
7	荧蒽	0.82	0.92	0.84
8	芘	0.77	0.87	0.80
9	1-甲基芘	0.75	0.86	0.79
10	苯并[a]蒽	0.71	0.79	0.78
11	环戊烯并(c,d)芘	0.73	0.90	0.85
12	䓛	0.71	0.79	0.78
13	苯并[b]荧蒽	0.70	0.81	0.83
14	苯并[k]荧蒽	0.70	0.81	0.83
15	苯并[j]荧蒽	0.71	0.89	0.82
16	苯并[e]芘	0.72	0.92	0.89
17	苯并[a]芘	0.85	0.96	0.86
18	茚并[1,2,3-c,d]芘	0.56	0.94	0.87
19	二苯并[a,h]蒽	0.57	0.90	0.86
20	苯并[g,h,i]芘	0.52	0.96	0.69
21	二苯并[a,l]芘	0.57	0.97	0.87
22	二苯并[a,e]芘	0.61	0.89	0.85
23	二苯并[a,i]芘	0.67	0.88	0.81
24	二苯并[a,h]芘	0.65	0.91	0.88
	PAHs 总量/(mg/kg)	17.35	21.42	20.15

甲苯的极性参数为2.4,正己烷的极性参数为0.06,丙酮的极性参数为5.4,正己烷+丙酮(体积比1:1)的溶液极性与甲苯的极性相当,而且正己烷、丙酮对操作者和环境的毒性比甲苯要低。结合以上实验结果,选择正己烷+丙酮(体积比

1∶1)作为提取溶剂既环保,提取效果也较为理想。

（3）超声萃取条件的选择

①温度的选择。选取自制阳性棉布样品,剪成至约 5mm×5mm 大小,混匀。准确称取 1g 上述剪碎样品,精确至 0.01 g,放入 50mL 带螺旋盖的离心管中,加入 30mL 正己烷+丙酮(体积比 1∶1),置于超声萃取仪,分别设置 45℃、55℃、60℃、65℃、70℃等不同温度,在输出功率为 500W,频率为 37kHz 的超声波浴中,对自制阳性样品进行超声提取 30min,每个温度进行两次平行实验,提取结果见表 3-46。可以看出,在相同的输出功率与工作频率下,60℃的水浴温度超声萃取效果最好。

表 3-46　不同水浴温度超声萃取的结果

序号	PAHs 化合物	超声萃取的结果/（mg/kg）					
		常温	45℃	55℃	60℃	65℃	70℃
1	萘	0.78	0.88	0.98	1.03	1.04	1.02
2	苊烯	0.84	0.86	0.93	0.99	0.93	0.95
3	苊	0.90	0.87	0.97	1.02	1.04	1.03
4	芴	0.81	0.86	0.99	0.97	0.98	0.96
5	菲	1.40	1.46	1.49	1.59	1.52	1.55
6	蒽	0.72	0.75	0.77	0.86	0.87	0.90
7	荧蒽	0.92	1.07	1.17	1.22	1.23	1.18
8	芘	0.87	1.01	1.05	1.14	1.06	1.19
9	1-甲基芘	0.86	0.98	1.13	1.24	1.26	1.23
10	苯并[a]蒽	0.79	0.82	0.92	0.98	0.94	0.99
11	环戊烯并(c,d)芘	0.90	1.03	1.14	1.21	1.26	1.27
12	䓛	0.79	0.92	0.98	1.04	1.03	1.02
13	苯并[b]荧蒽	0.81	0.93	1.03	1.26	1.21	1.25
14	苯并[k]荧蒽	0.81	1.05	1.12	1.29	1.28	1.26
15	苯并[j]荧蒽	0.89	0.94	1.01	1.25	1.24	1.23
16	苯并[e]芘	0.92	1.03	1.12	1.29	1.26	1.27
17	苯并[a]芘	0.96	1.05	1.11	1.28	1.23	1.29
18	茚并[1,2,3-c,d]芘	0.94	1.08	1.17	1.24	1.26	1.27
19	二苯并[a,h]蒽	0.90	1.06	1.12	1.25	1.26	1.23
20	苯并[g,h,i]芘	0.96	1.07	1.14	1.28	1.22	1.25
21	二苯并[a,l]芘	0.97	1.04	1.17	1.31	1.32	1.33

续表

序号	PAHs 化合物	超声萃取的结果/（mg/kg）					
		常温	45℃	55℃	60℃	65℃	70℃
22	二苯并[a,e]芘	0.89	1.09	1.29	1.42	1.38	1.41
23	二苯并[a,i]芘	0.88	1.05	1.23	1.44	1.37	1.42
24	二苯并[a,h]芘	0.91	1.10	1.23	1.45	1.46	1.44
PAHs 总量/（mg/kg）		21.42	24.00	26.26	29.05	28.65	28.94

②时间的选择。分别取 1.0 g 剪碎的棉布阳性样品，在水浴温度为 60℃，输出功率为 500W，频率为 37kHz 的超声波浴中进行超声萃取时间选择实验，对样品分别进行超声提取 30min、60min 和 90min，其萃取结果见表 3-47。

表 3-47　60℃时超声时间对提取效果的影响

序号	PAHs 化合物	超声萃取的结果/（mg/kg）		
		30min	60min	90min
1	萘	1.03	1.11	1.15
2	苊烯	0.99	0.93	0.98
3	苊	1.02	1.07	1.10
4	芴	0.97	1.01	1.06
5	菲	1.59	2.32	2.38
6	蒽	0.86	0.92	1.00
7	荧蒽	1.22	1.28	1.33
8	芘	1.14	1.19	1.27
9	1-甲基芘	1.24	1.23	1.25
10	苯并[a]蒽	0.98	0.96	0.98
11	环戊烯并(c,d)芘	1.21	1.25	1.28
12	䓛	1.04	0.99	1.00
13	苯并[b]荧蒽	1.26	0.98	1.01
14	苯并[k]荧蒽	1.29	0.99	1.01
15	苯并[j]荧蒽	1.25	1.24	1.25
16	苯并[e]芘	1.29	1.35	1.39
17	苯并[a]芘	1.28	1.38	1.34
18	茚并[1,2,3-c,d]芘	1.24	1.42	1.30
19	二苯并[a,h]蒽	1.25	1.31	1.24
20	苯并[g,h,i]苝	1.28	1.42	1.35

续表

序号	PAHs 化合物	超声萃取的结果/(mg/kg)		
		30min	60min	90min
21	二苯并[a,l]芘	1.31	1.56	1.58
22	二苯并[a,e]芘	1.42	1.62	1.56
23	二苯并[a,i]芘	1.44	1.65	1.58
24	二苯并[a,h]芘	1.45	1.68	1.59
	PAHs 总量/(mg/kg)	28.05	29.06	30.94

从以上结果可以看出,样品在 60℃ 水浴中超声提取 30min、60min 和 90min,24 种多环芳烃的含量每次均有微量增加,但所得结果差异并不显著,考虑到样品提取的方便性,采用 60min 超声萃取。

(4)样品的净化

无须对每个样品进行净化,可有选择地对有干扰物质存在的样品进行净化。

参照 EPA Method 3630C,采用硅胶柱进行样品净化。选用 500mg/3mL 或相当的硅胶固相萃取小柱,使用前用 5mL 正己烷预淋洗,使之保持润湿。将处理后的样液转移至固相萃取柱中,控制流速为 0.5 滴/s,再加入 5mL 正己烷淋洗,弃掉以上淋洗液。然后加入 5mL 正己烷+二氯甲烷(体积比 3∶2)洗脱,收集洗脱液,在 35℃ 水浴中,用氮吹仪缓慢吹至近干,用正己烷定容至 2mL,经过孔径为 0.45μm 有机相针式过滤头过滤后,用于 GC—MS 测定。

4.2.2.2　气相色谱—质谱分析

(1)色谱柱的选择

24 种 PAHs 均为非极性物质,而且菲与蒽,荧蒽与芘,苯并[a]蒽与䓛,茚并[1,2,3-c,d]芘与苯并[g,h,i]苝,苯并[b]荧蒽、苯并[k]荧蒽、苯并[j]荧蒽、苯并[e]芘与苯并[a]芘,二苯并[a,l]芘、二苯并[a,e]芘、二苯并[a,i]芘与二苯并[a,h]芘互为同分异构体,极性差异较小,色谱分离较为困难。另外,PAHs 沸点均较高,因此选择合适的耐高温气相色谱柱是保证 24 种 PAHs 有效分离的关键所在。本方法比较了 24 种多环芳烃在 VF-5ht(15m×0.25mm,0.1μm)、HP-5MS(30 m× 0.25mm,0.25μm)与 DM-PAH(30m×0.25mm,0.25μm)气相色谱柱的分离效果,它们在 VF-5ht 气相色谱柱、HP-5MS 气相色谱柱和 DM-PAH 气相色谱柱的气相色谱—质谱扫描总离子流色谱图分别如图 3-55~图 3-57 所示。结果表明,采用 VF-5ht 气相色谱柱时,苯并[a]蒽、环戊烯并(c,d)芘、䓛不能有效分离,苯并[b]荧蒽、苯并[k]荧蒽与苯并[j]荧蒽不能有效分离,二苯并[a,e]芘、二苯并[a,i]芘与二苯并[a,h]芘也不能有效分离,其余 PAHs 能有效分离;采用 HP-5MS 气相色谱柱,菲和蒽不能有效分离,苯并[a]蒽、环戊烯并(c,d)芘和䓛不能有效分离,苯并[b]荧蒽、苯并[k]荧蒽与苯并[j]荧蒽也不能有效分离,二苯并[a,l]芘、二苯并[a,e]芘、二苯并[a,i]芘与二苯并[a,h]芘虽然能有效分离,但响应较低,其余 PAHs 能有效分离;而采用 DM-PAH 气相色谱柱,24 种 PAHs 均能有效分离。因此,本方法选择 DM-PAH 气相色谱柱进行分析。

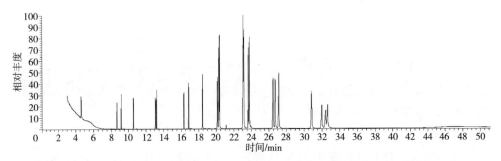

图 3-55　24 种多环芳烃在 VF-5ht 气相色谱柱的气相色谱—质谱扫描总离子流色谱图

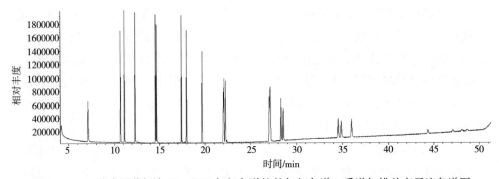

图 3-56　24 种多环芳烃在 HP-5MS 气相色谱柱的气相色谱—质谱扫描总离子流色谱图

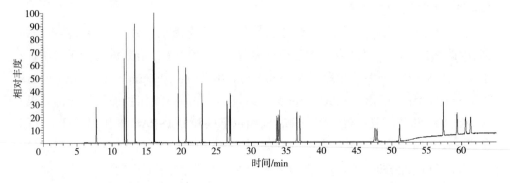

图 3-57　24 种多环芳烃在 DM-PAH 气相色谱柱的气相色谱—质谱扫描总离子流色谱图

（2）气相色谱—质谱条件

经过对气相色谱柱升温程序、进样口温度、离子源温度、传输线温度、柱流速等参数进行优化，24种PAHs实现了基线分离且峰面积最大，采用下列参数已被证明对测试是合适的。

气相色谱柱：DM-PAH石英毛细管柱（30m×0.25mm，0.25μm），或相当者；升温程序：初始温度70℃，保持1min；以10℃/min的速度升温至230℃；再以3℃/min的速度升温至260℃；接着以1℃/min的速度升温至280℃；最后以10℃/min的速度升温至330℃，保持12min；进样口温度：270℃；进样量：1μL；进样方式：不分流进样；载气：氮气（纯度≥99.999%），流速1.2mL/min；传输线温度：280℃；离子源温度：250℃；电离方式：EI；电离能量：70eV；溶剂延迟：4min。

（3）定性定量方式的选择

本方法基于GC—MS的选择离子监测（SIM）模式具有灵敏度高、选择性好和抗干扰等特点来进行测定。首先通过优化气相色谱条件，实现24种多环芳烃的色谱完全分离，再通过全扫描方式（SCAN）确定每种多环芳烃的保留时间，选择响应强度较高，质量数较大、离子丰度相对较高的离子作为定量离子确定本方法的质谱参数，24种多环芳烃典型气相色谱—质谱选择离子总离子流色谱图如图3-58所示，出峰顺序及保留时间、定性离子和定量离子参数见表3 48。

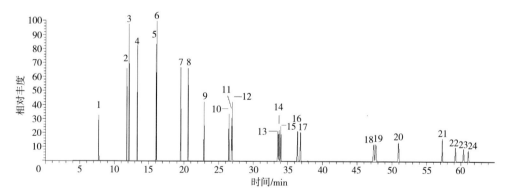

图3-58　24种多环芳烃在DM-PAH气相色谱柱的气相色谱—质谱选择离子总离子流色谱图

1—萘　2—苊烯　3—苊　4—芴　5—菲　6—蒽　7—荧蒽　8—芘　9—1-甲基芘　10—苯并[a]蒽

11—环戊烯并(c,d)芘　12—䓛　13—苯并[b]荧蒽　14—苯并[k]荧蒽　15—苯并[j]荧蒽

16—苯并[e]芘　17—苯并[a]芘　18—茚并[1,2,3-c,d]芘　19—二苯并[a,h]蒽

20—苯并[g,h,i]芘　21—二苯并[a,l]芘　22—二苯并[a,e]芘　23—二苯并[a,i]芘

24—二苯并[a,h]芘

表 3-48　24 种多环芳烃的保留时间、定性离子和定量离子参数

序号	中文名称	英文名称	保留时间/min	定量离子	定性离子	丰度比
1	萘	Naphthalene	7.74	128	102,127,129	100 : 10.81 : 12.01 : 10.78
2	苊烯	Acenaphthylene	11.81	152	76,151,153	100 : 7.93 : 20.50 : 8.30
3	苊	Acenaphthene	12.13	153	76,152,154	100 : 4.08 : 30.08 : 84.72
4	芴	Fluorene	13.35	166	82,163,165	100 : 6.27 : 14.59 : 97.32
5	菲	Phenanthrene	16.05	178	152,176,179	100 : 23.56 : 24.14 : 7.76
6	蒽	Anthracene	16.13	178	152,176,179	100 : 27.86 : 22.27 : 9.94
7	荧蒽	Fluoranthene	19.56	202	101,200,203	100 : 4.14 : 15.83 : 17.77
8	芘	Pyrene	20.63	202	101,200,203	100 : 3.51 : 17.06 : 17.06
9	1-甲基芘	1-Methylpyrene	22.92	216	95,189,215	100 : 0.70 : 18.83 : 65.21
10	苯并[a]蒽	Benzo[a]anthracene	26.48	228	114,226,229	100 : 1.59 : 26.97 : 21.34
11	环戊烯并(c,d)芘	Cyclopenta[c,d]pyrene	26.85	226	113,227,224	100 : 7.78 : 10.27 : 37.41
12	䓛	Chrysene	26.95	228	226,227,229	100 : 24.43 : 9.14 : 20.08
13	苯并[b]荧蒽	Benzo[b]fluoranthene	33.59	252	126,250,253	100 : 2.84 : 17.80 : 18.47
14	苯并[k]荧蒽	Benzo[k]fluoranthene	33.78	252	126,250,253	100 : 1.55 : 24.62 : 20.63
15	苯并[j]荧蒽	Benzo[j]fluoranthene	33.98	252	126,250,253	100 : 3.02 : 27.63 : 15.38
16	苯并[e]芘	Benzo[e]pyrene	36.42	252	126,250,253	100 : 1.08 : 35.50 : 21.59
17	苯并[a]芘	Benzo[a]pyrene	36.87	252	126,250,253	100 : 2.44 : 16.47 : 27.68
18	茚并[1,2,3-c,d]芘	Indeno[1,2,3-c,d]pyrene	47.45	276	138,274,277	100 : 1.78 : 10.26 : 19.11
19	二苯并[a,h]蒽	Dibenzo[a,h]anthracene	47.76	278	139,276,279	100 : 1.06 : 10.73 : 14.74
20	苯并[g,h,i]芘	Benzo[g,h,i]perylene	50.95	276	138,274,278	100 : 5.92 : 5.99 : 11.54
21	二苯并[a,l]芘	Dibenzo[a,l]pyrene	57.31	302	150,300,303	100 : 6.52 : 43.73 : 23.49
22	二苯并[a,e]芘	Dibenzo[a,e]pyrene	59.27	302	150,151,303	100 : 2.98 : 3.57 : 22.81
23	二苯并[a,i]芘	Dibenzo[a,i]pyrene	60.48	302	151,300,303	100 : 3.11 : 14.47 : 25.56
24	二苯并[a,h]芘	Dibenzo[a,h]pyrene	61.18	302	150,151,303	100 : 1.38 : 9.24 : 22.46

表 3-49　24 种 PAHs 标准溶液在 0.05～1.0mg/L 浓度范围内线性方程与相关系数

序号	PAHs 化合物	英文名称	浓度范围/(mg/L)	线性方程	相关系数	LOD/(mg/kg)	LOQ/(mg/kg)
1	萘	Naphthalene	0.05~1.0	$A=4.01636×10^{7}c+115312$	0.9991	0.0002	0.0006
2	苊烯	Acenaphthylene	0.05~1.0	$A=1.48872×10^{7}c-377366$	0.9992	0.001	0.003
3	苊	Acenaphthene	0.05~1.0	$A=9.58139×10^{6}c-204486$	0.9996	0.001	0.003
4	芴	Fluorene	0.05~1.0	$A=1.02275×10^{7}c-261140$	0.9991	0.001	0.003
5	菲	Phenanthrene	0.05~1.0	$A=1.49483×10^{7}c-383538$	0.9993	0.0007	0.002
6	蒽	Anthracene	0.05~1.0	$A=4.40293×10^{7}c-707812$	0.9994	0.0007	0.002
7	荧蒽	Fluoranthene	0.05~1.0	$A=1.75783×10^{7}c-534132$	0.9989	0.001	0.003
8	芘	Pyrene	0.05~1.0	$A=1.79346×10^{7}c-537174$	0.9989	0.001	0.004
9	1-甲基芘	1-Methylpyrene	0.05~1.0	$A=1.10823×10^{7}c-371456$	0.9983	0.0004	0.001
10	苯并[a]蒽	Benzo[a]anthracene	0.05~1.0	$A=1.355×10^{7}c-560707$	0.9972	0.0005	0.002
11	环戊烯并(c,d)芘	Cyclopenta[c,d]pyrene	0.05~1.0	$A=7.59848×10^{6}c-356776$	0.9945	0.003	0.009
12	䓛	Chrysene	0.05~1.0	$A=1.46578×10^{7}c-563341$	0.9977	0.002	0.006
13	苯并[b]荧蒽	Benzo[b]fluoranthene	0.05~1.0	$A=1.27289×10^{7}c-267743$	0.9975	0.001	0.003
14	苯并[k]荧蒽	Benzo[k]fluoranthene	0.05~1.0	$A=1.10227×10^{7}c-348131$	0.9967	0.001	0.003
15	苯并[j]荧蒽	Benzo[j]fluoranthene	0.05~1.0	$A=1.08175×10^{7}c-332590$	0.9968	0.001	0.003
16	苯并[e]芘	Benzo[e]pyrene	0.05~1.0	$A=1.34009×10^{7}c-317812$	0.9979	0.002	0.006
17	苯并[a]芘	Benzo[a]pyrene	0.05~1.0	$A=1.09037×10^{7}c-626654$	0.9953	0.002	0.006
18	茚并[1,2,3-c,d]芘	Indeno[1,2,3-c,d]pyrene	0.05~1.0	$A=9.36092×10^{6}c-399935$	0.9964	0.001	0.003

续表

序号	PAHs化合物	英文名称	浓度范围/(mg/L)	线性方程	相关系数	LOD/(mg/kg)	LOQ/(mg/kg)
19	二苯并[a,h]蒽	Dibenzo[a,h]anthracene	0.05~1.0	$A=8.58963\times10^6c-407577$	0.9943	0.002	0.006
20	苯并[g,h,i]苝	Benzo[g,h,i]perylene	0.05~1.0	$A=1.13326\times10^7c-456160$	0.9952	0.002	0.006
21	二苯并[a,l]芘	Dibenzo[a,l]pyrene	0.05~1.0	$A=8.113\times10^6c-500472$	0.9981	0.002	0.006
22	二苯并[a,e]芘	Dibenzo[a,e]pyrene	0.05~1.0	$A=6.82317\times10^6c-403852$	0.9929	0.003	0.009
23	二苯并[a,i]芘	Dibenzo[a,i]pyrene	0.05~1.0	$A=4.21634\times10^6c-267919$	0.9901	0.003	0.009
24	二苯并[a,h]芘	Dibenzo[a,h]pyrene	0.05~1.0	$A=3.76438\times10^6c-198084$	0.9954	0.003	0.009

(4)线性关系与检测低限

在本方法所确定的实验条件下,对 24 种 PAHs 标准溶液在 0.05～1.0mg/L 浓度范围内测定,其浓度与响应值有良好的线性关系,其结果见表 3-49。结果表明 24 种 PAHs 的线性关系都较好,相关系数均在 0.99 以上。以 3 倍信噪比(S/N)确定方法的最低检出浓度(LOD),以 10 倍 S/N 确定方法的最低定量检出浓度(LOQ),求得 PAHs 的最低检出浓度和最低定量浓度。

国际纺织品生态学研究与检测协会 2013 年发布的 Oeko-Tex® Standard 100 标准在原来 16 项 PAH 的基础上新增了 8 种多环芳烃,需要检测的多环芳烃数量增加到 24 种,其中婴幼儿产品中的部分多环芳烃含量小于 0.5mg/kg,24 种多环芳烃含量总和小于 5mg/kg,其他产品中的部分多环芳烃含量小于 1mg/kg,24 种多环芳烃含量总和小于 10mg/kg。根据 24 种 PAHs 的在 GC—MS 上的检测信噪比(S/N)及实物样品添加回收率实验,结合 Oeko-Tex® Standard 100 2013～2022 版限量要求,确定本方法的检测低限,本方法 24 种 PAHs 的检测定量限均定为 0.10mg/kg。

4.2.2.3　方法的回收率实验及精密度实验

采用样品加标的方式进行回收率实验,实验了棉布、涤纶、丝绸三种贴衬纺织面料进行了添加回收率实验,添加浓度分别为 0.5mg/kg、1.0mg/kg 和 5.0mg/kg,其结果见表 3-50～表 3-52。

表 3-50　24 种 PAHs 在棉布中添加回收率实验结果($n=5$)

序号	PAHs 化合物	添加 0.5mg/kg		添加 1.0mg/kg		添加 5.0mg/kg	
		回收率 ($\bar{x} \pm s$)/%	RSD/%	回收率 ($\bar{x} \pm s$)/%	RSD/%	回收率 ($\bar{x} \pm s$)/%	RSD/%
1	萘	76.4 ± 7.1	9.2	90.2±3.6	4.0	99.1±5.8	5.9
2	苊烯	72.1±4.4	6.2	89.6±7.6	8.4	99.0±4.1	4.1
3	苊	75.2±7.0	9.3	83.4±5.9	7.1	94.6±6.3	6.7
4	芴	79.8±3.8	4.7	94.6±7.6	8.1	98.8±4.1	4.1
5	菲	77.4±5.9	7.6	99.0±8.6	8.7	99.2±3.6	3.6
6	蒽	79.6±5.7	7.2	91.9±7.3	7.9	96.4±9.3	9.7
7	荧蒽	77.7±2.3	2.9	89.4±6.3	7.0	99.6±4.7	4.7
8	芘	73.4±3.4	4.7	73.4±7.2	9.9	96.4±5.1	5.3
9	1-甲基芘	76.8±3.5	4.5	75.4±3.0	4.0	89.2±4.8	5.4
10	苯并[a]蒽	78.1±5.0	6.4	81.6±5.1	6.3	87.8±7.2	8.2

续表

序号	PAHs 化合物	添加 0.5mg/kg		添加 1.0mg/kg		添加 5.0mg/kg	
		回收率 ($\bar{x} \pm s$)/%	RSD/%	回收率 ($\bar{x} \pm s$)/%	RSD/%	回收率 ($\bar{x} \pm s$)/%	RSD/%
11	环戊烯并 (c,d)芘	75.8±3.4	4.5	81.8±3.1	3.8	82.8±3.7	4.5
12	䓛	75.6±7.5	9.9	94.2±3.6	3.8	99.2±5.6	5.6
13	苯并[b]荧蒽	76.9±6.0	7.8	81.2±7.8	9.6	95.0±5.0	5.3
14	苯并[k]荧蒽	76.6±5.4	7.1	92.6±7.7	8.3	94.2±5.0	5.3
15	苯并[j]荧蒽	74.2±3.1	4.2	85.0±3.8	4.5	89.4±4.4	4.9
16	苯并[e]芘	74.2±1.9	2.6	85.0±3.5	4.2	91.0±4.4	4.8
17	苯并[a]芘	74.8±5.7	7.6	85.4±5.0	5.8	96.8±2.8	2.9
18	茚并[1,2,3-c,d]芘	84.2±8.3	9.8	86.3±8.3	9.7	96.0±7.0	7.3
19	二苯并[a,h]蒽	73.0±4.1	5.6	84.4±6.7	7.9	95.1±6.4	6.8
20	苯并[g,h,i]芘	76.2±5.2	6.8	95.8±4.0	4.1	95.8±3.0	3.2
21	二苯并[a,l]芘	72.5±4.7	6.5	78.4±3.0	3.9	88.0±5.2	6.0
22	二苯并[a,e]芘	69.4±3.0	4.4	78.86.5	8.3	85.0±3.5	4.2
23	二苯并[a,i]芘	71.0±6.4	9.1	76.0±3.7	4.9	86.8±7.2	8.3
24	二苯并[a,h]芘	69.0±4.4	6.4	76.0±6.2	8.2	93.8±2.8	3.0

表 3-51 24 种 PAHs 在涤纶中添加回收率实验结果($n = 5$)

序号	PAHs 化合物	添加 0.5mg/kg		添加 1.0mg/kg		添加 5.0mg/kg	
		回收率 ($\bar{x} \pm s$)/%	RSD/%	回收率 ($\bar{x} \pm s$)/%	RSD/%	回收率 ($\bar{x} \pm s$)/%	RSD/%
1	萘	71.7±6.9	9.6	83.0±7.3	8.8	93.8±5.5	5.9

续表

序号	PAHs 化合物	添加 0.5mg/kg		添加 1.0mg/kg		添加 5.0mg/kg	
		回收率 ($\bar{x} \pm s$)/%	RSD/%	回收率 ($\bar{x} \pm s$)/%	RSD/%	回收率 ($\bar{x} \pm s$)/%	RSD/%
2	苊烯	76.2±6.8	8.9	95.2±9.1	9.5	99.3±3.4	3.5
3	苊	67.7±4.8	7.2	86.5±6.3	7.2	92.7±7.7	8.3
4	芴	74.8±5.9	7.9	88.5±7.9	8.9	95.0±8.8	9.2
5	菲	76.5±6.2	8.0	98.5±9.2	9.3	98.2±4.2	4.2
6	蒽	80.1±6.0	7.5	97.0±7.0	7.2	99.2±6.5	6.5
7	荧蒽	78.5±5.7	7.2	95.3±7.9	8.3	97.3±6.4	6.6
8	芘	72.8±3.6	4.9	89.2±7.7	8.7	93.0±6.0	6.4
9	1-甲基芘	73.3±2.7	3.7	80.2±5.3	6.6	90.3±4.6	5.1
10	苯并[a]蒽	73.8±7.2	9.7	77.8±6.3	8.1	90.7±6.2	6.8
11	环戊烯并 (c,d)芘	72.7±3.3	4.6	81.7±3.9	4.8	88.7±4.4	5.0
12	䓛	78.0±7.2	9.2	94.7±3.1	3.3	94.0±6.9	7.3
13	苯并[b]荧蒽	75.7±5.9	7.8	82.1±7.6	9.2	96.2±4.9	5.1
14	苯并[k]荧蒽	80.2±5.5	6.9	96.2±6.7	7.0	97.0±3.0	3.1
15	苯并[j]荧蒽	74.2±2.1	2.9	85.7±3.6	4.2	88.2±4.7	5.3
16	苯并[e]芘	74.0±2.4	3.2	86.2±4.0	4.7	89.3±5.2	5.9
17	苯并[a]芘	74.9±6.4	8.6	85.5±8.4	9.8	94.8±7.4	7.8
18	茚并[1,2,3-c,d]芘	87.3±6.7	7.7	86.8±8.3	9.6	94.5±4.7	5.0
19	二苯并[a,h]蒽	70.3±6.0	8.5	85.0±5.6	6.6	91.3±7.9	8.7
20	苯并[g,h,i]苝	80.5±7.1	8.8	92.8±3.4	3.6	97.7±3.4	3.5
21	二苯并[a,l]芘	75.2±4.4	5.8	83.8±5.4	6.5	89.5±4.9	5.5
22	二苯并[a,e]芘	76.2±5.5	7.2	78.7±6.1	7.8	87.7±5.0	5.7

序号	PAHs 化合物	添加 0.5mg/kg		添加 1.0mg/kg		添加 5.0mg/kg	
		回收率 ($\bar{x} \pm s$)/%	RSD/%	回收率 ($\bar{x} \pm s$)/%	RSD/%	回收率 ($\bar{x} \pm s$)/%	RSD/%
23	二苯并[a,i]芘	73.5±4.9	6.7	82.3±7.0	8.5	88.5±6.2	7.0
24	二苯并[a,h]芘	80.5±7.1	8.8	86.5±6.0	6.9	88.8±3.1	3.4

表 3-52　24 种 PAHs 在丝绸中添加回收率实验结果($n=5$)

序号	PAHs 化合物	添加 0.5mg/kg		添加 1.0mg/kg		添加 5.0mg/kg	
		回收率 ($\bar{x} \pm s$)/%	RSD/%	回收率 ($\bar{x} \pm s$)/%	RSD/%	回收率 ($\bar{x} \pm s$)/%	RSD/%
1	萘	70.0±6.3	9.0	88.5±5.2	5.9	101.1±3.0	3.0
2	苊烯	75.8±6.2	8.2	96.8±8.2	8.5	98.2±3.9	3.9
3	苊	70.3±6.9	9.8	84.3±5.8	6.9	90.0±4.6	5.1
4	芴	77.0±7.2	9.3	97.3±8.3	8.6	80.2±5.7	7.1
5	菲	77.5±7.4	9.5	98.2±7.2	7.3	99.5±3.9	4.0
6	蒽	81.2±7.6	9.4	93.7±7.7	8.2	98.5±9.7	9.9
7	荧蒽	76.2±6.1	8.0	91.3±7.3	8.0	92.7±7.7	8.3
8	芘	70.7±5.5	7.8	76.7±6.0	7.9	87.0±7.0	8.0
9	1-甲基芘	71.8±4.0	5.5	83.7±3.0	3.6	88.2±8.0	9.0
10	苯并[a]蒽	75.0±7.4	9.9	80.3±5.3	6.6	86.3±5.7	6.6
11	环戊烯并(c,d)芘	71.3±2.8	3.9	83.5±4.1	5.0	86.3±5.7	6.6
12	䓛	75.8±6.3	8.3	94.8±3.5	3.7	94.8±5.9	6.3
13	苯并[b]荧蒽	68.0±6.4	9.3	79.5±5.3	6.7	97.3±2.8	2.9
14	苯并[k]荧蒽	80.0±3.6	4.5	93.8±7.0	7.4	95.2±3.0	3.1
15	苯并[j]荧蒽	74.0±3.3	4.5	85.0±3.7	4.4	95.2±4.8	5.0
16	苯并[e]芘	72.8±3.4	4.7	87.2±4.1	4.7	96.2±2.9	3.0

序号	PAHs 化合物	添加 0.5mg/kg		添加 1.0mg/kg		添加 5.0mg/kg	
		回收率 ($\bar{x} \pm s$)/%	RSD/%	回收率 ($\bar{x} \pm s$)/%	RSD/%	回收率 ($\bar{x} \pm s$)/%	RSD/%
17	苯并[a]芘	78.5±6.5	8.2	88.2±7.5	8.5	96.0±4.5	4.7
18	茚并[1,2,3-c,d]芘	86.8±5.5	6.3	79.5±3.8	4.8	95.6±2.3	2.4
19	二苯并[a,h]蒽	67.9±6.2	9.2	82.4±5.8	7.0	92.7±8.0	8.7
20	苯并[g,h,i]苝	81.0±6.2	7.6	96.1±3.6	3.8	98.8±3.3	3.3
21	二苯并[a,l]芘	75.5±5.5	7.3	82.3±4.4	5.4	90.5±4.4	4.9
22	二苯并[a,e]芘	73.3±3.6	4.9	78.6±6.8	8.7	89.8±3.6	4.0
23	二苯并[a,i]芘	68.5±3.1	4.6	83.8±2.9	3.5	86.1±5.2	6.1
24	二苯并[a,h]芘	71.2±2.6	3.7	80.8±5.5	6.8	87.2±3.4	3.9

4.3　短链氯化石蜡类有害物质

4.3.1　检测原理

氯化石蜡(chlorinated paraffins,CPs 或 Chlorowax),是配方化的聚氯烷烃工业产品,利用石蜡与氯气进行氯化取代反应制得的产品。氯化石蜡是一种十分复杂的混合物,包括几千种不同的化合物。氯化石蜡按碳链长度分类,3 种主要组别包括碳链长 10~13 的短链氯化石蜡(C_{10}~C_{13}, short-chain chlorinated paraffins, SCCPs)、碳链长 14~17 的中链氯化石蜡(C_{14}~C_{17}, medium-chain chlorinated paraffins, MCCPs)及碳链长 20~30 的长链氯化石蜡(C_{20}~C_{30}, long-chain chlorinated paraffins, LCCPs),并可以进一步按照氯化程度 40%~50%、50%~60%、60%~70%来区分,常见产品有 Chloroparaffine40G、Chlorowax、Chlorowax170、Chlorowax40-40、Chlorowax45AO、Chlorowax50、Chlorowax500C、Chlorowax70、Chlorowax70-5、Chlorowax70S、ChlorowaxS70、Chlorowax57-60等。

  氯化石蜡适用于各类产品的阻燃。广泛应用在塑料、橡胶、纤维等工业领域作增塑剂,织物和包装材料的表面处理剂,粘接材料和涂料的改良剂,高压润滑和金属切削加工的抗磨剂,防霉剂,防水剂,油墨添加剂等。自从1930年开始生产氯化石蜡以来,氯化石蜡的产量以每年300000t的速度增长。尤其是在多氯联苯遭到禁用后,氯化石蜡成为替代品。其中短链氯化石蜡主要用作纺织品、橡胶和塑胶的阻燃剂,皮革处理剂,油漆和其他涂料的塑化剂以及金属加工油添加剂。氯化石蜡中SCCPs毒性最大,且满足持久性有机污染物的特性。加拿大环保部研究表明,SCCPs对水生动物的毒性较大,无脊椎动物和鱼类暴露在微克每升的浓度水平就具有慢性毒性效应。研究表明,增加短链氯化石蜡剂量可增加鼠类肝、甲状腺、肾的腺瘤和癌的发病率。

  作为一种可能对生态环境构成潜在威胁的有机物质,SCCPs已越来越多地受到国际社会的广泛关注。从20世纪80年代以来,发达国家已陆续开展了对于氯化石蜡(CPs)这类化学品的毒理学研究和污染水平调查,从90年代起,SCCPs陆续被美国、加拿大、欧盟和日本列为限制或禁止生产的化工产品。1986年,美国国家毒理学计划(NTP)发表了《氯化石蜡毒性和致癌性研究报告》,根据暴露实验的结果,国际癌症研究所(IARC)在1991年将SCCPs列入可能致癌物质名单(Group 2B)。1991年和1993年美国又进行了两次风险评估,于1995年将SCCPs加入TRI(Toxics Release Inventory),企业需向政府报告排放和转移量,2003年美国环境署把SCCPs列入持久性有机污染物实行全面限制。1995年保护东北大西洋海洋公约委员会也通过了一项禁止在所有领域中使用SCCPs的决定。2000年,在欧盟的水框架指令中,将SCCPs列为水政策领域的首要危险物质,为适应技术进步,在第25次危险物质指令(67/548/EEC)中,正式将$C_{10} \sim C_{13}$归类为第三类致癌物质,2002年,欧盟将SCCPs加入欧洲议会的76/769/EEC法案,使SCCPs在金属加工业和皮革整理行业的使用受到限制。2005年1月,日本将SCCPs列入化学物质控制法内的第一类被监测化学物质。2006年欧盟提议将SCCPs纳入斯德哥尔摩公约作为持久性有机污染物进行全面限制。

  氯化石蜡对人类造成潜在的健康威胁和环境生态的污染。许多发达国家政府和世界权威组织已相继颁发法律和技术标准来加以控制,一些国家及国际组织对纺织品中阻燃剂的残留量规定了严格限量。因此,有效地对纺织品中阻燃剂残留量进行分析检测,建立快速、灵敏、准确的分析方法至关重要。

  检测原理:将试样加入正己烷/丙酮溶液中经超声波萃取,萃取液再依次经过石墨化炭黑固相萃取柱和硅胶固相萃取柱净化后,进行浓缩、定容,采用气相色谱—串联质谱仪(GC—MS/MS)测定,外标法定量。

4.3.2　提取技术优化

4.3.2.1　提取溶剂的选择

根据文献报道,选择了可供提取短链氯化石蜡常用溶剂:正己烷、丙酮、正己烷+丙酮(1+1)、正己烷+丙酮(1+2),作为提取纺织品基质的萃取试剂,实验中研究人员在没有检出目标物的基质溶液中加入含待测物 100mg 的标准溶液,分别用 20mL 的四种溶剂进行提取,提取后经浓缩,用正己烷定容后进样。回收率结果如图 3-59 所示。最佳提取溶剂为正己烷+丙酮(1+2)。

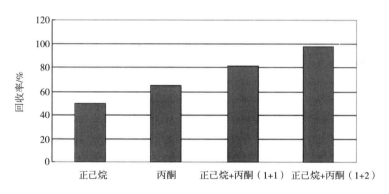

图 3-59　四种萃取溶剂的提取效率图

4.3.2.2　萃取溶剂体积优化

为了得到最佳的萃取溶剂的体积进行提取溶剂的体积优化实验,如上所述,在阴性样品中添加 100mg/L 的标准溶液,分别用 5mL、10mL、15mL、20mL、25mL 和 30mL 的正己烷+丙酮(1+2)试剂,结果如图 3-60 所示。最佳萃取试剂的体积为 20mL。

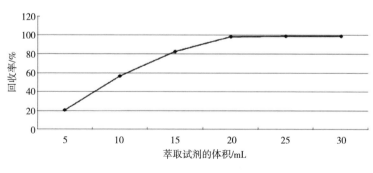

图 3-60　萃取试剂体积优化

4.3.2.3　超声提取时间的选择

本方法采用添加法制备标准品浓度为 50mg/kg 的阴性样品(纺织样品),振摇混合均匀,经不同时间的超声提取。过滤,将滤液旋转蒸发近干,用正己烷定容至2mL,测定,结果见表 3-53。结果表明,提取时间为 30min 时,回收率均为 99.1%以上,为最佳提取时间。因此确定提取时间为 30min。

表 3-53　提取时间对回收率的影响

提取时间/min	15	20	25	30	45	60	65	70	75
样品回收率/%	76.1	86.5	80.2	99.1	98.5	84.6	81.2	81.4	80.6

4.3.2.4　固相萃取(SPE)净化

本方法采用硅胶固相萃取柱净化,并对洗脱液进行了条件实验,以观察不同净化条件和洗脱液对短链氯化石蜡的分离净化效果。

(1)固相萃取(SPE)小柱的选择

检测的目标物短链氯化石蜡由于在烷烃中取代了若干个氯原子,此类化合物的极性比较强,而对于短链氯化石蜡的检测,参考了大量的文献,在净化处理中应用较多的是硅胶固相萃取小柱。硅胶固相萃取柱属于正向萃取小柱,适用于极性化合物的净化和萃取。综合考虑基质和目标物的性质,并为了最多去除杂质,选用了硅胶萃取小柱,实验过程中回收率较好。

对硅胶萃取小柱、C18 和 C8SPE 进行了实验,发现,对于 C18 小柱,在洗脱过程中,洗脱液极性很大时,对目标物的保留仍然很多,大幅影响了回收率。C8 固相萃取小柱,对样液的净化效果不是非常理想,造成在下一步检测的过程中,对目标物有干扰,因此最终选择了硅胶固相小柱。在实验过程中发现多数的样品的提取溶液会带来很大量的色素,为了减少色素对测定的干扰,在进行硅胶小柱的净化处理过程中又多加了一步去除色素的过程,去除色素选用了石墨化炭黑固相萃取柱,并对其进行了淋洗净化的优化。

(2)石墨化炭黑固相萃取柱

选择了去除色素效果很好的石墨化炭黑固相萃取小柱,考察了样液通过该小柱时对目标物的吸附情况以及洗脱液的极性选择和洗脱液体积的用量。首先,预先用 5mL 正己烷淋洗石墨化炭黑固相萃取柱,再将得到的提取液完全转移到固相萃取柱上,对以上淋洗液进行检测未发现目标化合物。再分别用 20mL 正己烷、正己烷+二氯甲烷(1+1)、正己烷+丙酮(1+1)3 种洗脱液进行洗脱,收集洗脱液于玻璃管中,在 40℃±2℃的水浴中于氮吹仪中吹至近干,用 2mL 正己烷定容,GC—MS/

MS 测定。洗脱效果如图 3-61 所示,从图中可以看出,3 种洗脱液的效果相当,但是当使用极性很强的丙酮和二氯甲烷时,吸附在小柱上的色素同时也被洗脱,因此选择正己烷为洗脱溶液。

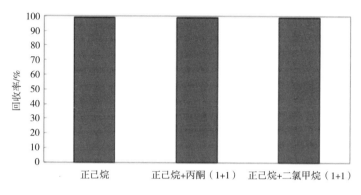

图 3-61　洗脱溶液的优化

(3)洗脱溶液的体积优化

选择最佳的洗脱溶液后,分别用 2mL、4mL、6mL、8mL、10mL、15mL、20mL 正己烷为洗脱溶液优化洗脱溶液的体积,在 40℃±2℃ 的水浴中于氮吹仪中吹至近干,用 2mL 正己烷定容,气相色谱—质谱联用仪检测器测定。洗脱曲线如图 3-62 所示,从图中可以看出,当正己烷的体积为 8.0mL 时,短链氯化石蜡全部洗脱下来,因此选择正己烷洗脱液的洗脱体积为 8.0mL。

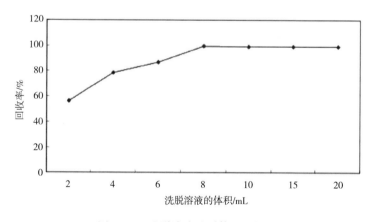

图 3-62　洗脱溶液洗脱体积的优化

(4)硅胶固相萃取小柱洗脱条件的选择

选择对短链氯化石蜡吸附作用不强的硅胶固相萃取小柱作为净化手段,分别考察了洗脱液中短链氯化石蜡的含量和用洗脱液时洗脱液体积的用量。首先,选择预先用 5mL 正己烷淋洗硅胶固相萃取柱,再将得到的提取液完全转移到固相萃取柱上,用 2mL 正己烷洗涤玻璃管,并转移至萃取柱上,弃去以上淋洗液,分别用 20mL 正己烷、正己烷+二氯甲烷(1+1)、正己烷+二氯甲烷(1+2)、正己烷+二氯甲烷(1+3)3 种洗脱液进行洗脱,收集洗脱液于玻璃管中,在 40℃ 的水浴中于氮吹仪中吹至近干,用 2mL 正己烷定容,气相色谱—质谱联用仪检测器测定。洗脱效果如图 3-63 所示,从图中可以看出,正己烷+二氯甲烷(1+2)的洗脱效果最后,因此,选择正己烷+二氯甲烷(1+2)为洗脱溶液。

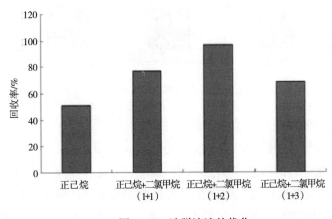

图 3-63　洗脱溶液的优化

(5)洗脱溶液的体积优化

选择最佳的洗脱溶液后,分别用 2mL、4mL、6mL、8mL、10mL、15mL、20mL、25mL 正己烷+二氯甲烷(1+2)为洗脱溶液优化洗脱溶液的体积,在 40℃±2℃ 的水浴中于氮吹仪中吹至近干,用 2mL 正己烷定容,气相色谱—质谱联用仪检测器测定。洗脱曲线如图 3-64 所示,从图中可以看出,当正己烷+二氯甲烷(1+2)的体积为 15mL 时,短链氯化石蜡全部洗脱下来,因此选择正己烷+二氯甲烷(1+2)洗脱液的洗脱体积为 15.0mL。

4.3.3　电离源模式气相色谱—质谱联用分析短链氯化石蜡方法的建立

4.3.3.1　气相色谱—质谱条件的选择

气相色谱—质谱条件从源种类来说可以分为电离源(EI)和化学源的方式,从扫描方式分为单极全扫描(SCAN)、选择离子监测(SIM)、双极的质谱多反应离子(SRM)监测模式。负化学离子源—选择离子监测(NCI-SIM)模式虽然灵敏度高,

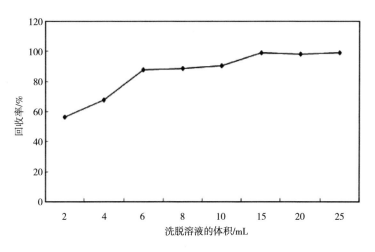

图 3-64　洗脱溶液洗脱体积的优化

但机器容易污染,SIM 模式灵敏度低,对于类似氯化石蜡这样的混合物并入不容易区分其中的各种单体。串联质谱的灵敏度高,抗杂质干扰,双极质谱也减小了误判的可能性,故而选择在 EI—MS/MS 的 SRM 模式对 3 种短链氯化石蜡进行分析。首先获得 3 类短链氯化石蜡的 EI 源的全扫描质谱图,然后通过对其结构进行分析来找到目标物的谱图,如图 3-65 所示。

首先通过对 3 种短链氯化石蜡混标在 EI 模式下进行全扫描,尽可能地获得全扫描质谱图,对照各类短链氯化石蜡的 SCAN 图。这些 SCAN 质谱图在安捷伦 7000B 气相—质谱仪上获取,3 种短链氯化石蜡的浓度为 100mg/L,在 SCAN 模式下低浓度的标液很难出峰。

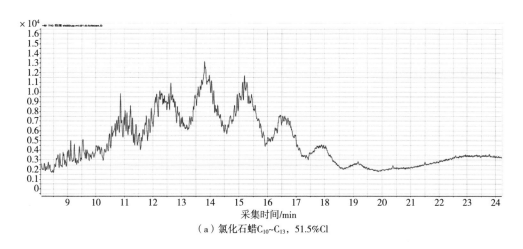

（a）氯化石蜡C_{10}~C_{13}, 51.5%Cl

图 3-65

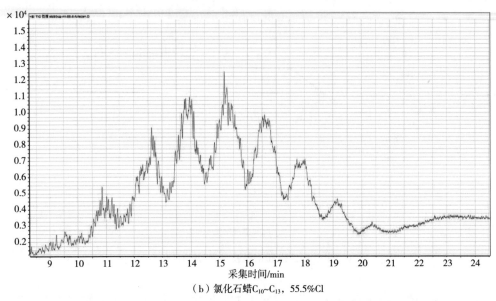

（b）氯化石蜡C_{10}~C_{13}，55.5%Cl

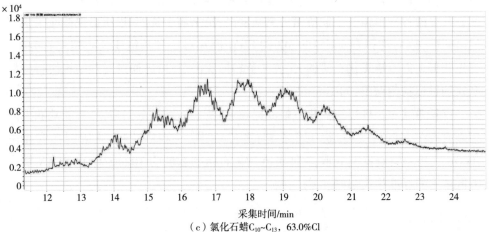

（c）氯化石蜡C_{10}~C_{13}，63.0%Cl

图3-65　EI模式下3种短链氯化石蜡的全扫描色谱质谱图

4.3.3.2　EI模式下短链氯化石蜡结构特点的SIM检测方式

在EI模式下，针对短链氯化石蜡的结构特点，尝试使用表3-54所示碎片离子进行SIM模式扫描。把这些特征的结构离子对分别多组进行扫描测定，结果与气相色谱和全扫描模式下的谱图相差很大。

表3-54　短链氯化石蜡碎片离子的结构式

母离子（m/z）	子离子（m/z）
77$[C_6H_5]^+$	51$[C_4H_3]^+$

续表

母离子(m/z)	子离子(m/z)
$79[C_6H_7]^+$	$51[C_4H_3]^+$
$81[C_6H_9]^+$	$79[C_6H_7]^+$
$91[C_7H_7]^+$	$65[C_5H_5]^+$
$91[C_7H_7]^+$	$53[C_4H_5]^+$
$102[C_5H_7Cl]^+$	$65[C_5H_5]^+$
$102[C_5H_7Cl]^+$	$67[C_5H_7]^+$
$104[C_8H_8]^+$	$77[C_6H_5]^+$
$383[M-Cl]^+$	$276[M-4Cl]^+$

4.3.3.3　对比 EI 模式下三种短链氯化石蜡的 SCAN 和 SRM 色谱图行为的差异

在 EI 模式下,MS/MS 模式实施起来难度大。首先是因为单独标准品的缺乏难以确定子离子,子离子特别复杂凌乱,难于确定离子对。对于已知的三种混标短链氯化石蜡的离子对进行 SRM 模式扫描,在扫描方法的确定过程中发现,当针对其结构特点设定的多种离子对,但所得的色谱图与 SCAN 模式下相比缺峰严重。最终发现当确定表 3-55 的离子对,无论是灵敏度还是谱图的差异性都得到了大幅改善。因此,最终选择了表 3-55 的离子对。同时比较短链氯化石蜡在 SCAN 和 SRM 两种不同扫描模式下色谱图的差异,见表 3-55。两种方式的灵敏度、信噪比和色谱图的复现率的差异见表 3-56。

表 3-55　3 种短链氯化石蜡定性离子对和碰撞能量

化合物	母离子/(m/z)	子离子/(m/z)	碰撞能量/V
氯化石蜡 $C_{10}\sim C_{13}$,51.5%Cl	$102[C_5H_7Cl]^+$	$67[C_5H_7]^+$	10
氯化石蜡 $C_{10}\sim C_{13}$,55.5%Cl	$102[C_5H_7Cl]^+$	$67[C_5H_7]^+$	10
氯化石蜡 $C_{10}\sim C_{13}$,63%Cl	$91[C_7H_7]^+$	$65[C_5H_5]^+$	15

表 3-56　3 种短链氯化石蜡在 EI 模式下的 SCAN 和 SRM 色谱图的差异

项目	EI-SIM	SRM
灵敏度	低	高

续表

项目	EI-SIM	SRM
信噪比	低	高
对 SCAN 色谱图的复现率	高	低

4.3.3.4 方法的测定低限

根据 3 种短链氯化石蜡在 EI 模式下的响应值,确定仪器最低检测浓度和方法的测定低限。短链氯化石蜡在不同检测器上的最低检测限对比见表 3-57。

表 3-57 短链氯化石蜡的仪器最低检测浓度及测定低限

序号	标准品名称	仪器最低检测浓度/(μg/mL)	测定低限/(mg/kg)
1	氯化石蜡 $C_{10} \sim C_{13}$,51.5%Cl	5.0	20.0
2	氯化石蜡 $C_{10} \sim C_{13}$,55.5%Cl	5.0	20.0
3	氯化石蜡 $C_{10} \sim C_{13}$,63%Cl	5.0	20.0

4.3.3.5 方法的回收率实验

按照上述已经优化好的方法,对纺织品样品进行检出限浓度和三种不同含氯量的短链氯化石蜡进行添加回收实验,实验结果较为满意,空白及添加回收谱图如图 3-66~图 3-71 所示。

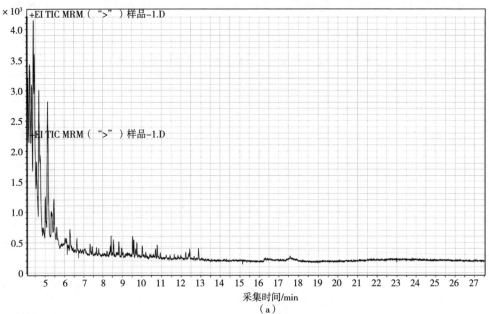

(a)

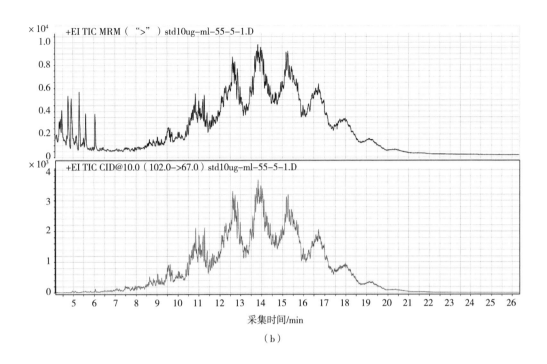

（b）

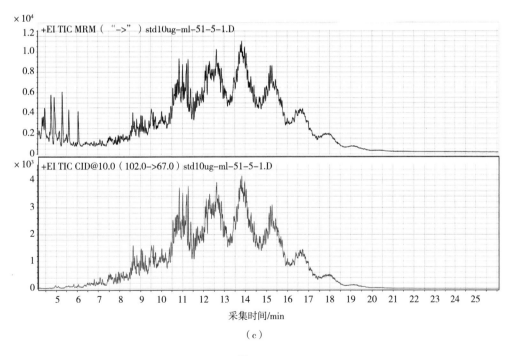

（c）

图 3-66

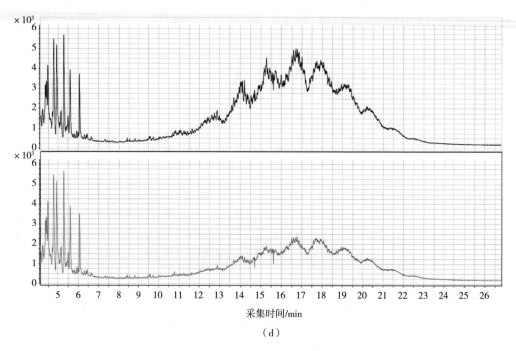

图 3-66 棉质样品添加氯化石蜡 $C_{10} \sim C_{13}$, 空白, 51.5%, 55.5%, 63%Cl 回收的谱图

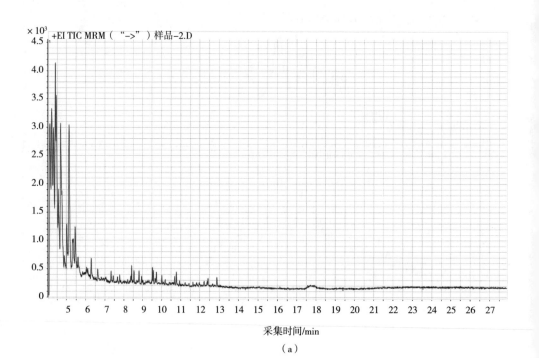

（a）

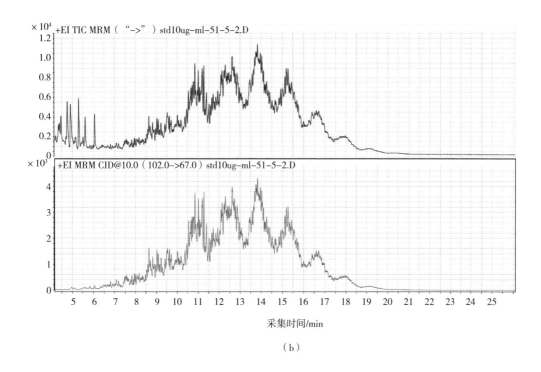

（b）

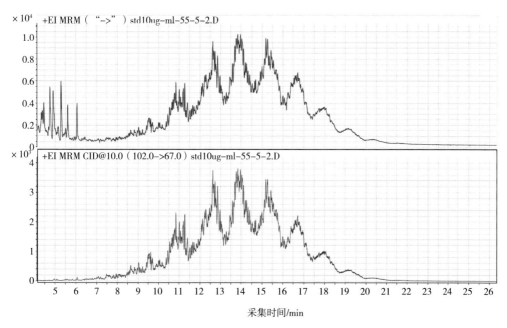

（c）

图 3-67

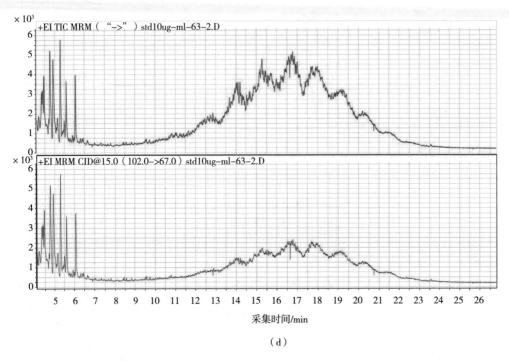

（d）

图 3-67　毛质样品添加氯化石蜡 $C_{10}\sim C_{13}$,空白,51.5%,55.5%,63%Cl 回收的谱图

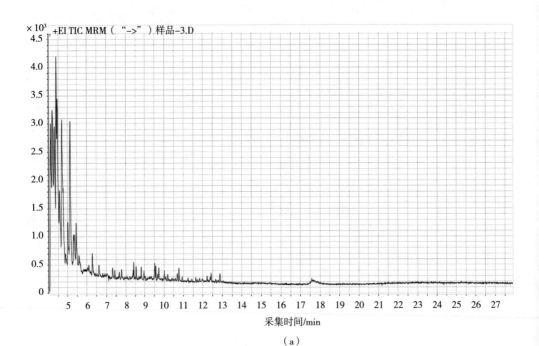

（a）

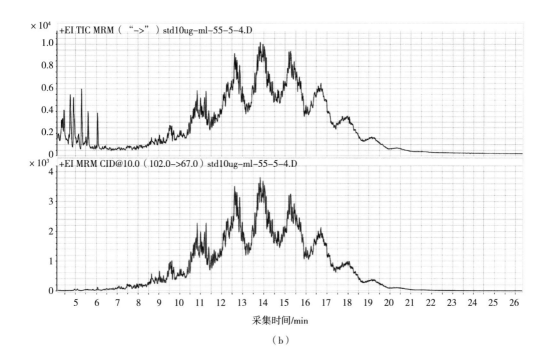

（b）

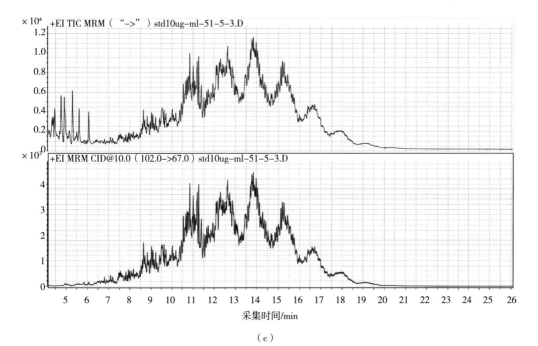

（c）

图 3-68

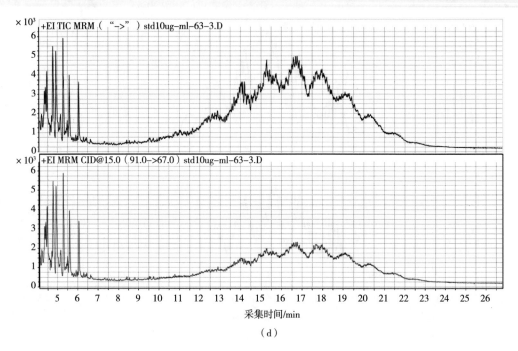

图3-68 丝质样品添加氯化石蜡 $C_{10} \sim C_{13}$,空白,51.5%,55.5%,63%Cl 回收的谱图

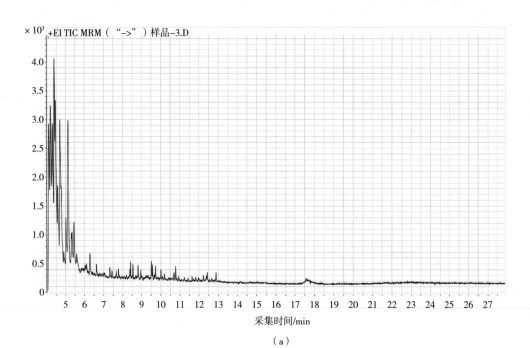

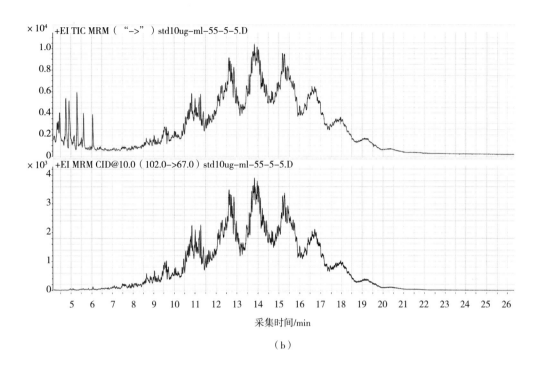

（b）

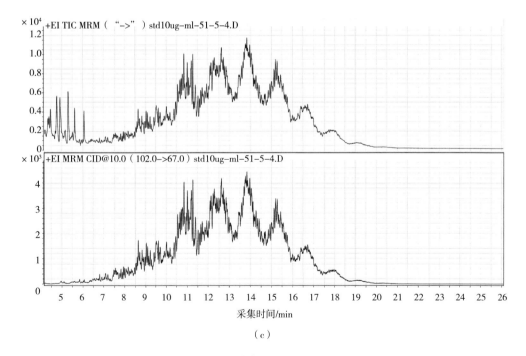

（c）

图 3-69

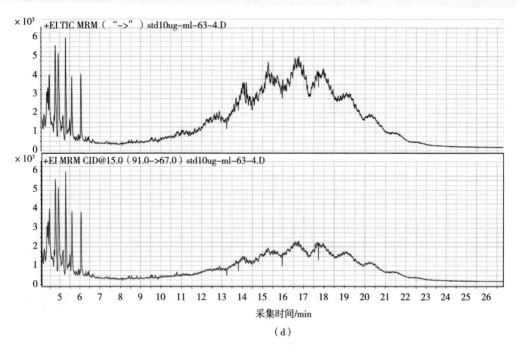

（d）

图 3-69　麻质样品添加氯化石蜡 $C_{10} \sim C_{13}$，空白，51.5%，55.5%，63%Cl 回收的谱图

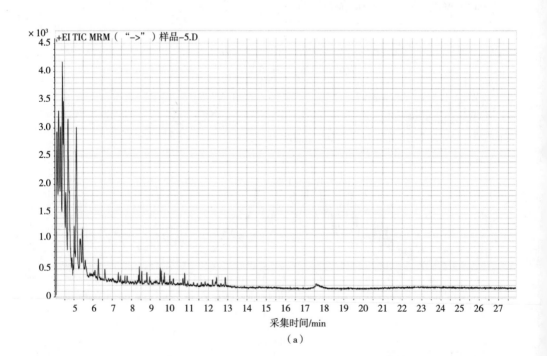

（a）

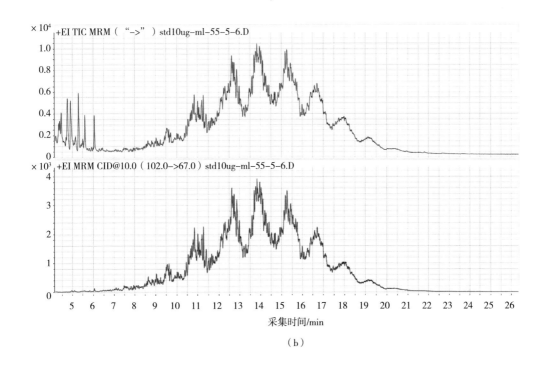

（b）

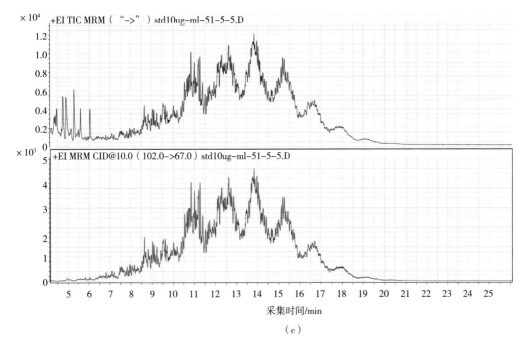

（c）

图 3-70

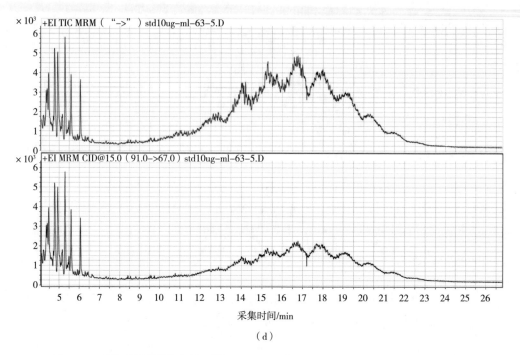

图 3-70　纤维质样品添加氯化石蜡 $C_{10} \sim C_{13}$,空白,51.5%,55.5%,63%Cl 回收的谱图

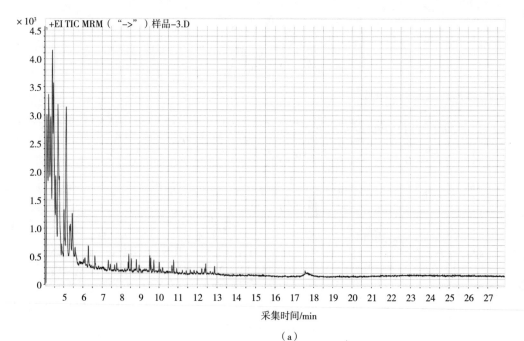

（a）

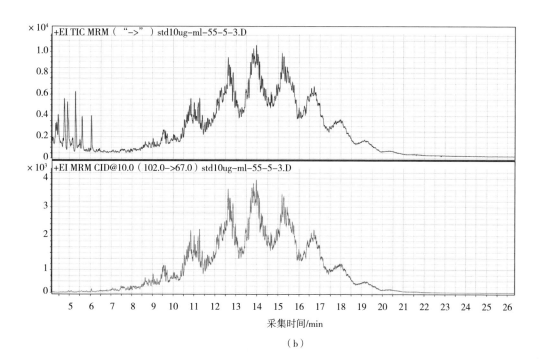

（b）

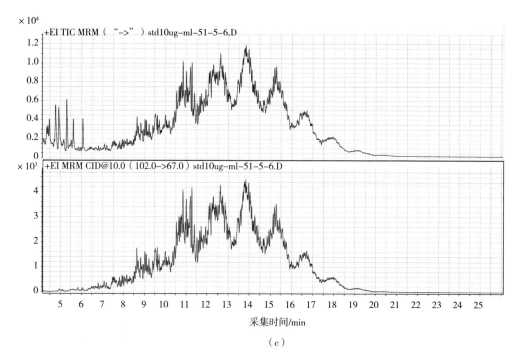

（c）

图 3-71

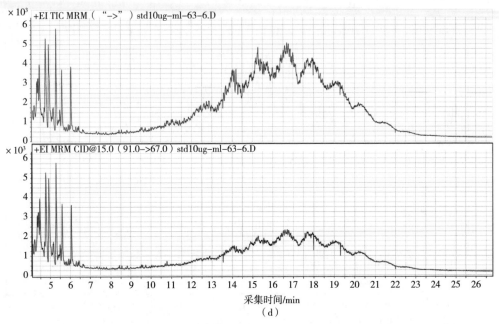

图 3-71　羽绒质样品添加氯化石蜡 $C_{10} \sim C_{13}$,空白,51.5%,55.5%,63%Cl 回收的谱图

4.3.3.6　线性关系

在本方法所确定的实验条件下,三种短链氯化石蜡的线性范围均为 5.0 ~ 200.0mg/L,线性范围如图 3-72~图 3-74 所示。

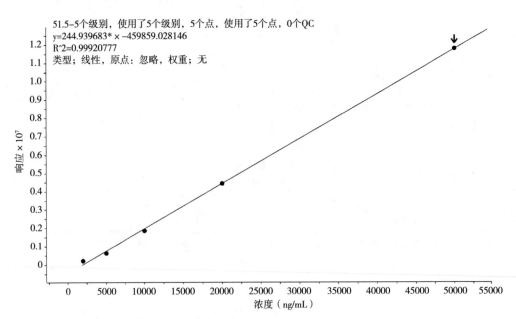

图 3-72　氯化石蜡 $C_{10} \sim C_{13}$,51.5%Cl 线性范围

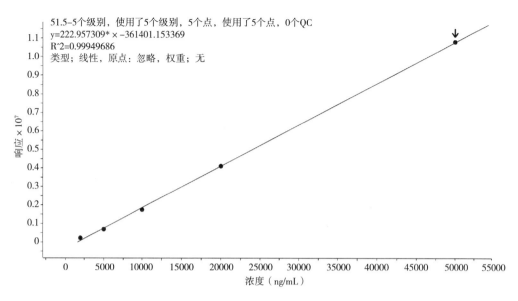

图 3-73　氯化石蜡 $C_{10} \sim C_{13}$,55.5%Cl 线性范围

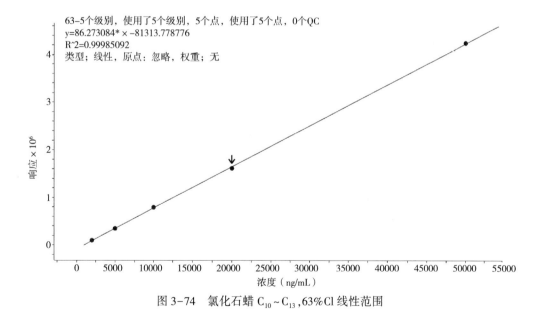

图 3-74　氯化石蜡 $C_{10} \sim C_{13}$,63%Cl 线性范围

4.3.3.7　方法最低检测限的加标

对两种纺织空白样品基质在 20mg/L、50mg/L、100mg/L 3 个水平进行加标回收实验,实验的数据符合有关要求,谱图如图 3-75 所示。

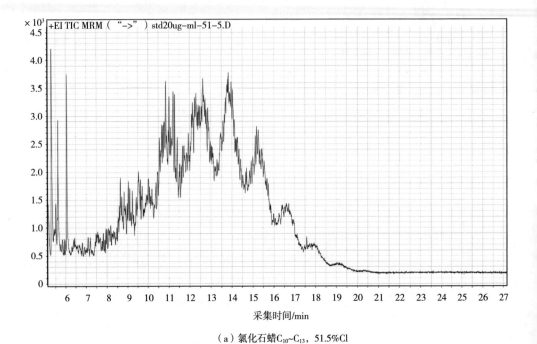

（a）氯化石蜡C_{10}~C_{13}，51.5%Cl

（b）氯化石蜡C_{10}~C_{13}，55.5%Cl

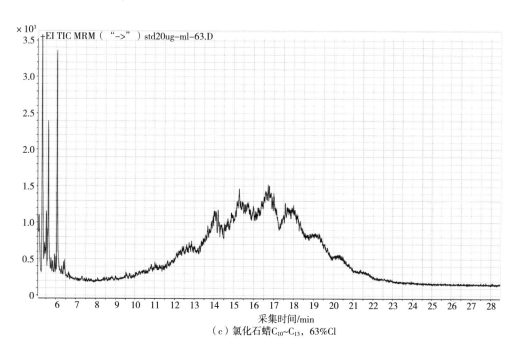

（c）氯化石蜡C_{10}~C_{13}，63%Cl

图 3-75　3 种短链氯化石蜡最低检出限标准品的 EI-SRM 色谱图

4.3.3.8　方法的精密度实验

采用添加法，即对本底不含短链氯化石蜡的样品添加制备 3 个水平的棉、毛、丝、麻、纤维和羽绒样品，每水平单独测定 10 次，回收率和精密度实验结果见表 3-58~表 3-60。

表3-58 添加51.5%Cl短链氯化石蜡回收率和精密度

待测物	样品种类	添加水平/(mg/kg)	实测值/(mg/kg)										x±s/(mg/kg)			CV%
			1	2	3	4	5	6	7	8	9	10				
51.5%Cl短链氯化石蜡	棉1	20	18.46	17.93	17.44	16.59	17.85	16.99	17.43	16.86	19.32	17.42	17.63	±	0.809	4.59
		50	44.44	45.38	47.31	45.91	44.71	46.38	43.73	46.86	46.53	44.21	45.55	±	1.232	2.71
		100	90.43	94.68	95.89	96.57	97.41	94.58	95.64	94.21	94.32	95.36	94.91	±	1.879	1.98
	棉2	20	16.52	15.46	15.97	16.55	17.32	15.94	15.44	15.94	16.34	19.63	16.51	±	1.230	7.45
		50	42.35	41.57	45.86	47.63	41.56	41.99	43.89	41.56	43.10	47.11	43.66	±	2.370	5.43
		100	89.64	90.58	91.64	91.34	90.64	89.16	90.31	90.11	91.67	98.64	91.37	±	2.682	2.94
	毛1	20	15.67	14.96	15.73	15.90	15.77	16.36	16.16	16.17	17.69	15.46	15.99	±	0.719	4.50
		50	42.67	42.61	41.35	42.36	41.35	42.73	41.99	43.50	41.56	41.57	42.17	±	0.720	1.71
		100	91.30	92.43	91.67	92.44	93.40	91.32	92.13	91.48	91.46	90.58	91.82	±	0.794	0.86
	毛2	20	17.34	18.04	17.66	18.00	17.43	17.69	17.94	18.19	16.97	17.64	17.69	±	0.372	2.10
		50	43.25	46.52	46.08	45.31	44.86	45.90	44.58	46.71	44.30	45.69	45.32	±	1.081	2.38
		100	92.46	91.99	93.24	92.35	91.33	92.64	93.10	91.23	91.40	96.89	92.66	±	1.647	1.78
	丝1	20	16.73	17.43	16.83	18.31	16.72	16.30	17.00	17.98	16.34	15.32	16.90	±	0.862	5.10
		50	44.61	43.25	43.79	44.69	45.37	46.91	42.73	44.61	43.91	42.16	44.20	±	1.365	3.09
		100	90.13	89.34	91.37	90.32	91.37	89.13	92.43	90.34	89.43	91.36	90.52	±	1.082	1.20
	丝2	20	16.37	17.43	18.37	19.43	16.73	17.38	16.19	17.44	16.35	16.37	17.21	±	1.045	6.07
		50	41.37	42.35	43.56	42.39	43.79	44.60	43.77	42.73	43.60	44.36	43.25	±	1.010	2.34
		100	88.67	89.37	87.69	88.63	89.37	88.66	87.93	86.43	88.63	89.31	88.47	±	0.914	1.03

续表

待测物	样品种类	添加水平/(mg/kg)	实测值/(mg/kg)										x±s/(mg/kg)			CV%
			1	2	3	4	5	6	7	8	9	10				
51.5%Cl 短链氯化石蜡	麻1	20	17.37	18.92	16.63	18.31	19.65	18.79	16.37	17.46	19.47	18.67	18.16	±	1.148	6.32
		50	46.37	45.38	48.62	45.37	48.23	47.38	47.62	45.38	47.17	44.39	46.59	±	1.420	3.05
		100	93.13	94.09	95.67	95.38	94.93	95.17	96.29	94.37	95.61	93.83	94.85	±	0.973	1.03
	麻2	20	17.73	18.26	17.39	16.48	16.78	16.78	16.12	17.78	18.09	17.39	17.28	±	0.713	4.13
		50	46.18	44.32	47.18	46.38	45.39	42.39	47.54	43.19	45.78	46.17	45.45	±	1.671	3.68
		100	96.18	97.13	94.49	92.39	95.48	97.39	95.59	94.37	95.19	94.38	95.26	±	1.470	1.54
	纤维1	20	15.83	16.77	18.43	14.32	15.69	17.53	18.62	17.21	16.17	14.09	16.47	±	1.550	9.41
		50	44.07	43.75	44.98	45.13	46.17	46.58	44.73	45.62	42.36	42.66	44.61	±	1.400	3.14
		100	89.17	92.32	92.17	93.82	91.73	93.45	92.57	91.08	89.92	90.26	91.65	±	1.525	1.66
	纤维2	20	18.56	17.89	16.45	16.43	16.54	18.42	19.32	18.47	19.48	17.48	17.9	±	1.147	6.40
		50	43.26	44.54	43.96	47.23	45.24	46.32	46.37	47.93	46.38	48.62	45.99	±	1.728	3.76
		100	94.73	95.78	96.27	94.23	95.19	96.24	94.32	96.17	95.89	91.07	94.99	±	1.582	1.67
	羽绒1	20	19.63	18.43	17.64	17.62	18.21	17.3	18.22	17.62	19.1	18.36	18.21	±	0.725	3.98
		50	47.16	47.35	48.61	49.13	47.64	47.31	48.23	48.69	48.6	47.66	48.04	±	0.697	1.45
		100	96.67	97.86	97.6	96.64	97.44	96.31	97.41	96.55	96.61	96.74	97.02	±	0.555	0.57
	羽绒2	20	17.62	16.32	17.91	16.48	14.48	14.93	17.78	16.78	15.63	14.77	16.27	±	1.281	7.87
		50	42.22	43.17	43.93	42.38	41.37	42.82	41.73	42.22	41.18	40.07	42.11	±	1.093	2.60
		100	93.26	91.47	92.07	91.28	90.01	91.63	91.27	90.26	91.47	90.91	91.36	±	0.910	1.00

表 3-59　添加 55.5%Cl 短链氯化石蜡回收率和精密度

待测物	样品种类		添加水平/(mg/kg)	实测值/(mg/kg)										x±s/(mg/kg)			CV%
				1	2	3	4	5	6	7	8	9	10		±		
55.5%Cl 短链氯化石蜡	棉 1		20	16.34	15.98	16.57	17.65	17.54	18.64	18.24	17.62	17.54	16.98	17.31	±	0.838	4.84
			50	45.21	42.65	43.68	47.52	46.31	45.98	45.67	45.39	46.87	45.77	45.51	±	1.433	3.15
			100	90.36	92.65	93.64	95.11	94.62	94.65	92.22	90.36	94.65	94.69	93.30	±	1.813	1.94
	棉 2		20	17.51	18.11	17.54	16.32	15.99	16.54	16.32	17.12	16.54	16.58	16.86	±	0.678	4.02
			50	44.32	43.56	45.36	45.95	46.32	45.87	46.39	47.64	46.33	46.21	45.8	±	1.149	2.51
			100	93.2	96.35	96.45	95.31	94.37	92.68	97.78	96.82	95.26	95.14	95.34	±	1.600	1.68
	毛 1		20	15.36	17.65	18.21	18.65	16.39	15.25	15.64	16.27	16.86	15.66	16.59	±	1.215	7.32
			50	42.36	45.21	43.26	43.66	45.39	44.71	45.26	41.36	46.25	45.23	44.27	±	1.551	1.61
			100	92.36	93.26	92.56	94.66	93.54	96.3	91.64	95.26	94.36	92.16	93.61	±	1.506	6.13
	毛 2		20	15.37	16.36	17.63	14.69	15.33	16.54	15.36	15.63	17.54	15.68	16.01	±	0.981	3.74
			50	45.57	46.97	45.62	48.55	42.36	45.68	47.77	46.65	45.61	44.68	45.95	±	1.717	1.14
			100	94.25	93.65	93.21	96.36	94.51	93.65	95.24	95.38	96.16	94.17	94.66	±	1.084	7.07
	丝 1		20	18.36	17.55	18.26	18.24	17.56	15.39	15.66	17.54	16.69	15.34	17.06	±	1.206	3.41
			50	44.27	45.62	48.56	44.69	45.31	45.66	46.21	42.69	45.64	44.12	45.28	±	1.543	3.21
			100	90.36	89.65	88.45	92.36	94.25	96.31	95.21	89.64	88.69	94.64	91.96	±	2.951	7.05
	丝 2		20	17.56	16.54	16.36	14.36	15.24	15.27	17.64	16.54	15.66	17.72	16.29	±	1.149	2.93
			50	42.36	45.23	44.26	44.31	45.28	46.71	42.69	45.39	45.12	45.21	44.66	±	1.309	2.34
			100	92.15	92.36	95.21	94.68	95.55	92.36	95.46	91.67	92.34	95.13	93.69	±	1.625	1.73

续表

待测物	样品种类	添加水平/(mg/kg)	实测值/(mg/kg)										x±s/(mg/kg)	CV%
			1	2	3	4	5	6	7	8	9	10		
55.5%Cl 短链氯化石蜡	麻1	20	15.69	16.36	17.56	16.57	16.59	17.65	17.64	16.58	16.57	15.46	16.67 ± 0.764	4.58
		50	45.26	46.47	45.28	49.12	42.56	42.35	45.65	42.36	45.44	44.36	44.89 ± 2.111	4.70
		100	91.25	89.38	92.64	95.24	94.24	93.64	95.28	94.47	97.51	92.64	93.63 ± 2.288	2.44
	麻2	20	16.25	17.45	17.25	17.41	13.56	14.55	14.67	15.26	15.68	16.21	15.83 ± 1.331	8.41
		50	45.26	48.25	45.32	46.12	44.41	45.16	44.22	43.10	45.23	46.12	45.32 ± 1.369	3.02
		100	92.3	95.41	91.05	94.08	91.36	94.51	95.06	94.31	95.16	94.55	93.78 ± 1.605	1.71
	纤维1	20	15.69	16.34	18.26	17.64	15.39	17.65	17.44	17.35	15.29	17.45	16.85 ± 1.074	6.37
		50	44.62	45.36	45.67	48.31	42.65	43.65	45.52	46.23	45.36	45.21	45.26 ± 1.502	3.32
		100	95.26	94.13	95.62	94.63	95.21	95.47	98.22	94.12	95.26	95.12	95.3 ± 1.150	1.21
	纤维2	20	17.55	17.23	17.54	16.23	17.54	15.32	15.64	15.68	17.55	17.45	16.77 ± 0.939	5.60
		50	46.21	45.36	44.21	47.2	43.26	43.87	45.91	46.92	46.21	45.38	45.45 ± 1.310	2.88
		100	95.68	95.21	90.15	94.65	94.67	93.27	95.48	95.12	94.62	93.25	94.21 ± 1.649	1.75
	羽绒1	20	17.52	18.24	15.56	14.66	15.28	16.43	16.52	15.37	17.6	17.24	16.44 ± 1.194	7.26
		50	45.62	43.69	47.12	45.67	42.81	46.23	45.32	49.91	46.87	42.37	45.56 ± 2.232	4.90
		100	95.26	94.62	95.66	95.62	95.61	97.31	92.64	95.22	98.12	94.31	95.44 ± 1.515	1.59
	羽绒2	20	15.64	16.39	17.55	17.62	15.34	16.64	16.55	17.58	14.48	16.49	16.43 ± 1.037	6.31
		50	44.25	46.39	45.26	47.55	46.31	45.28	47.69	45.28	45.36	46.21	45.96 ± 1.085	2.36
		100	95.62	94.68	94.55	94.48	97.87	95.21	96.34	95.26	95.2	96.31	95.55 ± 1.044	1.09

表3-60 添加63%Cl 短链氯化石蜡回收率精密度

待测物	样品种类	添加水平/(mg/kg)	实测值/(mg/kg)										x±s/(mg/kg)			CV%
			1	2	3	4	5	6	7	8	9	10				
63%Cl 短链氯化石蜡	棉1	20	19.73	19.13	18.62	19.11	18.92	19.37	17.62	19.14	18.73	18.34	18.87	±	0.588	3.12
		50	48.97	47.38	47.68	48.77	47.56	48.50	47.91	49.11	48.81	48.72	48.34	±	0.643	1.33
		100	89.64	98.32	99.22	98.34	97.16	98.43	98.62	97.31	99.1	97.61	97.38	±	2.805	2.88
	棉2	20	18.46	17.19	17.32	16.37	17.43	18.11	17.62	17.00	16.37	16.94	17.28	±	0.673	3.90
		50	43.77	42.76	43.71	42.73	43.61	43.19	42.73	43.86	43.16	43.65	43.32	±	0.458	1.06
		100	88.31	88.69	89.37	88.16	87.92	89.43	88.92	90.10	87.62	88.62	88.71	±	0.761	0.86
	毛1	20	17.46	17.32	16.38	15.83	16.79	17.39	16.83	17.11	18.64	16.34	17.01	±	0.777	4.57
		50	43.67	43.92	44.76	45.29	44.66	43.59	43.79	45.26	44.19	42.61	44.17	±	0.834	1.89
		100	91.60	92.37	92.94	91.86	92.73	92.58	91.73	93.89	94.38	91.34	92.54	±	0.993	1.07
	毛2	20	18.73	18.92	17.91	18.73	17.49	18.29	19.73	15.19	18.73	17.46	18.12	±	1.240	6.84
		50	46.73	48.73	47.19	46.73	47.56	48.73	47.56	46.73	48.76	47.60	47.63	±	0.839	1.76
		100	97.83	96.52	92.43	97.83	93.79	98.46	97.38	96.43	93.46	94.59	95.87	±	2.135	2.23
	丝1	20	17.68	16.73	17.49	16.32	17.46	15.32	16.37	17.18	16.37	17.48	16.84	±	0.751	4.46
		50	43.56	42.56	43.76	44.62	43.56	47.30	44.26	43.65	44.39	42.65	44.03	±	1.331	3.02
		100	93.67	93.6	94.97	93.56	93.67	97.35	94.63	93.62	91.68	93.64	94.04	±	1.444	1.54
	丝2	20	17.68	16.94	18.37	17.65	17.35	18.95	17.34	17.65	17.10	16.37	17.54	±	0.724	4.13
		50	44.69	46.37	46.11	45.30	46.73	45.39	44.39	44.37	44.39	45.37.	45.31	±	0.866	1.91
		100	92.36	93.42	93.64	94.32	91.36	93.73	95.34	94.35	91.27	93.10	93.29	±	1.309	1.40

续表

待测物	样品种类	添加水平/(mg/kg)	实测值/(mg/kg)										x±/(mg/kg)	CV%
			1	2	3	4	5	6	7	8	9	10		
63%Cl短链氯化石蜡	麻1	20	16.74	17.92	16.95	17.28	18.34	15.29	16.73	16.34	16.72	15.26	16.76 ± 0.985	5.88
		50	45.29	46.73	47.18	46.59	45.28	46.79	48.25	43.58	45.73	46.18	46.16 ± 1.278	2.77
		100	95.83	96.73	96.83	97.58	97.65	98.32	99.1	97.55	96.73	94.73	97.11 ± 1.238	1.28
	麻2	20	16.28	15.37	16.73	18.73	16.45	14.37	15.85	16.43	15.28	14.62	16.01 ± 1.245	7.78
		50	41.28	42.76	43.18	42.18	43.56	42.15	43.79	43.56	42.76	41.52	42.67 ± 0.874	2.05
		100	90.43	91.06	89.73	88.91	92.06	91.37	90.34	91.05	89.32	91.13	90.54 ± 0.985	1.09
	纤维1	20	16.38	15.68	16.22	17.34	16.78	15.69	17.32	16.47	17.32	15.44	16.46 ± 0.720	4.37
		50	44.38	43.26	42.17	43.42	42.38	44.16	43.27	42.82	43.73	42.91	43.25 ± 0.714	1.65
		100	91.26	92.68	93.17	91.46	93.32	92.18	90.11	89.62	88.73	90.16	91.27 ± 1.578	1.73
	纤维2	20	17.26	16.38	16.44	17.39	17.91	16.83	18.72	16.49	17.33	18.09	17.28 ± 0.781	4.52
		50	43.28	44.17	45.32	47.18	45.54	43.26	45.97	46.38	45.39	45.59	45.21 ± 1.280	2.83
		100	90.39	92.82	91.49	92.73	93.62	95.59	94.82	93.13	95.71	92.38	93.27 ± 1.720	1.84
	羽绒1	20	14.32	15.43	14.39	15.55	16.12	17.19	16.78	15.43	16.14	16.34	15.77 ± 0.937	5.94
		50	41.38	40.26	43.17	42.16	43.28	40.12	41.32	43.81	40.17	41.91	41.76 ± 1.354	3.24
		100	91.18	90.09	91.26	90.38	88.18	89.26	87.96	88.27	89.17	89.54	89.53 ± 1.194	1.33
	羽绒2	20	17.62	16.32	17.91	16.48	14.48	14.93	17.78	16.78	15.63	14.77	16.27 ± 1.281	7.87
		50	42.22	43.17	43.93	42.38	41.37	42.82	41.73	42.22	41.18	40.07	42.11 ± 1.093	2.60
		100	93.26	91.47	92.07	91.28	90.01	91.63	91.27	90.26	91.47	90.91	91.36 ± 0.910	1.00

5　喹啉类有害物质

5.1　检测原理

喹啉英文名为(Quinoline),又名苯并吡啶,氮杂萘;芳香族化合物,是一种重要的有机合成原料。喹啉、异喹啉衍生物是一类重要的生物碱,具有重要的生理活性,广泛应用于医药、农药、精细化工等领域。在纺织及印染行业,喹啉主要用于制取菁蓝色素和感光色素,以喹啉及喹啉衍生物可以合成 C. I. 酸性黄 3(可用于羊毛和蚕丝的染色和直接印花)、C. I. 直接黄 22、C. I. 溶剂黄 33 和 Palanil 黄 3G(用于涤纶织物印染,也可用于锦纶、三乙酸纤维的染色)。此外,用于涤纶及织物染色的分散黄 54、分散黄 64 这类染料也主要以喹啉为合成原料,都是黄色染料的主导产品,喹啉经过硝化、还原得到氨基喹啉主要用于纺织品染色助剂。

2018 年 1 月,Oeko-Tex Standard 100 将包含喹啉在内的众多有毒物质列入参数"其他化学残留物"中,喹啉在该项目下的要求为"受监测"。这意味着国际环保纺织协会在授予"OEKO-TEX"标签的检测过程中,将随机检测喹啉含量,并会将检测结果及时公布。同时,紧随国际环保纺织协会的脚步,欧洲化学品管理局(ECHA)将喹啉归类为 CMR 物质(致癌、致突变或致生殖毒性),并且在"纺织品中的 CMR 物质"主题下进行了讨论,以分析喹啉在纺织材料和辅料配件中的实际相关性。更为重要的是,欧盟委员会发布新规(EU)2018/1513,对欧盟 REACH 法规(EU)No. 1907/2006 附录 XⅦ 中被归类为致癌、致基因突变、致生殖毒性(CMR)1A 类和 1B 类中涉及服装及相关配饰、直接接触皮肤的纺织品和鞋类产品的限制物质清单做出规定,喹啉名列其中。在 REACH 法规附录Ⅻ 中,对喹啉的限量值明确要求<50mg/kg,且该限制要求已于 2020 年 11 月 1 日起实施。

检测原理:使用合适的溶剂进行超声提取,经滤膜过滤净化后,用气相色谱—质谱联用仪或者高效液相色谱仪配紫外检测器进行测定,外标法定量。

5.2　实验材料与方法

5.2.1　气相色谱—质谱联用法（GC—MS 法）

5.2.1.1　材料与仪器

甲醇（色谱纯）、正己烷（色谱纯）、甲苯（色谱纯）、喹啉标准品（CAS 号：91-22-5，纯度为 98.0%），气相色谱—质谱联用仪，DB-5MS 毛细管色谱柱，电子分析天平，超声萃取器。

5.2.1.2　标准溶液的制备

以甲苯为溶剂，制备含 1000mg/L 的喹啉标准储备溶液，保质期为 3 个月，保存温度为 0~4℃。用甲苯逐级稀释标准溶液，根据需要制备不同浓度的喹啉。

5.2.1.3　样品制备

取 1.0g 样品（切成 5mm×5mm，精确至 1mg）放入离心管中，萃取前向样品中加入 15mL 甲苯。每个样品在 40℃超声萃取 30min，萃取后有机相通过 0.45μm 过滤膜，得到溶液，用 GC—MS 进行定性定量测定。

5.2.1.4　GC—MS 分析

由于测试结果与所使用的仪器和条件有关，因此不可能给出仪器分析的普遍参数，采用下列参数已被证明对测试是合适的。

色谱柱：DB-5MS（30m×0.25mm，0.25μm），或相当者；色谱柱升温程序：90℃，保持 2min，以 20℃/min 的速率 260℃，保持 3min；进样口温度：250℃；接口温度为 250℃；载气：氦气，纯度≥99.999%，1mL/min；进样方式：无分流进样，2min 后开阀；进样量：1μL；电离方式：EI；电离能量：70eV；检测方式：选择离子监测（SIM）模式；溶剂延迟：2min；离子源温度：150℃；四极杆温度：230℃。

5.2.2　高效液相色谱法（HPLC 法）

5.2.2.1　材料与仪器

喹啉标准品（CAS 号：91-22-5，纯度为 98.0%）；甲醇、乙醇、乙腈、甲苯、乙酸乙酯，以上均为色谱纯。

高效液相色谱仪配紫外检测器，电子分析天平，超声波清洗仪，氮吹仪。

5.2.2.2　标准溶液的制备

称取喹啉标准品 10mg，用甲醇定容至 10mL，配成质量浓度为 1mg/mL 的标准品储备液，于 4℃冰箱中冷藏。临用前用甲醇稀释至适当浓度，备用。

5.2.2.3　样品前处理

将剪碎至约 5mm×5mm 大小,称量质量后放入玻璃提取瓶中,加入 10mL 提取溶剂并超声提取 0.5h,得到浸提液。同样方法不加样品制备空白溶液。将提取液通过 0.45μm 尼龙滤膜过滤,获得相应的供测试液和空白试液。

5.2.2.4　色谱条件

色谱柱为 Dikma Diamonsil C18(2)柱,粒径 4.6mm×250mm,5μm;流动相采用甲醇—水梯度洗脱(洗脱程序见表 3-61);流速为 1.0mL/min,进样量为 10μL,检测波长为 225nm。

表 3-61　梯度洗脱程序

时间/min	乙腈/%	水/%
0	60	40
5	60	40
7	100	0
10	100	0
10.1	60	40
15	60	40

5.3　结果与讨论

5.3.1　气相色谱—质谱联用法(GC—MS 法)

5.3.1.1　样品前处理条件的选择

(1)提取方法的选择

常用提取方法有超声辅助提取、索氏提取、振荡提取、微波提取和加速溶剂提取。其中索氏提取效率高,但耗时较多,试剂消耗较大。加速溶剂萃取设备价格昂贵,利用率低。考虑到其通用性和操作方便,选择超声波法作为提取方法。

(2)萃取溶剂的选择

根据喹啉的理化性质,选择甲醇、二氯甲烷、正己烷、乙酸乙酯和甲苯作为替代萃取溶剂,以乙酸乙酯为溶剂,根据回收率归一化结果。结果表明,在相同的提取条件下,以甲苯为提取溶剂的提取率最好(表 3-62)。因此,选择甲苯作为喹啉的提取溶剂。

表 3-62　不同溶剂对喹啉提取率的影响

溶剂	不同材料的提取率/%				
	棉	涤纶	腈纶	锦纶	羊毛
甲醇	88.26	82.33	81.03	92.52	87.56
二氯甲烷	100.64	97.49	95.06	104.87	100.18
正己烷	101.57	95.06	100.26	102.10	98.80
乙酸乙酯	100.00	100.00	100.00	100.00	100.00
甲苯	103.77	101.19	103.65	110.82	104.25

（3）超声提取条件的选择

①超声提取温度的选择。以甲苯为溶剂,设置室温（25℃左右）、40℃、50℃、60℃、70℃等不同超声提取温度,频率为 40kHz,超声提取 30min,研究提取温度的影响。根据 40℃下的超声提取效果归一化结果。结果表明,水浴温度对超声提取的影响不显著,但随着提取温度的升高,提取率略有下降（表3-63）,因为提取温度的升高可能会加速喹啉的挥发。在 40℃时,5 种材料的提取率均最高。因此,提取温度选择 40℃。

表 3-63　超声提取温度对喹啉提取率的影响

超声提取温度/℃	不同材料的提取率/%				
	棉	涤纶	腈纶	锦纶	羊毛
室温	98.72	95.99	102.23	94.74	99.21
40	100.00	100.00	100.00	100.00	100.00
50	98.58	97.87	98.65	95.38	96.98
60	98.78	93.11	95.85	99.90	97.20
70	97.29	94.81	95.53	98.90	96.67

②超声提取时间的选择。以甲苯为溶剂,设置超声提取温度为 40℃,频率为 40kHz,分别进行 20min、30min、40min、50min、60min 的超声提取,研究了提取时间的影响。结果表明,棉花、涤纶和锦纶在提取 30min 后提取效果最好,锦纶在提取 20min 后提取效果最好（表 3-64）,提取时间对羊毛的影响不明显,提取率高。考虑到对 5 种样品的提取效果,选择萃取时间为 30min。

表 3-64　超声提取时间对喹啉提取率的影响

超声提取时间/min	不同材料的提取率/%				
	棉	涤纶	腈纶	锦纶	羊毛
20	99.63	96.90	104.89	86.55	101.22
30	100.00	100.00	100.00	100.00	100.00
40	100.09	94.30	92.19	95.39	105.48
50	92.05	86.40	96.21	94.30	102.43
60	99.54	93.34	100.86	89.55	98.54

（4）色谱条件的选择

①进样口温度的选择。进样口温度既要保证被测液体完全汽化，又要保证目标物质不分解。喹啉的沸点约为240℃，因此，将入口温度设置为240~290℃，研究不同进样口温度对喹啉检测结果的影响。结果如图3-76所示，结果表明，当进样口温度为250℃时，得到了最大的响应值。

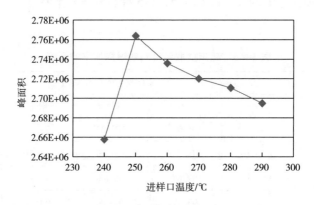

图3-76　不同进样口温度对喹啉检测结果的影响

②色谱柱初始温度的选择。从峰时和响应值两方面分析气相色谱柱初始温度对喹啉检测结果的影响。结果如图3-77所示，结果表明，随着初始温度的升高，靶物的峰值时间越来越早，响应值先增大后减小。当初始温度为70℃时，峰值时间适宜，响应值最高，但70℃时的峰形较宽，影响积分精度，进而影响定量精度。综合考虑峰时和响应值，选择色谱柱的初温为90℃，此时峰时约为5.6min，峰形窄而锐。

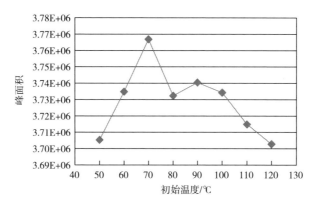

图 3-77　不同初始温度对喹啉检测结果的影响

③色谱柱升温速率的选择。从峰时和响应值两方面分析气相色谱柱加热速率对喹啉检测结果的影响。结果如图 3-78 所示,结果表明,在 10~30℃/min 的加热速率范围内,随着加热速率的增加,目标物的峰值时间越来越早,喹啉的响应值先增大后趋于减缓。当加热速率为 20℃/min 时,峰值时间合适,响应值较高,综合考虑峰值时间和响应值,选择加热速率为 20℃/min。

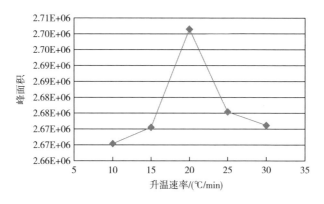

图 3-78　不同加热速率对喹啉检测结果的影响

④色谱柱终止温度的选择。终止温度的选择需要考虑沸点最高的组分和固定相的最高温度。结果如图 3-79 所示,结果表明,随着终止温度的升高,喹啉的响应值先升高后降低。当终止温度为 240℃和 260℃时,喹啉的响应值最高和其次,考虑到喹啉的沸点在 240℃左右,260℃高于沸点,有利于毛细色谱柱内的喹啉残留能全部流出,提升柱子状态。综合考虑,选择终止温度为 260℃。

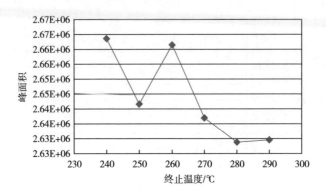

图 3-79　终止温度对喹啉检测结果的影响

5.3.1.2　GC—MS 对喹啉的定性和定量分析

根据上述 GC—MS 分析条件,对喹啉进行定性和定量分析。在这些条件下,可以很好地分离出样品中喹啉的色谱峰。喹啉的保留时间为 6.596min。该方法峰尖,柱分离效率高,准确度高。图 3-80 和图 3-81 为全扫描喹啉全离子色谱和质谱的结果。喹啉的特征离子峰分别为 m/z 129、102、123、51。丰度比为 129:102:123:51=10:3:2:1。因此,定性分析采用 SIM m/z 129,定量分析采用外标法,可以呈现更高的精度。

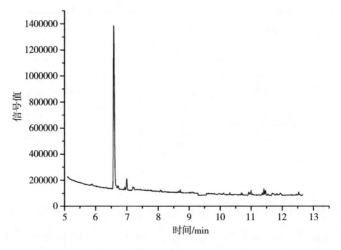

图 3-80　喹啉的总离子流色谱图

5.3.1.3　标准曲线、检出限和测定下限

按照仪器工作条件对喹啉的标准溶液系列(0.01mg/L、0.05mg/L、0.15mg/L、0.2mg/L、0.25mg/L)进行测定。以喹啉的质量浓度为横坐标,与其对应的峰面积

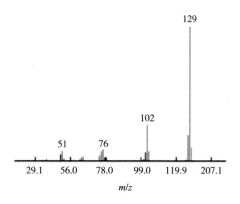

图 3-81　喹啉质谱图

为纵坐标,绘制标准曲线,得到回归方程为 $A = 761.3c - 13.40$[A=峰面积,c=浓度
(mg/L)]和相关系数(R^2)为 0.9998,具有良好的线性关系。检出限(LOD)为
0.1mg/kg,由基线信噪比的 3 倍得到。方法的下限为 0.3mg/kg,从检出限的 3 倍
得到。

5.3.1.4　回收率和精度

制备不含喹啉的涤纶样品进行回收率实验,加标浓度分别为 0.01mg/L、
0.05mg/L、0.25mg/L。每个加标样品平行测量 6 次。计算回收率与实测值的相对
标准偏差(RSD),结果见表 3-65,结果表明,采用本方法,回收率在 82.9%~92.0%
之间,RSD 在 1.4%~3.8% 之间。

表 3-65　精密度和回收率结果($n = 6$)

加标浓度 ρ /(mg/L)	测量值 ρ/(mg/L)	回收率/ %	相对标准偏差 RSD/ %
0.01	0.0829	82.9	2.4
0.05	0.0419	83.7	3.8
0.25	0.2300	92.0	1.4

5.3.1.5　实际样品的测定

根据检测方法,从市场上随机采集 22 个样本进行检测。其中,检出喹啉的样
品有 5 个,占 23%。喹啉的含量为 2.7~27.8mg/kg,符合 Oeko-Tex 100 标准的要
求(低于 50mg/kg)。

对实际样品 1#、样品 2#和样品 3#进一步进行回收实验。添加量分别为 1mg/kg
和 10mg/kg。计算喹啉的回收率,结果见表 3-66,结果表明,实际样品中喹啉的回收
率为 86.0% ~ 101%,说明所建立的方法可以准确测定纺织品样品中喹啉的含量。

表 3-66 实际样品的回收率结果

加标浓度 ρ/(mg/kg)	样品 1#			样品 2#			样品 3#		
	测定值 ω/(mg/kg)	测定总量 ω/(mg/kg)	回收率/%	测定值 ω/(mg/kg)	测定总量 ω/(mg/kg)	回收率/%	测定值 ω/(mg/kg)	测定总量 ω/(mg/kg)	回收率/%
1	22.35	23.32	97.0	34.81	35.67	86.0	27.84	28.75	91.0
10		31.89	95.4		44.65	98.4		37.92	101

5.3.1.6 结论

采用超声萃取—气相色谱—质谱联用技术,建立了测定纺织品中喹啉的简单有效的分析方法。选择甲苯作为最佳萃取溶剂,确定了超声波萃取参数和喹啉的最佳色谱分离条件。该方法的线性相关系数为 0.9998,检出限低为 0.1mg/kg。回收率为 82.9%~92.0%,RSD 为 1.4%~3.8%。将该方法应用于实际样品中,结果表明该方法准确,可用于纺织品中喹啉的分析。

5.3.2 高效液相色谱法(HPLC 法)

5.3.2.1 提取条件的选择

(1)提取溶剂的选择

由于喹啉易溶于醇、醚和苯,为了确定最适合的萃取溶剂,根据其理化性质,分别考察了甲醇、乙醇、乙腈、乙酸乙酯和甲苯等不同极性的提取溶剂对自制阳性 5 种样品中的喹啉提取效果,结果如图 3-82 所示。结果表明,在相同的提取条件下,乙醇对棉、毛、腈纶和锦纶中喹啉的提取效率均最高,但是对涤纶中喹啉的提取率比较低,而乙腈对不同材质中喹啉的提取效率均较高,甲苯和乙酸乙酯由于在上机前需要进行溶剂置换,导致了部分喹啉的损失,从而导致结果偏低。从总体提取效果来看还是乙腈最好,因此,本方法拟定采用乙腈作为提取溶剂。

(2)提取温度的选择

实验考察了提取温度对提取率的影响,选取常温(约 25℃)、40℃、50℃、60℃ 及 70℃ 等不同的温度,在频率为 40kHz 的超声波浴中,对样品进行超声提取 30min,其结果如图 3-83 所示。可以看出,在相同的输出功率与工作频率下,水浴温度对超声提取的影响不显著,但是随着提取温度的上升,提取率略有下降,可能是提取温度升高会加速喹啉目标物的挥发,5 种材料均显示在 40℃ 超声提取效率最高,故综合考虑,采用 40℃ 超声提取比较合适。

(3)超声提取时间的选择

实验考察了提取时间对提取率的影响,实验选择 20min、30min、40min、50min、

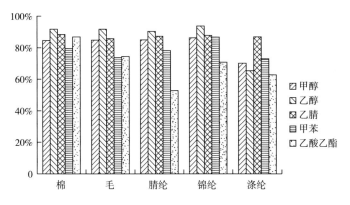

图 3-82 不同溶剂对提取率的影响

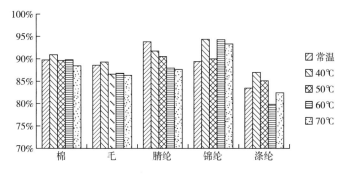

图 3-83 提取温度对提取率的影响

60min5 个时间进行超声萃取,其结果如图 3-84 所示,从图 3-84 可知,棉、涤纶、锦纶 3 种样品经过 30min 的超声提取后提取效果最好,锦纶在 20min 提取率最高,羊毛材料对提取时间差异显著性不强,且提取率均较高。综合考虑 5 种样品,采用 30min 超声萃取。

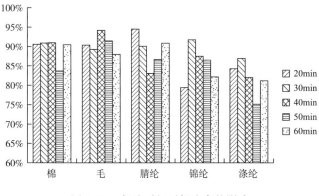

图 3-84 提取时间对提取率的影响

5.3.2.2 仪器条件的选择

（1）检测波长的选择

配制 20μg/mL 的喹啉标准溶液，在 200～400nm 波长进行紫外扫描，结果如图 3-85 所示。由图 3-85 可以看出，喹啉的最大吸收波长为 225nm，因此本实验选择检测波长为 225nm。

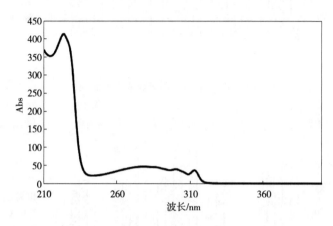

图 3-85　喹啉的紫外扫描谱图

（2）检测可行性分析及标准曲线的建立

采用 HPLC 对喹啉进行测定，色谱图如图 3-86 所示。可以看出，喹啉出峰时间在 6.443min，峰形对称且无干扰，符合检测要求。以对浓度为横坐标、以峰面积为纵坐标进行线性回归拟合，结果表明在 0.5～100μg/mL 浓度范围内峰面积与浓度呈线性关系（图 3-87），线性相关系数 $R^2 = 0.9999$，回归方程 $A = 2.2958c + 0.4558$。

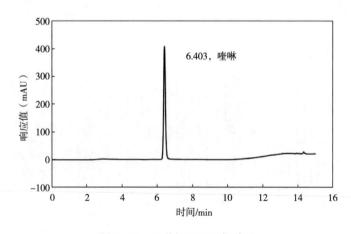

图 3-86　喹啉的 HPLC 色谱图

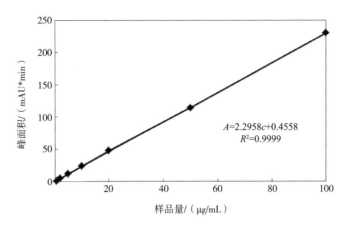

图 3-87　HPLC 法测定喹啉的线性

（3）检出限和定量限

取喹啉储备液逐级稀释，将得到的低浓度标准溶液进行检测，当信噪比（S/N）约为 3 时，浓度为 $0.1\mu g/mL$，因此检出限定为 $0.1\mu g/mL$。当信噪比（S/N）为 10 时，浓度为 $0.2\mu g/mL$，因此定量限定为 $0.2\mu g/mL$。

（4）精密度

取喹啉储备液配制成浓度为 $20.0\mu g/mL$ 的标准溶液，设置 6 个平行实验组、连续测定 3 天，分别计算 RSD 值，测试结果见表 3-67。可以看出，使用 HPLC 法连续 6 次测定喹啉的 RSD 为 0.32%，连续 3 天测试的 RSD 为 0.59%，表明检测结果稳定、精密度高。

表 3-67　精密度测试结果

日内精密度			日间精密度		
峰面积/（mAU * min）	平均值/（mAU * min）	RSD/%	峰面积/（mAU * min）	平均值/（mAU * min）	RSD/%
23.8505			24.0005		
23.9791					
24.0878	23.98	0.32	24.0202	23.93	0.59
23.9593					
24.0108			23.7674		
24.0005					

(5)加标回收率

采用 HPLC 方法对喹啉进行测定时,分别对不同材质的空白贴衬布加标
5.0mg/kg、10.0mg/kg、100mg/kg 的喹啉标准品,每组 6 个平行测定其加标回收率,
结果见表 3-68。低中高三水平加标平均回收率分别为 90.6%~98.9%,RSD 分别
为 0.40%~2.14%。

表 3-68　HPLC 法测定纺织品中喹啉含量的加标回收率(n=6)

样品种类	低水平(5mg/kg)		中水平(10mg/kg)		高水平(100mg/kg)	
	回收率/%	RSD/%	回收率/%	RSD/%	回收率/%	RSD/%
棉	92.7	1.64	90.5	0.73	98.9	0.51
毛	92.9	1.34	91.4	0.83	97.9	0.47
腈纶	90.6	1.05	91.7	0.63	98.2	0.53
锦纶	92.1	1.62	92.3	1.08	98.4	0.41
涤纶	90.8	2.14	91.3	1.12	97.8	0.40

5.3.2.3　实际样品的检测

按照本方法对收集到的 31 批次的纺织品样品中的喹啉含量进行检测,结果在
30 批次未检出,1 批次的橙黄色涤纶布料中检测到喹啉,含量为 5.3mg/kg,小于
2019 版 Oeko-Tex Standard 100 对喹啉的限量要求。对阳性样品进行 5mg/kg 的加
标,回收为 89.2%。将阳性样品进行 GC—MS 法进行测定,含量为 5.6mg/kg。

5.3.2.4　结论

建立了高效液相色谱测定纺织品中喹啉含量的方法。从提取溶剂、提取温度、
提取时间三方面优化了前处理条件,并对检测方法进行了方法学验证。本方法日
内精密度和日间精密度的 RSD 分别为 0.32% 和 0.59%,对 5 种纺织品空白基质的
加标回收率为 90.6%~98.9%,RSD 为 0.40%~2.14%,表明检测结果稳定、精密度
高,回收率满意。

6　酮类有害物质

6.1　二苯甲酮类有害物质

6.1.1　检测原理

我国抗紫外功能的纺织产品的市场前景十分广阔,抗紫外纺织品的品种也日益广泛。紫外线吸收剂不仅可以保护人体皮肤免受过多紫外线的伤害,近年来由于臭氧空洞,紫外线增强,防紫外线辐射越来越受到人们的重视,防紫外线功能纺织品也受到人们的青睐。二苯甲酮类紫外线吸收剂具有吸收紫外线能力强、挥发性低等特点,其大量用于纺织品抗紫外性能整理。2,4-二羟二苯甲酮、2,2′,4,4′-四羟基二苯甲酮、2-羟基-4-甲氧基二苯甲酮、2,2′-二羟基-4,4′-二甲氧基二苯甲酮、2,2′-羟基-4-甲氧基二苯甲酮、2-羟基-4-正辛氧基苯甲酮等都是常见的二苯甲酮类紫外线吸收剂,在防紫外线面料中应用广泛。常见的 11 种二苯甲酮类化学物质见表 3-69。

但是,二苯甲酮类化合物具有刺激性和麻醉作用,长期接触会出现头疼、恶心、呕吐、眩晕、嗜睡、感觉迟钝,情绪急躁等反应。已有研究表明,2-羟基-4-甲氧基二苯甲酮-5-磺酸、2,2′,4,4′-四羟基二苯甲酮、4-羟基二苯甲酮、2,4-二羟基二苯甲酮等物质会对乳腺癌细胞分泌 pS2 蛋白具有显著的诱导作用,具有雌激素效应。毒理学研究表明,它能引起包括人类和动物的内分泌机能障碍,甚至有致癌作用。2012 年 6 月 22 日,美国加州 65 号提案将二苯甲酮列入有害物清单,限制了其在美国销售的所有物质商品中的使用,但是并没有风险评估文件能查到的相应的最大允许剂量。同时,二苯甲酮类化合物还被世界野生动物基金会和日本环境局列为"怀疑具有内分泌干扰作用的化学物质"。我国《化妆品安全技术规范》(2015 年版)将 2,2′,4,4′-四羟基二苯甲酮列入禁用物质,将 2-羟基-4-甲氧基二苯甲酮列入限用物质,同样,我国的 GB 9685—2016 食品容器、包装材料用添加剂使用卫生标准将 2,4-二羟二苯甲酮、2-羟基-4-正辛氧基苯甲酮列入限用物质。

检测原理:试样经甲醇超声提取,经滤膜过滤净化后,用高效液相色谱仪—二极管阵列检测器(HPLC/DAD)进行测定和确证,外标法定量。

表3-69　11种二苯甲酮类紫外线吸收剂信息表

序号	中文名称	英文名称	CAS编号	相对分子质量	分子式	结构式
1	二苯甲酮	Benzophenone	119-61-9	182	$C_{13}H_{10}O$	
2	4-羟基二苯甲酮	4-Hydroxybenzophenone	1137-42-4	198	$C_{13}H_{10}O_2$	
3	2,4-二羟基二苯甲酮	2,4-Dihydroxybenzophenone	131-56-6	214	$C_{13}H_{10}O_3$	
4	2,2',4,4'-四羟基二苯甲酮	2,2',4,4'-Tetrahydroxybenzophenone	131-55-5	246	$C_{13}H_{10}O_5$	
5	2-羟基-4-甲氧基二苯甲酮	2-Hydroxy-4-methoxybenzophenone	131-57-7	228	$C_{14}H_{12}O_3$	
6	2-羟基-4-甲氧基-5-磺酸二苯甲酮	2-Hydroxy-4-methoxybenzophenone-5-sulfonic acid	4065-45-6	308	$C_{14}H_{12}O_6S$	

续表

序号	中文名称	英文名称	CAS 编号	相对分子质量	分子式	结构式
7	2,2'-二羟基-4,4'-二甲氧基二苯甲酮	2,2'-Dihydroxy-4,4'-dimethoxybenzophenone	131-54-4	274	$C_{15}H_{14}O_5$	
8	5-氯-2-羟基二苯甲酮	(5-Chloro-2-hydroxyphenyl)-phenylmethanone	85-19-8	232.5	$C_{13}H_9ClO_2$	
9	2,2'-二羟基-4-甲氧基二苯甲酮	2,2'-Dihydroxy-4-methoxybenzophenone	131-53-3	244	$C_{14}H_{12}O_4$	
10	2,3,4-三羟基二苯甲酮	2,3,4-Trihydroxybenzophenone	1143-72-2	230	$C_{13}H_{10}O_4$	
11	2-羟基-4-正辛氧基二苯甲酮	Octabenzone	1843-05-6	326	$C_{21}H_{26}O_3$	

6.1.2 前处理条件优化

6.1.2.1 阳性样品的制备

取 900g 工业乙醇,然后依次称取这 11 种二苯甲酮类化学物质(表 3-69)各 0.05g,一次加入一种,并搅拌溶剂至全部溶解完全,然后加入 100g 水搅拌至完全混合,将棉、涤纶和锦纶 3 种标准贴衬布分别剪裁 2 块 A4 纸大小,放入上述溶液中,在染色小样机上两浸两轧后 110℃ 烘干待用,同时制备不含二苯甲酮类化学物质的空白样品(上述溶液配制时不加入二苯甲酮类化学物质)。上述过程重复 3 次,分别制备每种纤维类型 6 块 A4 纸大小的阳性样品。将制备的每一份 A4 纸大小的样品剪成 5mm×5mm 的小片混匀,每份选取 2 个样品按照相同的提取方法测定每种目标物的含量,确保每种织物类型的 12 个样品之间的目标物偏差不超过 2%。将满足上述要求的制备样品用于下述样品前处理条件的优化。

6.1.2.2 样品提取方式及固液比的选择

为方便方法在使用过程的操作方便,提取方法的比较采用了常用超声波提取与传统的索氏提取将样品的提取方式进行比较,同时考虑了不同固液比对提取的影响,具体的实验设置见表 3-70。

表 3-70 样品提取方式及固液比的选择实验设置

编号	设置方式
A	超声提取,0.5g 样品加入 15mL 甲醇,20℃ 超声 30min 后过有机滤膜测定
B	超声提取,0.5g 样品加入 30mL 甲醇,20℃ 超声 30min 后过有机滤膜测定
C	超声提取,0.5g 样品加入 30mL 甲醇,20℃ 超声 30min 1 次,再加入 30mL 甲醇第 2 次 20℃ 超声 30min,合并并旋蒸至 1mL,定容至 10mL,取一定量过有机滤膜测定
D	超声提取,0.5g 样品加入 30mL 甲醇 20℃ 超声 30min 1 次,再加入 30mL 甲醇第 2 次 20℃ 超声 30min,合并并旋蒸至干,定容至 10mL,取一定量过有机滤膜测定
E	索氏提取,0.5g 样品加入 150mL 甲醇索氏提取,85℃ 回流,速率为 4 次/h,共提取 4h,旋蒸至干,定容 10mL,取一定量过有机滤膜测定
F	索氏提取,0.5g 样品加入 150mL 甲醇索氏提取,85℃ 回流,速率为 4 次/h,共提取 4h,旋蒸至 1mL,定容至 10mL,取一定量过有机滤膜测定

不同提取方式对棉、涤纶和锦纶提取率影响的测试结果如图 3-88 所示,可以看出使用提取方式 B 提取目标物的效率最高,即固液比为 1:60,采用甲醇提取 20℃ 超声 30min 直接测定的提取率最高。前处理通过多次提取并没有明显提高提

取效率,在提取中如果采用旋蒸的方式以及蒸干再转移定容的方式均会降低目标物的提取率。

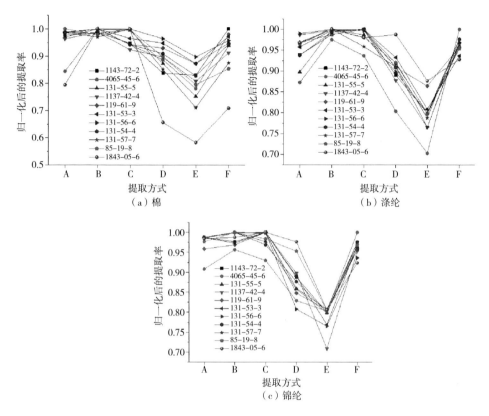

图 3-88　不同提取方式对提取率的影响

6.1.2.3　超声波提取溶剂的选择

分别加入 15mL 不同极性的低毒溶剂(甲醇、丙酮、乙酸乙酯和二氯甲烷)到阳性样品中,在 20℃ 超声 30min,丙酮、乙酸乙酯和二氯甲烷的提取物使用氮吹到近1mL,再用甲醇定容至 5mL,过膜进行测定,甲醇提取物直接过膜进行测定。以每种阳性样品提取率最高的数值作为分母进行提取率的归一化处理后,棉、涤纶、锦纶提取率测试结果如图 3-89 所示,结果表明甲醇的提取效果最为理想,这与目标物极性偏大也有一定关系,随着提取溶剂的极性逐渐减小,对目标物的提取率有逐渐降低。

6.1.2.4　超声波提取温度的选择

称取 0.50g 样品,分别加入 30mL 甲醇作为提取剂分别在 20℃、30℃、40℃、50℃ 和 60℃ 超声 30min,进行提取温度的考察实验,棉、涤纶、锦纶提取率测试结果如图 3-90 所示。由图 3-90 可以看出,随着提取温度的不断升高,提取效率是逐渐增强的。因此,提取温度对这类目标物提取率的影响很大。因此,本实验采用 60℃作为超声提取的温度。

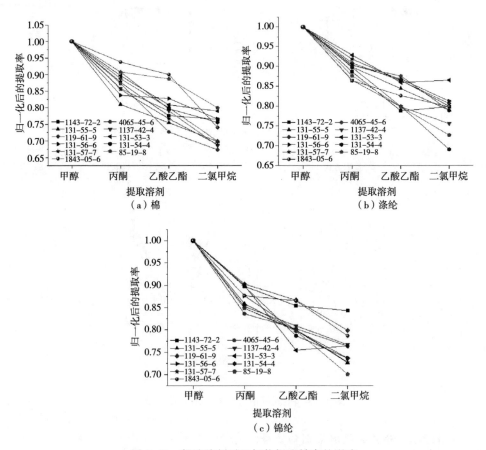

图 3-89　提取溶剂对目标物提取效率的影响

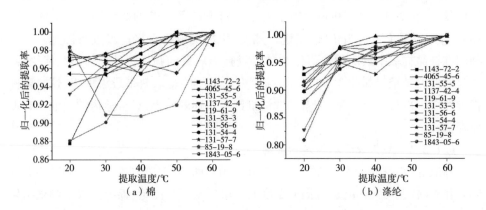

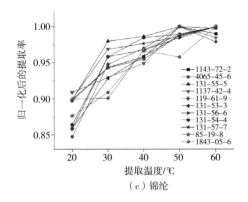

（c）锦纶

图 3-90 超声提取温度对目标物提取效率的影响

6.1.2.5 超声波提取时间的选择

在 60℃下,使用超声波提取器对 3 种阳性样品进行超声萃取时间选择的实验,萃取时间分别为 15min、30min、40min、50min 和 60min。棉、涤纶、锦纶提取率测试结果如图 3-91 所示。图 3-91 的结果显示在 30min 后目标物的提取率变化不大,因此选用 30min 作为提取时间。

6.1.3 高效液相色谱仪—二极管阵列检测器法(HPLC—DAD)检测条件

6.1.3.1 色谱柱的选择

选择合适的色谱柱是影响实验的关键因素,本实验在其他条件相同的情况下,考察了常用的 Eclipse Plus C18 和 xBridge Shield RP C18 等几款色谱柱对目标物分离的影响,因这一系列物质是在二苯甲酮结构的基础上,苯环上的 H 原子分别被—OH,—CH₃或—O—CH₃取代的衍生物,—OH 取代的增加目标物的极性也逐渐增强,通过实验结果比较发现,选用色谱柱 XBridge Shield RP C18 这种高亲水的色谱柱有助于目标物的分离。

6.1.3.2 检测波长的选择

在 200~400nm 波段对 11 种二苯甲酮类目标物的标准溶液进行 DAD 光谱扫描,光谱图如图 3-92 所示,检测时可结合 DAD 光谱图对化合物进行定性分析,除 2,3,4-三羟基二苯甲酮的最大吸收峰在 310nm 左右,二苯甲酮和 5-氯-2-羟基二苯甲酮是在 250nm 前有最大吸收峰外,其他目标物普遍在 200nm 和 280~300nm 处有较强的吸收,其中因 200nm 接近紫外区域的极限,并且流动相甲醇在此处有较强的吸收峰。因此综合考虑,将 2,3,4-三羟基二苯甲酮的定量检测波长定为 310nm,参考 SN/T 3388—2012 将二苯甲酮和 5-氯-2 羟基二苯甲

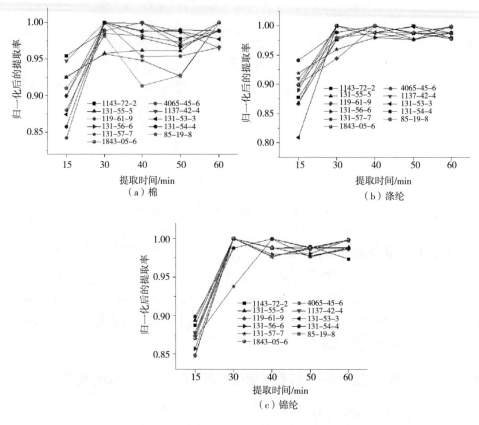

图 3-91　超声提取时间对目标物提取率的影响

酮的定量检测波长定为 258nm,其余 8 种物质的最强吸收峰选择 280nm 作为目标物定量检测波长。

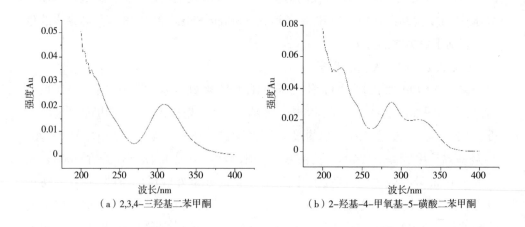

（a）2,3,4-三羟基二苯甲酮　　　　　（b）2-羟基-4-甲氧基-5-磺酸二苯甲酮

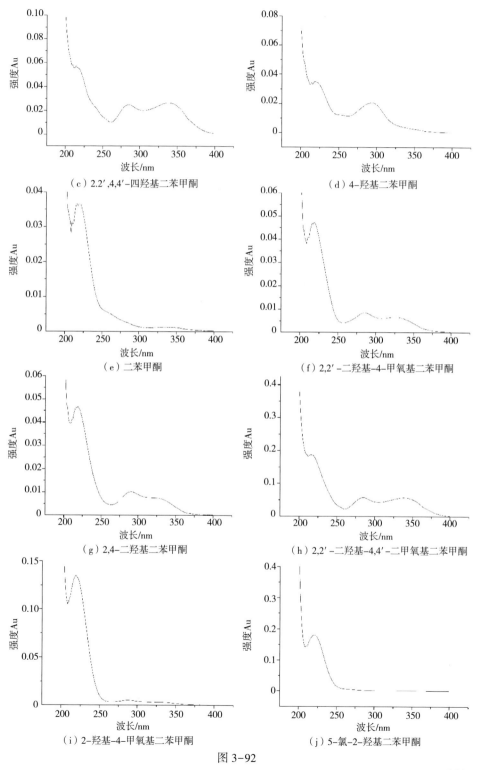

（c）2.2′,4,4′-四羟基二苯甲酮

（d）4-羟基二苯甲酮

（e）二苯甲酮

（f）2,2′-二羟基-4-甲氧基二苯甲酮

（g）2,4-二羟基二苯甲酮

（h）2,2′-二羟基-4,4′-二甲氧基二苯甲酮

（i）2-羟基-4-甲氧基二苯甲酮

（j）5-氯-2-羟基二苯甲酮

图 3-92

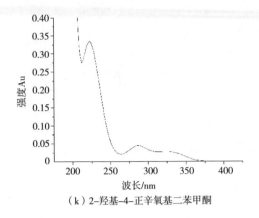

（k）2-羟基-4-正辛氧基二苯甲酮

图 3-92　目标物的 DAD 光谱图

6.1.3.3　液相洗脱程序的确定

为了实现目标化合物间良好的分离及响应,结合化合物的极性特征,本实验初始选用了甲醇—水溶液的洗脱系统进行优化,实验中根据有机物检测经验分别通过向甲醇溶液中加入不同量的异丙醇以调节流动相 B 的极性,通过变化后洗脱下来的目标物的峰形等确定最佳的比例。同时为增加目标物在色谱柱上的洗脱效果,在流动相 A 和流动相 B 中均加入一定量的甲酸溶液,最后选择流动相 A 为含 0.1%甲酸的水溶液,流动相 B 为含 0.1%甲酸的甲醇—异丙醇溶液(甲醇与异丙醇体积比为 7∶3)。

在洗脱程序的设置上,研究了十多种不同洗脱程序下目标物的分离和洗脱效果,在起始的洗脱条件下通过不断优化得到了最佳的洗脱程序设置。起始洗脱程序下目标物的分离效果如图 3-93 所示。通过优化后的洗脱程序见表 3-71,色谱图如图 3-94 所示。

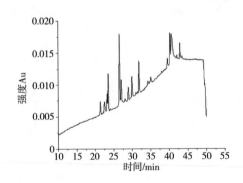

图 3-93　起始洗脱程序的目标物分离色谱图

表 3-71　高效液相色谱法梯度洗脱程序

时间/min	流动相 A/%	流动相 B/%	递变方式
0	60	40	—
35	50	50	线性
42	20	80	线性
45	3	97	线性
50	3	97	—
51	60	40	线性
60	60	40	—

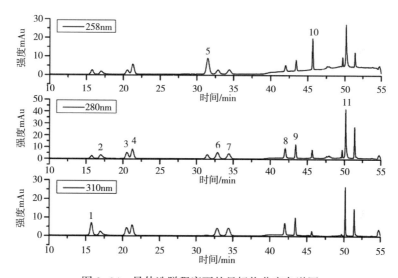

图 3-94　最佳洗脱程序下的目标物分离色谱图

1—2,3,4-三羟基二苯甲酮(16.129min,310nm)　2—2-羟基-4-甲氧基-5-磺酸二苯甲酮
(17.732min,280nm)　3—2,2′,4,4′-四羟基二苯甲酮(21.008min,280nm)　4—4-羟基二苯甲酮
(21.737min,280nm)　5—二苯甲酮(32.023min,258nm)　6—2,2′-二羟基-4-甲氧基二苯甲酮
(33.502min,280nm)　7—2,4-二羟基二苯甲酮(35.071min,280nm)　8—2,2′-二羟基-
4,4′-二甲氧基二苯甲酮(42.356min,280nm)　9—2-羟基-4-甲氧基二苯甲酮(43.669min,280nm)
10—5-氯-2-羟基二苯甲酮(45.803min,258nm)　11—2-羟基-4-正辛氧基二苯甲酮(50.211min,280nm)

6.1.3.4　柱温的确定

实验考察了 20℃、30℃、40℃和 50℃的不同柱温对阳性样品中目标化合物的分析效果和峰面积响应值的影响。结果发现在本实验考察范围内,柱温对目标物

的峰形、分离度及峰面积响应(数据未显示)基本无影响。因此,柱温选用常规的30℃作为实验设置即可。

6.1.4 方法验证

6.1.4.1 线性关系和检出限

在方法验证中,配制浓度分别为0.5mg/L、1mg/L、2mg/L、5mg/L、10mg/L、20mg/L的标准溶液进行标准曲线的绘制。以质量浓度(mg/L)为横坐标,峰面积为纵坐标,绘制标准曲线,计算回归方程,11种目标物的线性回归方程、线性相关系数见表3-72。向空白样品中添加目标物的方式进行检出限的测定,分别以3倍信噪比(S/N)和10倍信噪比确定方法的定性检出限(LOD)和测定低限(LOQ)。11种目标物的LOD在0.7~3mg/kg,LOQ在2~9mg/kg,为了本方法的应用广泛性更强,将标准文本中的测定低限都设置为10mg/kg。

表3-72 线性关系和检出限

编号	目标物	CAS号	线性关系	线性相关系数	LOD/(mg/kg)	LOQ/(mg/kg)
1	2,3,4-三羟基二苯甲酮	1143-72-2	$A=34535c-865$	0.9995	0.7	2
2	2-羟基-4-甲氧基-5-磺酸二苯甲酮	4065-45-6	$A=48105c-15220$	0.9992	3	9
3	2,2',4,4'-四羟基二苯甲酮	131-55-5	$A=65769c-5485$	0.9990	2	6
4	4-羟基二苯甲酮	1137-42-4	$A=95688c-4484$	0.9994	1	3
5	二苯甲酮	119-61-9	$A=56836c-7365$	0.9990	1	3
6	2,2'-二羟基-4-甲氧基二苯甲酮	131-53-3	$A=73703c-8243$	0.9995	3	9
7	2,4-二羟基二苯甲酮	131-56-6	$A=61672c-9073$	0.9995	2	6
8	2,2'-二羟基-4,4'-二甲氧基二苯甲酮	131-54-4	$A=53503c-967.7$	0.9998	2	6
9	2-羟基-4-甲氧基二苯甲酮	131-57-7	$A=58528c-1662$	0.9996	1	3
10	5-氯-2-羟基二苯甲酮	85-19-8	$A=36455c+5644$	0.9992	1	3
11	2-羟基-4-正辛氧基二苯甲酮	1843-05-6	$A=82091c+5137$	0.9978	1	3

6.1.4.2　准确性和精密度

称取实验室选取的棉涤混纺样品,经测定不含目标物质,分别加入3种不同水平添加浓度(10mg/kg、30mg/kg、300mg/kg、1200mg/kg)的标准品,每种添加浓度准备6份样品进行测定,计算回收率和精密度。结果见表3-73,目标物的平均回收率在87.3%~106.8%之间,相对标准偏差(RSD)为2.2%~8.0%之间。

表3-73　方法的回收率和精密度实验结果

编号	目标物	CAS 号	标准添加量							
			10mg/kg		30mg/kg		300mg/kg		1200mg/kg	
			回收率/%	RSD/%	回收率/%	RSD/%	回收率/%	RSD/%	回收率/%	RSD/%
1	2,3,4-三羟基二苯甲酮	1143-72-2	89.6	5.7	96.4	3.2	100.2	5.2	101.3	3.7
2	2-羟基-4-甲氧基-5-磺酸二苯甲酮	4065-45-6	93.4	6.8	88.3	6.4	98.4	5.4	97.4	7.5
3	2,2′,4,4′-四羟基二苯甲酮	131-55-5	90.9	4.2	90.6	5.8	96.4	4.2	93.4	6.5
4	4-羟基二苯甲酮	1137-42-4	95.4	7.3	89.6	6.7	94.3	3.8	104.3	4.8
5	二苯甲酮	119-61-9	100.2	6.5	95.4	4.3	98.3	4.3	103.7	2.8
6	2,2′-二羟基-4-甲氧基二苯甲酮	131-53-3	90.5	5.9	93.2	5.4	97.9	1.9	103.2	2.6
7	2,4-二羟基二苯甲酮	131-56-6	87.3	4.9	94.2	7.5	96.8	5.0	99.3	3.6
8	2,2′-二羟基-4,4′-二甲氧基二苯甲酮	131-54-4	89.9	5.7	93.6	8.0	95.7	4.2	106.8	4.2
9	2-羟基-4-甲氧基二苯甲酮	131-57-7	91.5	6.4	94.3	6.4	97.3	5.9	100.6	3.1
10	5-氯-2-羟基二苯甲酮	85-19-8	93.7	7.2	93.4	5.3	96.4	3.9	100.4	3.1

续表

编号	目标物	CAS 号	标准添加量							
			10mg/kg		30mg/kg		300mg/kg		1200mg/kg	
			回收率/%	RSD/%	回收率/%	RSD/%	回收率/%	RSD/%	回收率/%	RSD/%
11	2-羟基-4-正辛氧基二苯甲酮	1843-05-6	90.3	6.5	87.6	8.3	102.3	2.2	97.4	3.7

6.1.4.3 实际样品分析

采用本方法对市场上收集的 33 个具有抗紫外功能的户外衣、防晒衣以及防晒帽等产品的面料进行分析,检出情况见表 3-74。通过分析发现,除 4-羟基二苯甲酮在所有样品中均未检出之外,其他 10 种二苯甲酮类紫外吸收剂均在样品中有不同程度的检出。所有样品中有 19 个样品中均检出 2-羟基-4-甲氧基二苯甲酮,检出率达到 58%,含量在 42~261mg/kg 之间;5-氯-2-羟基二苯甲酮、2-羟基-4-正辛氧基二苯甲酮和 2,2′-二羟基-4-甲氧基二苯甲酮的检出率分别为 45%、39% 和 30%,含量分别在 22~1358mg/kg、67~620mg/kg 和 49~687mg/kg。除 4-羟基二苯甲酮在所有样品中均未检出之外,2,3,4-三羟基二苯甲酮、2-羟基-4-甲氧基-5-磺酸二苯甲酮、2,2′,4,4′-四羟基二苯甲酮、二苯甲酮、2,4-二羟基二苯甲酮和 2,2′-二羟基-4,4′-二甲氧基二苯甲酮的检出率在 1%~9% 之间,样品中的含量在 43~295mg/kg 之间。

表 3-74　33 个实际样品目标物的检出率

目标物	检出率/%	浓度范围/(mg/kg)
4-羟基二苯甲酮	0	—
2-羟基-4-甲氧基二苯甲酮	58	42~261
5-氯-2-羟基二苯甲酮	45	22~1358
2-羟基-4-正辛氧基二苯甲酮	39	67~620
2,2′-二羟基-4-甲氧基二苯甲酮	30	49~687
2,3,4-三羟基二苯甲酮、2-羟基-4-甲氧基-5-磺酸二苯甲酮、2,2′,4,4′-四羟基二苯甲酮、二苯甲酮、2,4-二羟基二苯甲酮、2,2′-二羟基-4,4′-二甲氧基二苯甲酮	1~9	43~295

　　为考察本方法对带颜色的实际样品测定的准确性,分析本方法对带色样品测定的抗颜色干扰能力,采用上述测定得到的阳性样品进行抗干扰实验,结果见表 3-75。结果表明,在本方法下对几种市面常见纤维成分的抗紫外产品的测定加标回收率在 85%~110% 之间,满足测定的要求,本方法采用的提取前处理方法对不同颜色的实际样品的检测不会造成基体干扰而影响检测结果的准确性。

表 3-75　实际样品的加标回收

样品信息	项目	目标物(CAS 号)										
		1143-72-2	4065-45-6	131-55-5	1137-42-4	119-61-9	131-53-3	131-56-6	131-54-4	131-57-7	85-19-8	1843-05-6
样品 1(84% 涤纶,16% 棉,红色)	样品中目标物浓度/(mg/kg)	73	—	46	153	—	87	—		176	876	—
	样品中加标后浓度/(mg/kg)	164	98	151	262	101	178.5	95	96	283	986	102
	回收率/%	91	98	105	109	101	91.5	95	96	107	110	102
样品 2(100% 锦纶,藏青色)	样品中目标物浓度/(mg/kg)	—	46	107	98	—	—	—	202	73	42	463
	样品中加标后浓度/(mg/kg)	103	134	213	202	98	101	96	296	168	152	572
	回收率/%	103	88	106	104	98	101	96	94	95	110	109
样品 3(75% 棉,25% 涤纶,黑色)	样品中目标物浓度/(mg/kg)	89	—	208	94	—	542	98	—	219	58	—
	样品中加标后浓度/(mg/kg)	190	93	293	190	91	632	185	92	304	148	92
	回收率/%	101	93	85	96	91	90	87	92	85	90	92

6.2　异噻唑啉酮类有害物质

6.2.1　检测原理

　　随着异噻唑啉酮类化合物在纺织品防腐、纸张杀菌等方面的广泛应用,异噻唑啉酮类化合物的环境行为及生态毒性已引起人们的高度重视,成为当前这一领域的研究热点。据研究表明,有些异噻唑啉酮类物质具有明显的接触致敏性,会引发接触性皮炎。欧盟法规 EU 2015/2016、EU 2015/2017 规定水性玩具中 CMI 和 MI 混合物、CMI、MI、BIT 的限制含量为 1mg/kg、0.75mg/kg、0.25mg/kg 和 5mg/kg。法规 EU 2017/1224 规定甲基异噻唑啉酮(MI)仅可用于淋洗类化妆品的防腐剂使用,且最大允许使用浓度为 0.0015%(15ppm)。欧盟生物杀灭产品法规(EU)No.528/2012(Biocidal Products Regulation,BPR)陆续将在纺织品、皮革、橡胶和聚合材料中作为防腐剂 MI、CMI、BIT、MBIT、BBIT、OI、DCOI 列为管制范围。因此,有效地分析纺织品中异噻唑啉酮残留量,制定和统一相应的分析方法具有极其重要的意义。根据法规限量要求,本方法确定研究对象为 MI、CMI、BIT、MBIT、BBIT、OI、DCOI 等七种抗菌剂,具体资料见表 3-76。

表 3-76 异噻唑啉酮抗菌剂的资料

序号	中文名称	英文名称	简称	CAS 号
1	2-甲基-4-异噻唑啉-3-酮	2-Methyl-4-isothiazolin-3-one	MI	2682-20-4
2	5-氯代-2-甲基-4-异噻唑啉-3-酮	5-Chloro-2-methyl-4-isothiazolin-3-one	CMI	26172-55-4
3	1,2-苯并异噻唑啉-3-酮	1,2-Benzisothiazolin-3-one	BIT	2634-33-5
4	2-甲基-1,2-苯并异噻唑啉-3-酮	2-Methyl-1,2-benzisothiazolin-3-one	MBIT	2527-66-4
5	2-丁基-1,2-苯并异噻唑啉-3-酮	2-Butyl-benzo[d]isothiazolin-3-one	BBIT	4299-07-4
6	2-正辛基-4-异噻唑啉-3-酮	2-n-Octyl-4-isothiazolin-3-one	OI	26530-20-1
7	4,5-二氯-2-正辛基-4-异噻唑啉-3-酮	4,5-Dichloro-N-octyl-4-isothiazolin-3-one	DCOI	64359-81-5

检测原理:试样经甲醇超声提取,经滤膜过滤净化后,用高效液相色谱仪—二极管阵列检测器(HPLC—DAD)进行测定,外标法定量。

6.2.2 前处理条件的确定

6.2.2.1 提取溶剂的选择

本方法采用 HPLC—DAD 对市售三款阳性样品(棉质材质、真丝、亚麻)进行样品前处理条件优化实验。

　　由于 7 种异噻唑啉酮物质均可溶于多种有机溶剂,因此本方法选择 7 种常见、低毒有机溶剂作为萃取介质:水、甲醇、乙腈、正己烷、丙酮、乙酸乙酯、叔丁基甲醚、四氢呋喃、石油醚、二氯甲烷。称取 3 份阳性样品各 1g,每个样品做 2 个平行样,分别置于具塞密封玻璃瓶中,各自加入 10mL 萃取介质,在频率为 45kHz 的超声波浴中,对样品进行超声提取实验,提取效果如图 3-95 所示。

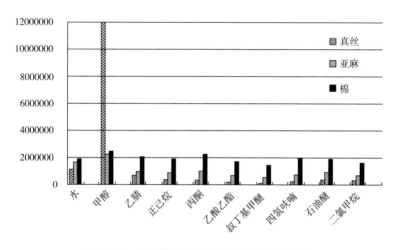

图 3-95　不同萃取液对样品提取效果的影响

　　从图 3-95 中可以看出,甲醇的萃取效率是最好的,特别是甲醇在真丝中的萃取效果,远好于其他萃取溶液。因此,选择甲醇作为萃取液。

6.2.2.2　提取方式的选择

　　纺织品整理剂残留量检测方法的提取方式主要有:索氏萃取、固液振荡萃取、超声萃取、微波萃取、加速溶剂萃取等,其中索氏提取因费时费力,目前已渐渐不被采用;加速溶剂萃取因设备昂贵,普及性不高。因此,为力求方法标准的普及性和可操作性,本方法对空气振摇、超声水浴萃取和微波萃取 3 种提取方式进行比较。

　　取阳性样品两份分别加入甲醇 15mL,分别采用摇床振摇在常温下振摇 30min,超声水浴萃取 30min 以及微波萃取设置温度为 85℃,提取 30min,实验结果如图 3-96 所示。

　　结果显示,3 种萃取方式得出的结果无显著区别,考虑到方法的普及性以及可操作性,本方法选用超声方式进行提取。

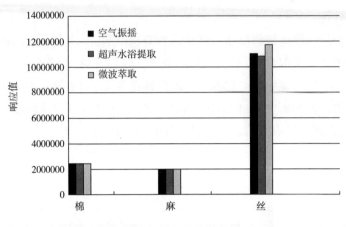

图 3-96 不同萃取方式提取结果的比较

6.2.2.3 超声提取体积和萃取次数的选择

取 3 种阳性样品,放入具塞密封玻璃瓶中,加入不同体积的甲醇溶液,超声提取 20min,过滤提取液,提取液用 0.22μm 有机滤膜过滤,上机进行测试;样品中再次加入不同体积的甲醇,按照相同的条件进行超声、过滤和测试;再次加入不同体积的甲醇,按照相同条件进行第三次超声、过滤和测试。3 次提取结果见表 3-77。

表 3-77 超声提取体积及提取次数的选择

织物种类	提取体积/mL	提取次数			提取比例/%		
		第一次	第二次	第三次	第一次	第二次	第三次
棉	10	2450325	207795	32200	91.08	7.72	1.20
	20	2446440	140240	—	94.58	5.42	—
	30	2488605	98250	—	96.20	3.80	—
麻	10	1958790	211430	34600	88.84	9.59	1.57
	20	2003360	144400	—	93.28	6.72	—
	30	1960140	128655	—	93.84	6.16	—
丝	10	10842080	474570	92820	95.03	4.16	0.81
	20	11496720	763150	—	93.78	6.22	—
	30	11389695	1346595	—	89.43	10.57	—

由表 3-77 可以看出,对于 3 种阳性样品,在提取体积为 20mL 时,基本上

一次提取就可以达到 93% 左右的提取率。由于一次提取稀释倍数较小,方法的检出限相应比较小,可操作性强,因此本项目选择:提取次数 1 次,提取体积为 20mL。

6.2.2.4　提取温度和提取时间的选择

称取 1.0g 阳性样品各两份,加入 20mL 甲醇,在温度为 40℃ 和 60℃ 以及时间分别是 20min 和 40min 的条件下进行超声。提取的结果见表 3-78。

表 3-78　提取温度和提取时间的选择

温度	40℃		60℃	
时间	20min	40min	20min	40min
棉	2369800	1945100	2326500	2283500
	2392600	1942850	2327850	2287000
麻	1825750	1829550	1876600	1935000
	1835350	1830550	1872350	1946350
丝	10417550	10396050	10238700	10622050
	10402350	10445100	10180300	10567600

结果表明,随着温度的增加,提取出来的样品并没有显著增加;而且在相同的提取温度下,延长提取时间,提取效果也不会有很明显的变化。因此从简易、方便、省时的原则出发,本方法选择超声在 40℃ 的条件下超声 20min。

6.2.2.5　前处理方法的确认

综上所述,最终确定的前处理条件是:取有代表性试样,剪成约 5mm×5mm 的碎片,混匀。准确称取上述试样 1.0g,精确至 0.01g,置于 50mL 提取器中,准确加入 20mL 甲醇,置于超声波提取器中,于 40℃ 下超声提取 20min。取部分样液经 0.22μm 有机滤膜过滤后待仪器上机分析。必要时,先进行适当稀释再进行分析。

6.2.3　分析条件优化

6.2.3.1　HPLC—DAD 仪器条件优化

(1)流动相的选择

在反相液相色谱中,一般使用的是水、甲醇、乙腈和四氢呋喃等极性强的流动相。本方法实验了甲醇/水、乙腈/水两种流动相。结果实验发现,使用甲醇/水得到的峰形规整,基线平稳,峰面积和保留时间的重现性好。而使用乙腈/水做流动相时,峰形不如甲醇/水流动相对称尖锐,而且乙腈存在比较大的毒性,故最终选择使用甲醇/水作为流动相。

(2)流速的选择

在其他色谱条件都不变的情况下,改变流速的大小,会影响分析物的保留时间、峰面积、分离度和柱压。在柱温40℃的情况下,考察流速分别为0.8mL/min、1.0mL/min、1.2mL/min时分析物的保留时间、峰面积、分离度和柱压。实验表明,在流速为1.0mL/min下,柱压合适,整体峰面积响应好,保留时间和分离度都处在合理的范围。

(3)柱温的选择

确定了流速以后,改变柱温,从30℃至50℃,以5℃为区间,进行实验。实验结果表明,随着温度的升高,总体峰面积变化不大,柱压则随着温度的升高而不断下降,保留时间也随着温度的升高而减小。同时考虑色谱柱的使用温度的要求,选择柱温为40℃。

(4)色谱条件的确定

在柱温为40℃,柱流速为1.0mL/min的条件下,对混标进行梯度洗脱,在梯度洗脱条件为0min,甲醇：水=45：55(体积比);4min,甲醇：水=90：10(体积比);13.00min,甲醇：水=90：10(体积比);13.01min,甲醇：水=45：55(体积比),保持至20.00min后结束。该洗脱条件下,7种物质可以达到理想的基线分离效果,而且峰形尖锐对称,如图3-97所示。图3-98为在不同检测波长下7种异噻唑啉酮类抗菌剂的紫外光谱图,可以看出MI、CMI在检测波长319nm处信号响应较低。

本方法根据色谱峰的保留时间定性,可结合其紫外吸收光谱图(图3-98)进行确认,根据色谱峰的峰面积进行外标法定量。

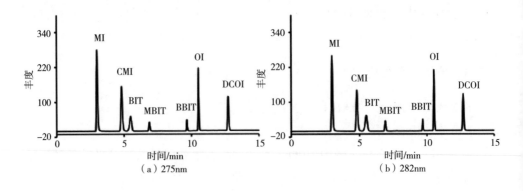

(a) 275nm　　　　(b) 282nm

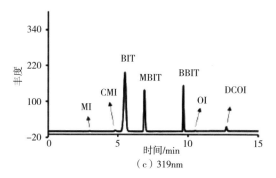

（c）319nm

图 3-97　不同检测波长下异噻唑啉酮液相色谱图

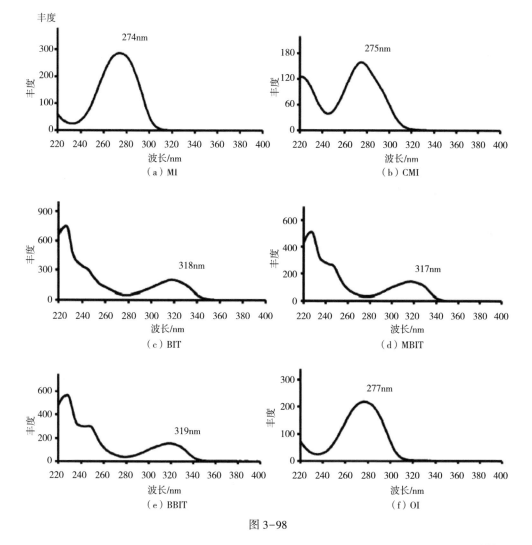

（a）MI

（b）CMI

（c）BIT

（d）MBIT

（e）BBIT

（f）OI

图 3-98

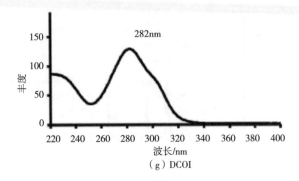

（g）DCOI

图 3-98　7 种异噻唑啉酮类抗菌剂的紫外光谱图

6.2.3.2　HPLC—MS/MS 仪器条件优化

（1）质谱条件的优化

取 0.2mg/L 异噻唑啉酮化合物混合标准工作溶液进样,根据化合物的分子结构可知异噻唑啉酮类抗菌剂在正离子模式上有比较好的响应,而且其经过 ESI 电离生产的特征分子离子峰为 [M+H]⁺,将其选为母离子峰,确定 MI、CMI、BIT、MBIT、BBIT、OI 和 DCOI 的准分子离子,即母离子为 m/z 116.02、149.98、152.02、166.03、208.08、214.13、282.05。以上述准分子离子为母离子,通过氮气碰撞产生碎片离子进行子离子扫描(PI),选择丰度较高的碎片离子作为定性和定量特征离子。利用 Optimizer 优化软件,进一步细致优化碰撞能量(collision energy),优化后的参数见表 3-79。

表 3-79　7 种异噻唑啉酮类抗菌剂的检测离子对和碰撞能量

目标化合物	保留时间/min	监测离子对(m/z)		碰撞能量/eV
		母离子	子离子	
MI	0.963	116.02	71.2	22
	0.963		53.2	50
CMI	2.252	149.98	87.1	46
	2.252		58.3	30
BIT	2.971	152.02	134.2	26
	2.971		77.1	38
MBIT	3.523	166.03	151	30
	3.523		96	46

续表

目标化合物	保留时间/min	监测离子对(m/z)		碰撞能量/eV
		母离子	子离子	
BBIT	5.88	208.08	152.2	58
	5.88		57.3	26
OI	6.769	214.13	102.2	26
	6.769		57.2	62
DCOI	7.895	282.05	170.2	14
	7.895		57.2	18

（2）色谱条件的优化

由于异噻唑啉酮类化合物都是属于极性比较强的化合物,故本项目采用 C18 类型的色谱柱对其进行分离,在确定了色谱柱以后,分别考察甲醇—水溶液流动相和乙腈—水溶液流动相。结果显示甲醇—水溶液流动相具有更好的保留时间和响应。

为进一步改善质谱的信号响应,分别在水相中添加 0.1% 甲酸、0.01mol/L 乙酸铵,实验结果显示,当添加 0.1% 甲酸时,色谱峰之间能够完全分离,而且其响应也比较高。最终色谱图如图 3-99 所示。

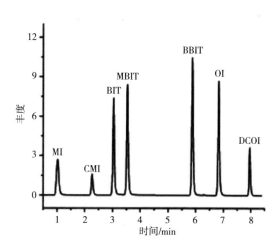

图 3-99　7 种异噻唑啉酮类抗菌剂的液相色谱质谱图

6.2.4　线性范围和检出限

采用逐级稀释方式配制 7 种异噻唑啉酮混合标准工作溶液,浓度水平在

0.10~50.0mg/L。此浓度范围之内,相关系数均大于0.99,见表3-80和表3-81;本方法以信噪比为3($S/N=3$)计算得到7种异噻唑啉酮类抗菌剂的仪器检出限和定量限,因此计算得到方法检出限和方法定量限见表3-80和表3-81。本项目采用方法定量限作为标准测定低限,考虑到法规限量要求及标准适用性,7种异噻唑啉酮类抗菌剂的HPLC—DAD法的测定低限统一为1.0mg/kg;HPLC—MS/MS法的测定低限统一为0.01mg/kg。

表3-80 方法的线性关系和检出限(HPLC—DAD)

序号	名称	浓度范围/ (mg/L)	线性相关 系数	线性方程	仪器 检出限/ (mg/L)	仪器 定量限/ (mg/L)	方法 检出限/ (mg/kg)	方法 定量限/ (mg/kg)
1	MI	0.10~50.3	1.0000	$A=37500c+884.1$	0.01	0.03	0.2	0.6
2	CMI	0.10~50.4	1.0000	$A=25799c+349.8$	0.02	0.05	0.4	1
3	BIT	0.10~50.4	1.0000	$A=44264c+635.1$	0.02	0.05	0.4	1
4	MBIT	0.10~50.3	1.0000	$A=17430c+413.2$	0.02	0.05	0.4	1
5	BBIT	0.10~50.5	1.0000	$A=12764c+290.8$	0.02	0.05	0.4	1
6	OI	0.10~50.3	1.0000	$A=19142c+306.4$	0.02	0.05	0.4	1
7	DCOI	0.10~50.1	1.0000	$A=15343c+393.4$	0.03	0.05	0.6	1

表3-81 方法的线性关系和检出限(HPLC—MS/MS)

序号	名称	浓度范围/ (μg/L)	线性 相关 系数	线性相关 方程	仪器 检出限/ (μg/L)	仪器 定量限/ (μg/L)	方法 检出限/ (mg/kg)	方法 定量限/ (mg/kg)
1	MI	0.2~200	0.9999	$A=5492.96c+1567.13$	0.05	0.1	0.001	0.002
2	CMI	0.2~200	0.9999	$A=2526.46c+965.42$	0.05	0.1	0.001	0.002
3	BIT	0.2~200	0.9999	$A=9572.47c+4298.69$	0.02	0.05	0.0004	0.001
4	MBIT	0.2~200	0.9998	$A=12589.47c+7389.04$	0.02	0.05	0.0004	0.001
5	BBIT	0.2~200	0.9999	$A=16327.84c+8626.64$	0.02	0.05	0.0004	0.001
6	OI	0.2~200	0.9996	$A=12890.49c+9075.32$	0.02	0.05	0.0004	0.001
7	DCOI	0.2~200	0.9999	$A=4761.35c+2998.18$	0.05	0.1	0.001	0.002

6.2.5 回收率和精密度实验

以不含目标化合物的棉、麻、丝、涤纶作为空白基质,分别添加1mg/kg、5mg/kg

和10mg/kg 3个点不同浓度水平的混标,每个浓度添加水平均制备6份平行样,采用LC—DAD法测试,计算方法的平均回收率,结果见表3-82。7种异噻唑啉酮类抗菌剂的平均回收率为85.40%~111.79%,精密度(RSD)为0.48%~5.92%。

表3-82　不同基质纺织品在不同添加水平下的回收率及精密度

空白基质	添加水平	回收率/%						
		MI	CMI	BIT	MBIT	BBIT	OI	DCOI
棉	1mg/kg	91.1	92.7	91.64	88.96	85.66	92.21	90.09
		94.65	95.85	99.62	91.3	86.91	99.73	85.4
		98.45	103.14	99.28	88.22	93.04	99.63	89.63
		93.67	104.52	100	99.17	91.95	89.56	88.92
		90.81	96.35	103.05	93.36	87.29	97.92	86.32
		98.76	99.73	103.52	98.72	88.46	96.83	89.96
	平均值	94.57	98.71	99.52	93.29	88.88	95.98	88.39
	RSD/%	3.33	4.23	3.91	4.64	3.03	3.97	2.09
	5mg/kg	102.12	99.65	99.67	106.45	101.72	109.58	100.51
		108.84	111.2	111.09	111.79	111.03	109.58	108.94
		104.08	107.19	105.39	104.83	105.44	111.11	101.23
		100.99	96.01	107.23	102.63	101.68	105.06	100.09
		106.15	111.57	111.04	110.96	111.69	110.9	107.09
		106.3	108.63	105.64	101.35	103.27	104.86	103.21
	平均值	104.75	105.71	106.68	106.33	105.81	108.52	103.51
	RSD/%	2.54	5.54	3.64	3.68	3.9	2.38	3.26
	10 mg/kg	103.87	106.44	103.66	104.26	104.66	107.25	105.83
		102.27	101.75	100.99	101.5	101.92	104.82	102.02
		101.16	102.54	101.19	102.1	100.15	104.33	100.63
		104.26	99.45	105.24	105.62	108.34	107.31	104.57
		100.31	101.4	100.88	100.6	102.31	102.51	98.54
		103.06	103.94	103.24	104.18	102.43	101.69	103.71
	平均值	102.49	102.59	102.53	103.04	103.3	104.65	102.55
	RSD/%	1.38	2.13	1.59	1.71	2.53	2.04	2.4

空白基质	添加水平	回收率/%						
		MI	CMI	BIT	MBIT	BBIT	OI	DCOI
麻	1mg/kg	94.63	103.83	106.46	93.58	95.91	100.1	98.35
		96.22	103.91	102.98	94.5	96.91	95.94	94.38
		97.86	109.44	106.1	99.34	95.98	103.31	96.14
		100.06	100.99	102.87	100.37	92.18	98.85	95.03
		93.7	107.02	97.67	99.52	90.47	106.84	91.98
		101.1	106.18	106.39	97.18	96.68	109.7	97.64
	平均值	97.26	105.23	103.74	97.42	94.69	102.46	95.2
	RSD/%	2.77	2.56	3	2.65	2.59	4.6	2.18
	5mg/kg	101.82	106.77	104.31	104.26	105.68	105.14	98.04
		102.28	107.46	104.48	107.91	104.32	109.14	99.64
		105.83	107.15	104.48	107.25	105.79	100.65	98.82
		103.74	106.6	103.22	103.23	101.41	103.43	102.24
		104.97	105.85	103.76	105.34	105.37	104.39	98.89
		104.09	106.72	104.48	105.85	104.98	105.31	100.8
	平均值	103.79	106.76	104.12	105.64	104.59	104.68	99.74
	RSD/%	1.55	0.48	1.01	1.61	1.74	2.88	3.12
	10mg/kg	102.76	104.7	100.66	101.76	104.26	105.22	103.79
		106.69	106.16	106.75	106.29	107.66	105.42	107.76
		103.76	106.09	101.65	102.96	105.18	106.55	103.07
		102.76	104.59	103.14	103.31	104.35	104.88	103.65
		106.29	107.93	106.6	107.13	110.14	108.44	104.15
		103.67	108.72	104.61	101.61	104.82	110.44	104.62
	平均值	104.32	106.37	103.9	103.85	106.07	106.83	104.51
	RSD/%	1.52	1.44	2.23	2.05	2.03	1.88	1.46
丝	1mg/kg	97.33	91.09	104.91	88.22	99.71	95.74	93.93
		100.89	96.81	100.7	96.78	94.9	101.24	98.29
		92.67	95.35	100.96	92.04	98.85	90.18	90.94
		94.68	99.46	100.34	87.82	95.05	96.67	86.51
		104.81	91.2	109.79	93.01	99.01	99.53	103.88
		92.75	90.86	100.34	87.82	95.05	89.46	91.72

续表

空白基质	添加水平	回收率/%						
		MI	CMI	BIT	MBIT	BBIT	OI	DCOI
	平均值	97.19	94.13	102.84	90.95	97.1	95.47	94.21
	RSD/%	4.57	3.51	3.4	3.66	2.17	4.59	5.92
丝	5mg/kg	104.69	106.48	106.48	101.86	104.67	102.16	101.13
		103.41	102.87	107.06	101.89	100.94	105.14	98.85
		104.33	107.34	105.85	103.2	103.66	104.29	102.56
		103.01	106.65	104.13	101.46	101.02	105.48	101.95
		104.68	107.44	103.52	98.01	103.62	103.97	103.28
		103.59	104.85	105.68	98.75	105.52	102.13	103.18
	平均值	103.95	105.94	105.45	100.86	103.24	103.86	101.83
	RSD/%	0.63	1.52	1.18	1.83	1.67	1.26	1.49
	10mg/kg	104.44	104.23	105.01	103.68	104.03	106.51	103.93
		103.02	103.93	101.85	102.67	101.13	104.27	101.43
		102.67	103.49	102.81	103.63	102.69	104.14	102.07
		104.16	102.33	107.2	106.66	106.54	104.62	103.29
		102.68	100.95	103.42	101.69	103.55	102.56	101.2
		103.72	101.79	103.11	105.36	104.09	103.36	101.6
	平均值	103.45	102.79	103.9	103.95	103.67	104.24	102.26
	RSD/%	0.68	1.15	1.68	1.58	1.57	1.17	0.99
涤纶	1mg/kg	90.65	95.62	102.91	92.1	96.29	92.88	93.15
		96.03	103.33	103.63	90.85	92.26	101.76	103.36
		97.15	106.41	107.28	90.22	96.84	102.9	97.31
		89.51	95.19	96.37	93.98	95.91	105.49	97.83
		93.36	105.79	101.66	97.46	90.86	97.71	97.83
		96.54	100.57	107.26	90.62	105.22	111.26	99.07
	平均值	93.87	101.15	103.19	92.54	96.23	102	98.09
	RSD/%	3.14	4.43	3.59	2.74	4.76	5.66	3.06
	5mg/kg	103.79	108.09	110.05	109.82	106.57	109.68	102.95
		100.5	105.44	108.45	105.54	102.81	108.02	101.91
		101.32	99.03	102.11	98.87	100.52	100.96	94.53

空白基质	添加水平	回收率/%						
		MI	CMI	BIT	MBIT	BBIT	OI	DCOI
涤纶	5mg/kg	104.04	101.22	111.6	106.57	104.43	106.44	98.59
		101.59	105.37	108.1	103.97	105.6	105.45	102.3
		97.89	100.64	102.41	100.24	94.47	98.91	97.42
	平均值	101.52	103.3	107.12	104.17	102.4	104.91	99.62
	RSD/%	2.04	3.1	3.38	3.57	3.96	3.62	3.05
	10mg/kg	104.44	105.15	107.23	106.07	104.26	107.41	103.79
		104.48	103.34	107.51	104.12	104.01	105.24	103.44
		104.92	106.95	109.06	105.81	105.5	109.05	104.13
		103.9	104.86	108.48	105.86	105.77	103.3	103.39
		102.99	104.54	106.28	105.23	103.73	105.17	100.34
		104.95	106.6	107.41	106.9	106.39	106.25	100.28
	平均值	104.28	105.24	107.66	105.67	104.94	106.07	102.56
	RSD/%	0.65	1.17	0.83	0.8	0.94	1.72	1.57

6.2.6 实际样品检测

选取阳性样品棉样、麻样、丝样各 9 份,按照上述方法分别进行测试,所有阳性样品均测出 OI,具体结果见表 3-83。

表 3-83 方法的精密度

样品	测定结果（峰面积）	平均值（峰面积）	相对标准偏差/%
棉	105618.3	105144.5	0.42
	105870.5		
	105161.3		
	105291.6		
	105258.4		
	104541.8		
	104615.5		
	104760.4		
	105183.1		

样品	测定结果（峰面积）	平均值（峰面积）	相对标准偏差/%
麻	43235.87	43314.3	1.05
	43064.88		
	43332.73		
	43508.74		
	43759.39		
	44086.54		
	42572.32		
	42858.01		
	43410.59		
真丝	94786.77	98480.6	4.15
	95032.1		
	95092.06		
	103365.9		
	103454.6		
	104574.5		
	96060.81		
	96592.32		
	97366.8		

　　采用所建立的方法对市售的抗菌纺织品进行测试,测试结果见表 3-84。测试结果表明,在多个样品中检出高浓度的 OI。图 3-100 为样品 1#HPLC—DAD 实测图。

表 3-84　市售的抗菌纺织品中异噻唑啉酮残留量的测试结果

样品名称	测得组分	测试值 1/ （mg/kg）	测试值 2/ （mg/kg）	测试值 3/ （mg/kg）	平均值/ （mg/kg）
涤样品	OI	61.6	62.2	64.8	62.9
棉样品	OI	769.2	773.5	775.1	772.6

样品名称	测得组分	测试值1/（mg/kg）	测试值2/（mg/kg）	测试值3/（mg/kg）	平均值/（mg/kg）
麻样品	OI	309	310.3	307.8	309
丝样品	OI	777.8	737.6	742.5	752.6

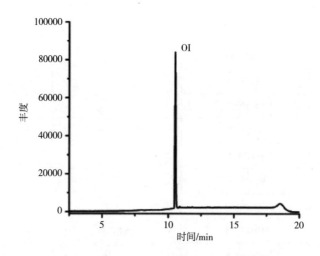

图 3-100　市售样品 1#采用 HPLC—DAD 实测图

7　其他类有害物质

7.1　短链对特辛基苯酚乙氧基醚类有害物质

7.1.1　检测原理

对特辛基苯酚乙氧基醚是由辛基酚与环氧乙烷在碱催化剂存在下缩聚而成。在纺织行业中主要被用作液体洗涤剂,染料色泽改进剂或乳化剂。较高支链的 4-辛基酚是经常用于制造此类物质的主要原料。其各种同系物主要取决于环氧乙烷与辛基酚产生乙氧基化的起始阶段和链增加中的相对速率。这种合成方法的结果是这些表面活性剂形成一种复杂的混合物,其聚合物指数变动范围很大。因此,乙氧基化的表面活性剂是比同系结构的离子型化合物更为复杂的化合物。对如此复杂的化合物,其分离和鉴定都是不容易的。

2012 年 12 月 17 日,在欧盟化学品管理局(ECHA)官方网站上公布的 REACH 法规第八批高度关注物质(SVHC)候选清单中增加了对特辛基苯酚乙氧基化物 [4-(1,1,3,3-tetramethylbutyl)phenol,ethoxylated],限制了这类物质在纺织品与皮革产品中的使用,并要求如物品中此类物质的含量不超过 0.1%,世界上也已有很多国家开始对该类物质进行了单独的研究和监控。国外目前已有的雌激素活性评估方法一致认为该类物质短链产物及降解的最终产物辛基酚是雌激素活性最强的物质,其雌激素效应是壬基酚的 5 倍。不同聚合度的对特辛基苯酚乙氧基化物的特性、应用范围及毒性有很大的差别。特别是含有 1~3 个乙氧基单元的短链对特辛基苯酚乙氧基化物是纺织品及环境中此类聚合物自然降解而形成的难进一步降解的中间产物,其具有比母体更大的生态毒性。

检测原理:采用甲醇作为提取溶剂,用超声波提取试样中的短链对特辛基苯酚乙氧基化物,提取液经浓缩后用带荧光检测器的正相高效液相色谱仪测定,外标法定量。

7.1.2　短链对特辛基苯酚乙氧基化物对照品/参照品的说明

含有 1~3 个氧乙烯基的短链是用对特辛基酚乙氧基化物于日用和工业洗涤剂的辛基酚聚氧乙烯醚的自然降解而形成的难降解的中间产物,其毒性比母体的毒性更大且具有很强的生物富集性,是从环境和人类健康方面考虑应优先控制的有害物质。由于工业原料和生产工艺的原因,对特辛基酚乙氧基化物通常为一系列不同聚合度的同系物的混合物,产品的聚合度由平均氧乙烯基团数表征,由于不同聚合度的对特辛基酚乙氧基化物的特性,应用范围及毒性有较大的差别,因此建立能够分离不同聚合度的对特辛基酚乙氧基化物的方法非常必要。

目前纺织品中混合聚合度的对特辛基酚乙氧基化物的测定可以参照《纺织品 表面活性剂的测定 烷基酚聚氧乙烯醚》(GB/T 23322—2009)来测定,该标准方法中采用平均聚合度为9的辛基酚聚氧乙烯醚作为定性、定量的标准品,虽然采用标准中的正相 HPLC 方法与 LC—MS/MS 方法可以定性分析不同聚合度(2~16 个氧乙烯基)对特辛基酚乙氧基化物的存在,但是很难进行每个独立乙氧基化合物的定量分析。本方法通过参考国内外相关文献,采用对特辛基酚单乙氧基化物标准品(4-tert-octylphenol monoethoxylate,$C_{16}H_{26}O_2$,CAS 号:2315-67-5,纯度≥98%);对特辛基酚二乙氧基化物标准品(4-tert-octylphenol diethoxylate,$C_{18}H_{30}O_3$,CAS 号:2315-61-9,纯度≥99%),对特辛基酚三乙氧基化物标准品(4-tert-octylphenol triethoxylate,$C_{20}H_{34}O_4$,CAS 号:2315-62-0,纯度≥99%)作为本方法的标准物质,采用优化后的正相 HPLC 方法对纺织品中含 1~3 个氧乙烯基的短链对特辛基酚乙氧基化物进行定性、定量分析。

7.1.3 仪器分析条件的选择

7.1.3.1 溶剂和正相色谱柱的选择

为考察不同溶剂对 HPLC 分析的影响,分别用流动相、甲醇、乙醇、异丙醇、正己烷作为溶剂配制标准溶液进行测定。结果表明,流动相、甲醇和异丙醇均可以作为溶剂使用,但是用异丙醇作为溶剂更有利于降低噪声,提高检测灵敏度,同时与流动相作为溶剂相比也简化了标准溶液的配制过程。因此,本方法选择异丙醇作为溶剂。

为选择合适的正相色谱柱进行目标物的分离,本方法选择了 Kromasil 氨基液相色谱柱(NH₂)(250mm×4.6mm,5μm)、Dikma platisil silica 硅胶柱(250mm×4.6mm,5μm)、Kromasil 氰基液相色谱柱(CN)(250mm×4.6mm,5μm)三种正相色谱柱进行目标物分离,结果表明在氨基液相色谱柱与氰基液相色谱柱中对对特辛基酚单乙氧基化物与对特辛基酚二乙氧基化物的出峰效果较差,仪器响应较低且对特辛基酚三乙氧基化物的峰形有严重拖尾现象,因此为达到三个目标物质最好的分离效果本方法采用 Dikma platisil silica 普通硅胶柱分离。

7.1.3.2 检测器的选择

为选择灵敏度较高的检测方式,同时考虑到纺织品检测实验室的仪器常规配置,本标准选择紫外检测器与荧光检测器中灵敏度较高的一种检测方式。

使用异丙醇配制的对特辛基酚单乙氧基化物,对特辛基酚二乙氧基化物与对特辛基酚三乙氧基化物采用紫外检测器从波长 195~380nm 范围进行扫描,发现三种物质在 208nm 处有最大吸收,所以可在此波长下进行定性、定量检测。而通过查阅文献报道对荧光检测器的检测条件选择激发波长 230nm,发射波长 296nm。通过对比分析发现,荧光检测器对 0.5mg/L 以下的标准品的色谱峰形及仪器信噪比优于紫外检测器,因此,选择荧光检测器激发波长 230nm,发射波长 296nm 作为三种目标物质的检测方法。

7.1.3.3 流动相的选择与优化

利用相似相溶的原理,利用不同 EO 单元的 OPEO 的极性差异进行正向柱实验。起始采用 100%正己烷为流动相 A,但是极性太小导致高效液相色谱仪不能完成前平衡过程,故加入少量异丙醇增强流动相 A 的极性,而选择水作为流动相 B 但其极性虽然更强,但出峰效果不佳,所以流动相 B 中加大了异丙醇的比例而减少了水的配比。根据文献报道,前期摸索与 Dikma platisil silica 硅胶柱产品说明书的建议,本标准最终采用流动相 A:正己烷 85%+异丙醇 15% 与流动相 B:异丙醇 85%+水 15%作为流动相分离三种目标物质。由流动相的改变引起的分离效果的变化如图 3-101 所示。从图 3-101 中可以发现,流动相 B 中异丙醇比例增加可以使短链对特辛基苯酚乙氧基化物的保留值稍有降低,但分离时间仍然较长[图 3-101(a)]。当异丙醇含量降低,整个流动相的极性减弱时,虽然各个主要样品峰能达到基线分离,却使疏水性较弱的对特辛基酚三乙氧基化物在分析柱上的保留性加强,导致峰展宽,峰高降低,较难进行定量检测[图 3-101(b)]。当流动相比例达到流动相 A:正己烷 85%+异丙醇 15% 与流动相 B:异丙醇 85%+水 15% 的比例时,三个目标组分基本能够达到基线分离[图 3-101(c)]。确定的梯度洗脱程序见表 3-85,短链对特辛基苯酚乙氧基化物标准品的正相 HPLC 参考保留时间见表 3-86。

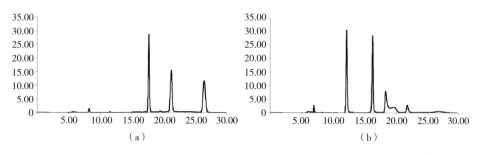

(a)　　　　　　　　　　(b)

图 3-101

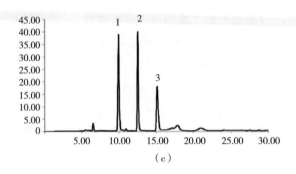

图 3-101　不同流动相配比下的目标物分离图

1—对特辛基酚单乙氧基化物　2—对特辛基酚二乙氧基化物　3—对特辛基酚三乙氧基化物

表 3-85　梯度洗脱程序

时间/min	流动相 A/%	流动相 B/%
0	100	0
10.00	85	15
15.00	80	20
20.00	70	30
25.00	100	0

表 3-86　短链对特辛基苯酚乙氧基化物标准品的正相 HPLC 参考保留时间

出峰序号	化合物	参考保留时间/min
1	对特辛基苯酚单乙氧基化物	9.939
2	对特辛基苯酚二乙氧基化物	12.539
3	对特辛基苯酚三乙氧基化物	15.134

7.1.3.4　定性分析条件的确定

HPLC 分析条件为使用硅胶柱作为正相分析柱,流动相采用流动相 A:正己烷 85%+异丙醇 15%与流动相 B:异丙醇 85%+水 15%,使用荧光检测器在激发波长 230nm,发射波长 296nm 条件下检测。进行样品测试时,如果检出的色谱峰的保留时间与标准品一致可判定样品中存在该种物质。如果所对应的保留时间不一致,则可判断样品中不存在该种物质。

7.1.4　萃取条件的选择

通常用于提取固体样品中待测成分的方法主要有 3 种:索氏萃取法、超声萃取法及微波萃取法。分别采用这 3 种萃取方法对不同材质的市售纺织品中的 3 种对特辛基酚单乙氧基化物进行萃取,比较其萃取效果。采用 1#玫红色机织棉布,2#黑色机织涤纶布,3#粉红色机织羊毛面料 3 个样品,将目标物使用甲醇配制成一定浓度后进行浸泡晾干备用。

7.1.4.1　索氏萃取法

(1)萃取时间的确定

取样品 1# 4 份,以甲醇作为萃取溶剂,分别索氏萃取 2h、3h、4h、5h 后,旋转蒸发至近干,氮气吹干后用异丙醇定容进行高效液相色谱法测定,计算萃取效果,结果发现萃取时间在 2h 后结果基本无变化,因此索氏提取的最佳时间为 2h。

(2)萃取溶剂的选择

采用不同的萃取溶剂进行提取方法的优化,本方法选用二氯甲烷、甲醇、石油醚、三氯甲烷、正己烷 5 种溶剂进行提取实验。根据各溶剂的沸点,索氏提取的温度比各溶剂的沸点高 10℃。萃取效果如图 3-102 所示。对于 3 种不同材质的纺

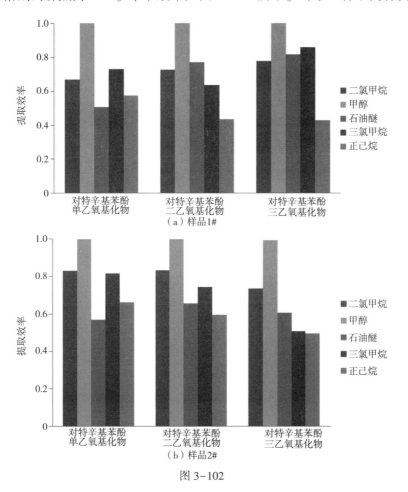

图 3-102

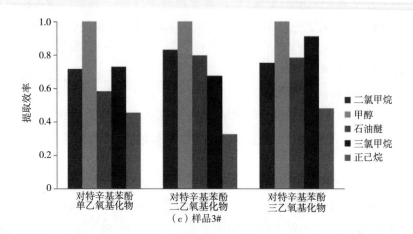

图3-102 不同溶剂对3种样品中3种对特辛基乙氧基化物的索氏萃取效果

织样品,甲醇的萃取效果均最佳,其次为二氯甲烷和正己烷。综合考虑,最佳索氏提取条件为:以甲醇作为萃取溶剂,在80℃条件下索氏萃取2h。

7.1.4.2 超声萃取法

(1)超声萃取时间的选择

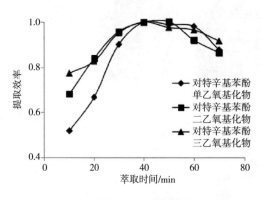

图3-103 超声萃取时间对萃取效果的影响

取样品2#,以甲醇为萃取剂,以1:25的固液比分别超声10min、20min、30min、40min、50min、60min、70min,萃取液转移至烧瓶中旋转蒸发浓缩至近干,用异丙醇定容至10mL后进行液相色谱法分析,结果如图3-103所示。从图3-103中可以看出,随着萃取时间的增加,3种目标物的萃取量逐渐增加,当萃取时间为40min时,萃取量达到最大值,随着萃取时间的增加,萃取量有所下降。

为了证明二次提取与一次提取对目标物提取效率的影响,本实验采用在样品2#中加标1mg/L、10mg/L和20mg/L,分别通过二次提取与一次提取的方法比较两种提取方法下的加标回收率,结果见表3-87。由表3-87可以看出,二次提取的方法与一次提取对低浓度添加的样品回收率影响不大,对高浓度(本实验中为20mg/L)

添加的样品回收率二次提取的值比一次提取的值稍高,但也均在 85%~100% 之间。因此,为保证萃取的效果,将超声萃取过程分两部分,以 1∶25 的固液比超声 40min 后将萃取液转移至烧瓶中,再加入 1∶10 固液比的萃取剂超声 20min 以萃取样品中的残留目标物,将两次超声萃取的萃取液合并后旋转蒸发浓缩至近干,用异丙醇定容至 10mL 后进行液相色谱法分析。

表 3-87 不同提取次数对目标物提取回收率的影响

样品	添加浓度	目标物	不同提取方法的回收率/%	
			1∶25 固液比超声 40min 后收集提取液,旋蒸定容测定	1∶25 固液比超声 40min 后转移至烧瓶,再加入 1∶10 固液比的提取溶剂超声 20min 后与前次合并,旋蒸定容测定
样品 2#	1mg/L	单乙氧基化物	101.4	99.3
		二乙氧基化物	99.3	99.7
		三乙氧基化物	100.5	99.4
	10mg/L	单乙氧基化物	99.3	101.3
		二乙氧基化物	98.7	99.5
		三乙氧基化物	106.4	98.7
	20mg/L	单乙氧基化物	94.5	98.8
		二乙氧基化物	89.4	90.6
		三乙氧基化物	90.2	97.7

(2)超声萃取温度的选择

取样品 2#,分别在 30℃、40℃、50℃、60℃ 下超声萃取 40min,旋转蒸发至近干后用异丙醇定容进行高效液相色谱方法测定,计算萃取效果。结果发现超声温度对萃取效果的影响不大,因此考虑到实验室的常用温度,此超声过程可在室温下完成。

(3)超声萃取溶剂的选择

根据 3 种目标物的性质特点,选择甲醇、异丙醇、乙酸乙酯、丙酮、1∶1 正己烷/丙酮 5 种常用溶剂作为萃取溶剂萃取 3 个不同纤维材质的纺织品(样品 1#、2# 和 3#)中的 3 个目标物,观察其萃取结果,结果如图 3-104 所示。从图 3-104 中可以看出,对 3 个不同材质的纺织品,甲醇的提取效果均最佳,其次为异丙醇。

因此,最佳的超声提取条件为:以甲醇作为萃取溶剂,以 1∶25 的固液比超声 40min 后将萃取液转移至烧瓶中,再加入 1∶10 固液比的萃取剂超声 20min 以萃取

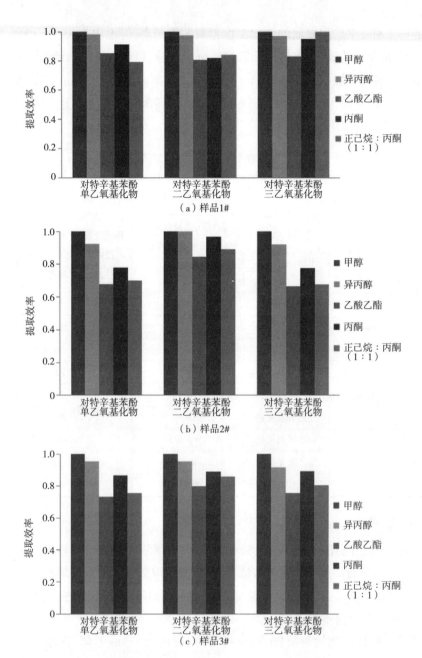

图3-104 不同溶剂对3个样品中3种对特辛基乙氧基化物的超声萃取效果

样品中的残留目标物,将两次超声萃取的萃取液合并后旋转蒸发浓缩至近干,用异丙醇定容至10mL后进行液相色谱法分析。

7.1.4.3　微波萃取法

根据微波萃取理论,微波萃取的效率主要取决于萃取溶剂种类、萃取时间和萃取温度。采用不同的溶剂萃取时,其萃取效率相差较大。有研究表明,固定萃取溶剂和温度时,微波萃取效率会随着萃取时间的延长而有所提高,但提高幅度不大,可以忽略不计。一般情况下,萃取时间在20~30min基本可以满足萃取要求。

在有机物的萃取过程中,将有机物从基质的活性位脱附是整个萃取过程的关键,较高的萃取温度有助于提高溶剂的溶解能力,更好地破坏有机物和基团活性位之间的作用力;同时,温度的提高使溶剂的表明张力和黏度下降,保持溶剂和基质之间的良好接触。通常情况下,萃取温度越高,有机物内部活动程度越剧烈,越有利于有机物的萃取。

为了确定合适的萃取溶剂,本实验选用二氯甲烷、甲醇、乙酸乙酯、丙酮、正己烷/丙酮(1:1)五种常见溶剂作为萃取剂萃取样品1#中的3种目标物质,并考察其萃取效果。微波萃取时,萃取管内的压力随着萃取溶剂和温度的变化而变化,一般可达几个至十几个大气压,这时萃取溶剂的沸点也随之上升。本实验中,采用每种萃取溶剂时的萃取温度均设定为比相应溶剂的沸点温度高20℃,升温速率均设为5℃/min,温度保持时间均为30min。图3-105所示为采用不同溶剂萃取样品1#的萃取效果,结果可知,甲醇的萃取效果均最好,其次为丙酮。

综合考虑,确定微波萃取的条件为:以甲醇为萃取溶剂,在80℃下微波萃取30min。

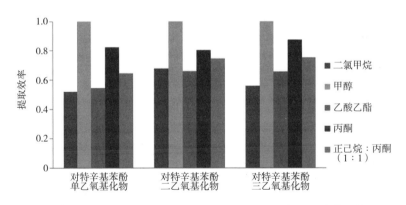

图3-105　不同溶剂对3种对特辛基苯酚乙氧基化物的微波萃取效果

7.1.5　最优萃取条件的选择

本实验综合考察了索氏提取,超声波辅助提取与微波萃取法对3种目标物的最优提取条件,通过考虑到实验室操作的方便性等方面,本标准采用超声波辅助提取方法进行样品的前处理,具体操作方法为:以甲醇作为萃取溶剂,以 1∶25 的固液比超声 40min 后将萃取液转移至烧瓶中,再加入 1∶10 固液比的萃取剂超声 20min 以萃取样品中的残留目标物,将两次超声萃取的萃取液合并后旋转蒸发浓缩至近干,用异丙醇定容至 10mL 后进行液相色谱法分析。

7.1.6 方法验证

7.1.6.1 方法的线性关系、检出限和定量限

采用正相高效液相色谱法对 3 个目标物不同浓度的标准溶液进行测定,结果表明,在一定的浓度范围内,其色谱法面积 A 与质量浓度 c 之间存在良好的线性关系。表3-88 给出了各个物质的线性范围、线性方程和线性相关系数。

表 3-88 方法的线性关系、检出限和定量限

目标物	线性范围/(mg/L)	线性方程	线性相关系数	方法检出限/(mg/kg)	方法定量限/(mg/kg)
单乙氧基化物	0.5~50	$A=1569182.4c-45716.4$	0.9992	0.3	1.1
二乙氧基化物	0.5~50	$A=1457966.9c-46238.9$	0.9998	0.4	1.2
三乙氧基化物	0.5~50	$A=768154.5c-1046.2$	0.9982	0.4	1.5

本方法采用在空白样品中加标进行实测的方法确定本方法的检出限,以信噪比为 3($S/N=3$)计算得到 3 种目标物质的方法检出限,以信噪比为 10($S/N=10$)计算得到方法的定量限(测定低限)见表3-88。

7.1.6.2 方法的回收率与精密度

采用正相高效液相色谱法对样品 3# 进行 6 次平行样测定,考察方法的精密度,结果见表3-89。从表3-89 中可以看出,3 种目标物质的精密度均较好,其 RSD 值均小于 5.0%。

表 3-89 方法精密度

目标物	面积测定值						平均值	RSD/%
单乙氧基化物	4916184	4833822	4698630	4539046	4705747	4380232	4678944	4.2
二乙氧基化物	4040953	3932565	3824025	3642814	3616066	3980875	3839550	4.6
三乙氧基化物	2915215	2877994	2726905	2691987	2821541	2540936	2762430	5.0

在自制阳性样品 1#~3# 与检测过程中的 3 个实际样品中分别添加低、中、高 3 个水平的 3 种目标物质标准品,才有优化后的提取方法用正相高效液相色谱法各

进行 6 次平行样测定,考察方法的回收率,结果见表 3-90。可以看出,本方法对 3 个目标物质的加标回收率均较高,在 3 个添加水平下,其回收率在 85%~106% 之间,RSD 均小于 10.0%。

表 3-90　方法的回收率

样品 1#								
目标物	添加浓度/ (mg/L)	回收率/%						平均值	RSD/%
单乙氧 基化物	0.5	97.3	95.7	96.9	89.4	90.5	96.8	94.4	3.7
	1	101.3	99.6	100.6	96.7	100.5	98.0	99.5	1.8
	10	102.0	99.3	101.3	101.5	98.4	101.0	100.6	1.4
	20	94.5	97.6	89.8	103.4	94.7	92.8	95.5	4.9
二乙氧 基化物	0.5	95.8	93.9	90.6	87.4	89.0	86.8	90.6	4.0
	1	104.4	102.3	92.2	100.7	98.1	101.9	99.9	4.3
	10	101.3	102.7	100.5	99.3	98.1	93.3	99.3	3.3
	20	90.7	92.2	99.6	87.9	85.7	98.5	92.4	6.1
三乙氧 基化物	0.5	87.4	85.0	88.9	87.3	86.2	89.7	87.4	2.0
	1	103.2	101.4	100.2	100.7	104.6	99.3	101.6	2.0
	10	100.3	99.5	99.6	93.4	96.4	97.8	97.8	2.7
	20	98.7	92.8	91.7	90.4	90.3	91.8	92.6	3.4
样品 2#								
目标物	添加浓度/ (mg/L)	回收率/%						平均值	RSD/%
单乙氧 基化物	0.5	89.0	94.9	90.4	87.5	89.2	86.3	89.6	3.3
	1	98.3	98.3	103.8	103.4	102.2	102.5	101.4	2.4
	10	97.3	94.3	94.8	94.7	96.2	101.3	96.4	2.7
	20	92.4	85.9	87.8	89.4	90.3	93.5	89.9	3.1
二乙氧 基化物	0.5	90.4	91.2	90.5	89.6	88.6	87.3	89.6	1.6
	1	101.3	101.7	104.4	91.3	94.4	95.8	98.1	5.2
	10	94.4	103.4	101.3	104.2	101.3	98.3	100.5	3.6
	20	89.3	87.3	92.3	95.3	87.8	86.3	89.7	2.9
三乙氧 基化物	0.5	88.9	90.5	95.3	96.4	89.7	85.9	91.1	4.4
	1	101.4	101.4	98.4	96.4	94.8	96.4	98.1	2.8
	10	98.3	93.4	97.3	97.5	101.4	103.2	98.5	3.5
	20	89.3	90.2	91.9	93.2	95.3	89.3	91.5	2.6

续表

样品 3#								
目标物	添加浓度/ (mg/L)	回收率/%						平均值	RSD/%
单乙氧 基化物	0.5	89.0	87.4	85.7	90.7	91.2	92.7	89.5	2.9
	1	101.3	104.5	101.3	98.2	95.4	98.3	99.8	3.2
	10	98.3	93.4	95.4	95.8	104.3	102.3	98.3	4.3
	20	87.3	89.3	87.9	87.5	93.2	91.4	89.4	2.7
二乙氧 基化物	0.5	88.9	86.2	89.5	87.4	90.2	90.5	88.8	1.9
	1	101.4	104.3	102.2	98.5	96.9	101.3	100.8	2.6
	10	101.4	103.9	103.2	95.8	93.8	95.8	99.0	4.4
	20	91.9	90.3	93.2	95.8	89.3	88.4	91.4	3.0
三乙氧 基化物	0.5	90.6	91.2	94.2	91.2	89.6	90.7	91.3	1.7
	1	104.3	103.8	104.8	97.9	92.4	92.2	99.2	6.0
	10	94.5	98.5	96.8	102.5	103.5	98.5	99.1	3.4
	20	88.3	86.4	89.5	93.2	92.4	92.8	90.4	3.1

100%丝绸样品(粉红色,100%桑蚕丝)

目标物	添加浓度/ (mg/L)	回收率/%						平均值	RSD/%
单乙氧 基化物	0.5	85.2	89.4	98.3	98.9	87.9	83.4	90.5	7.3
	1	95.0	102.3	101.4	105.8	97.5	95.4	99.6	4.3
	10	95.8	99.5	106.4	108.9	103.2	96.4	101.7	5.3
	20	86.3	85.9	90.2	102.3	98.6	99.5	93.8	7.7
二乙氧 基化物	0.5	86.3	89.5	89.3	90.4	93.4	86.9	89.3	2.9
	1	90.1	99.3	95.6	97.4	95.9	104.5	97.1	4.9
	10	104.3	97.3	96.2	93.3	104.6	107.8	100.6	5.7
	20	107.3	89.2	98.3	89.6	106.3	104.2	99.2	8.2
三乙氧 基化物	0.5	89.2	85.6	87.3	88.4	90.3	88.4	88.2	1.8
	1	90.3	99.5	105.3	104.4	106.3	110.3	102.7	6.8
	10	98.2	94.3	89.3	98.3	105.8	102.3	98.0	5.9
	20	92.4	89.4	88.4	90.2	102.2	105.3	94.7	7.6

续表

毛腈混纺样品(藏青色,56.4%毛 43.6%腈纶)								
目标物	添加浓度/ (mg/L)	回收率/%						平均值	RSD/%
单乙氧 基化物	0.5	86.8	88.5	85.9	90.3	91.3	90.9	89.0	2.5
	1	98.3	94.5	103.3	102.3	104.9	98.4	100.3	3.9
	10	90.8	93.9	103.2	106.5	110.3	99.6	100.7	7.4
	20	89.7	110.3	104.7	103.3	102.4	103.5	102.3	6.6
二乙氧 基化物	0.5	89.8	85.7	86.3	85.9	89.8	86.9	87.4	2.2
	1	95.3	99.5	96.8	89.7	98.3	99.4	96.5	3.8
	10	100.5	98.4	90.4	97.3	104.7	106.5	99.6	5.8
	20	103.8	105.3	108.5	103.9	105.8	99.0	104.4	3.1
三乙氧 基化物	0.5	86.8	89.3	85.9	88.9	87.9	86.8	87.6	1.5
	1	98.7	98.6	90.9	95.3	95.9	94.4	95.6	3.0
	10	102.3	104.5	102.9	98.9	98.3	96.8	100.6	3.0
	20	105.4	104.9	104.8	99.8	90.2	94.5	99.9	6.4

棉涤混纺样品(红色,28.9%棉 71.1%涤纶)								
目标物	添加浓度/ (mg/L)	回收率/%						平均值	RSD/%
单乙氧 基化物	0.5	89.6	87.4	87.0	87.9	86.9	90.2	88.2	1.6
	1	95.9	89.3	87.0	86.0	89.9	94.6	90.5	4.4
	10	101.3	105.9	105.8	108.5	108.9	94.2	104.1	5.3
	20	103.0	97.4	98.3	99.8	97.6	97.9	99.0	2.2
二乙氧 基化物	0.5	90.3	98.3	89.4	90.8	87.9	88.2	90.8	4.2
	1	89.3	99.3	98.3	95.2	100.2	104.8	97.9	5.3
	10	103.4	107.8	104.9	100.8	94.6	94.5	101.0	5.4
	20	104.8	103.7	104.2	108.3	102.3	98.7	103.7	3.0
三乙氧 基化物	0.5	90.6	86.8	89.3	107.3	108.4	100.6	97.2	9.8
	1	98.4	99.2	104.3	108.3	107.8	98.0	102.7	4.6
	10	94.9	95.5	95.8	99.0	108.3	101.3	99.1	5.2
	20	110.3	109.3	98.3	102.9	105.5	108.4	105.8	4.3

7.1.7 实际样品检测

应用本方法检测 26 批实验室内部样品,其中 2 批次检出含对特辛基酚二乙氧基化物与对特辛基酚三乙氧基化物,测试结果见表 3-91。图 3-106 是两个样品的色谱图。

表 3-91　实际样品测试结果

样品名称	单乙氧基化物/(mg/kg)	二乙氧基化物/(mg/kg)	三乙氧基化物/(mg/kg)
黑色涤纶机织布	6.7	未检出	未检出
粉红色羊毛针织面料	未检出	54.2	未检出

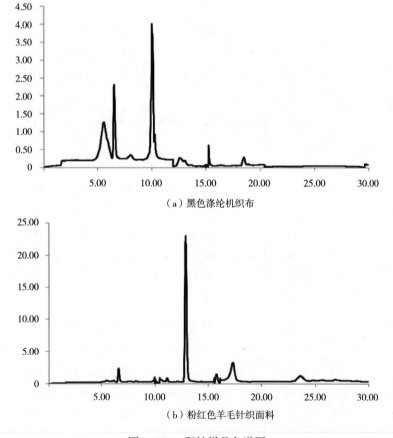

（a）黑色涤纶机织布

（b）粉红色羊毛针织面料

图 3-106　阳性样品色谱图

274

7.2　全氟己烷磺酸及其盐类有害物质

7.2.1　检测原理

全氟己烷磺酸及其盐类(perfluorohexane-1-sulphonic acid and its salts,PFHxS)是一类常见的生产加工助剂类物质,由于其疏水疏油以及耐温度和成膜的特性,广泛应用于纺织品、纸张和包装、表面活性剂的制造,曾被作为全氟辛烷磺酸 PFOS的替代物。近年来,全氟化合物的环保问题日益受到关注,与 PFHxS 关联性较高的全氟辛烷磺酸早在 2008 年就被欧盟纳入 REACH 法规监管。2017 年 6 月,欧盟又发布新规(EU)2017/1000,正式限制了全氟辛烷磺酸及其盐类(PFOA 和 PFOS)的生产和使用。2017 年 7 月 6 日,ECHA 发布决议正式将 PFHxS 加入高度关注物质 SVHC 清单。此次清单更新后,使用 PFHxS 物质的企业就将对这些物质承担 REACH 法规所规定的一系列法律义务,意味着物品中如含有该高度关注物质浓度超过 0.1%时则物品的生产商和进口商需在 6 个月之内向欧盟化学品管理局进行通报。此次 ECHA 将全氟己烷磺酸列入高关注物质,说明该类物质也被欧盟认定具有和全氟辛酸相似的高持久性、高生物累积性,意味着对此类物质的监管将大幅升级。目前国际上与生态纺织品相关的标准或法规中还没有限制该类物质在纺织品中的使用,但基于 REACH 法规的管制,相关标准下一步极有可能会对新加入的 PFHxS 进行限量并提出相应的检测要求。因此,研究该类物质的标准检测方法,将为纺织品的生态安全和我国纺织品顺利出口提供强有力的保障。

检测原理:用有机溶剂超声波提取试样中全氟己烷磺酸及其盐类,提取液经滤膜过滤后,用高效液相色谱—串联质谱仪(HPLC—MS/MS)测定,外标法定量。

7.2.2　前处理条件优化

7.2.2.1　阳性样品的制备

以全氟己烷磺酸钾作为目标物,先用甲醇将目标物配合偶联剂一起配制成浓度为 1mg/L 的溶液,将棉、涤纶 2 种标准贴衬布分别剪裁 2 块 A4 纸大小,放入上述溶液中,在染色小样机上浸轧后,于 150℃烘干 2~3min 后放入干燥器中冷却,同时制备不含目标物的空白样品(只用甲醇进行浸扎烘干)。上述过程重复 3 次,分别制备每种纤维类型 6 张 A4 纸大小的阳性样品。将制备的每份 A4 纸大小的样品剪成 5mm×5mm 的小片,混匀,每份选取 2 个样品按照相同的提取方法测定每种目标物的含量,确保每种织物类型的 12 个样品之间的目标物偏差不超过 2%。将满足上述要求的制备样品用于下述样品前处理条件的优化。

7.2.2.2 样品提取方式及固液比的选择

为便于操作,采用了常用的超声波提取与传统的索氏提取将样品的提取方式进行比较。制备的 2 种不同材质的阳性样品中,在同一块阳性布料中称取 3 份质量为 1g 的布片,分别采用索氏提取法和超声法提取目标化合物,每种方法各做 3 个平行实验。图 3-107 为提取结果的比较示意图。可以看出,索氏提取法和超声法提取效果差不多,但是索氏提取需要的时间长,消耗的有机溶剂多,所以选择简便易行的超声法来作为纺织品的提取方法。

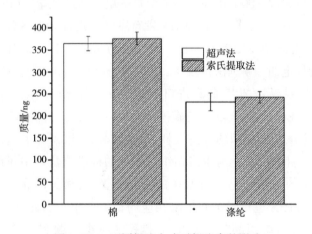

图 3-107 不同提取方式对提取率的影响

同时考虑了不同固液比对提取的影响,分别采用固液比 1∶15、1∶20、1∶30 和 1∶40 在室温下直接超声提取 30min 来测定提取溶液的峰面积以选取最优的固液比。测试的结果如图 3-108 所示,可以看出固液比为 1∶30,采用甲醇超声 30min 直接测定的提取率最高。

7.2.2.3 超声法提取溶剂的选择

分别加入 30mL 不同极性的低毒溶剂(甲醇、正己烷和二氯甲烷)到阳性样品中,在室温下超声 30min,正己烷和二氯甲烷的提取物使用氮吹到近 1mL 再用甲醇定容至 5mL,过膜进行测定,甲醇提取物直接过膜进行测定。以每种阳性样品提取率最高的数值作为分母进行提取率的归一化处理后的测试结果如图 3-109 所示,结果表明甲醇的提取效果最为理想。

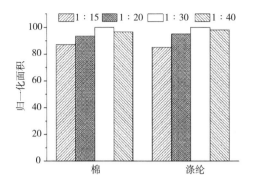

图 3-108　不同固液比对提取率的影响

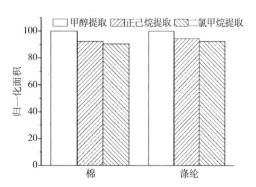

图 3-109　提取溶剂对目标物提取效率的影响

7.2.2.4　超声波提取时间的选择

在室温下,使用超声波提取器对阳性样品进行超声萃取时间选择的实验,萃取时间分别为 20min、30min、40min、50min、60min 和 70min。图 3-110 的结果显示在 50min 后目标物的提取率变化不大,因此选用 50min 作为提取时间。

7.2.2.5　提取次数的选择

为考察所采用的提取方法通过一次、两次和三次提取对目标物的提取效果的影响,本实验采用制备的阳性样品加标(1mg/kg)的方式通过以下几种方式进行实验。通过不同提取方式下测定出的样品浓度与回收率的值可以看出(表 3-92),采用三种提取方法对提取效果的影响不大,因此为了操作方便,使用一次提取进行实验。

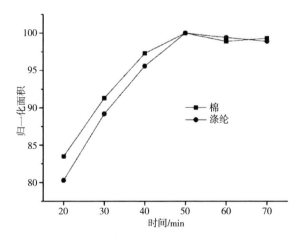

图 3-110　超声提取时间对目标物提取率的影响

表3-92 不同提取次数下提取效果的比较

提取方式		样品浓度/(mg/kg)	回收率/%
称取1g样品置于提取器中,加入30mL甲醇,在超声波发生器中萃取50min,用针筒过滤器将样液过滤至样品瓶中进行HPLC—MS/MS分析	棉	5.6±0.4	92±4
	涤纶	3.4±0.1	95±2
称取1g样品置于提取器中,加入30mL甲醇,在超声波发生器中萃取50min,转移至150mL平底烧瓶中,再加入30mL甲醇超声波发生器中萃取50min后与第一次的提取液合并,在60℃下旋蒸至2mL左右,转移到10mL容量瓶中用甲醇定容。用针筒过滤器将样液过滤至样品瓶中进行HPLC—MS/MS分析	棉	5.3±0.3	101±7
	涤纶	3.5±0.1	96±5
称取1g样品置于提取器中,加入30mL甲醇,在超声波发生器中萃取50min,转移至150mL平底烧瓶中,再加入30mL甲醇超声波发生器中萃取50min后于第一次的提取液合并,再加入30mL甲醇超声波发生器中萃取50min后与前2次的提取液合并在60℃下旋蒸至2mL左右,转移到10mL容量瓶中用甲醇定容。用针筒过滤器将样液过滤至样品瓶中进行HPLC—MS/MS分析	棉	5.2±0.5	93±6
	涤纶	3.2±0.2	104±4

7.2.3 色谱与质谱条件优化

7.2.3.1 色谱条件优化

(1)色谱柱的选择

选择合适的色谱柱是影响实验的关键因素,本实验在其他条件相同的情况下,考察了常用的 ACQUITY UPLC® BEH C18(50mm×2.1mm,1.7μm)和 Poroshell Phenyl Hexyl(100mm×2.1mm,2.7μm)2款色谱柱对目标物的分离情况和峰面积的影响。目标物在 Poroshell Phenyl Hexyl 柱上的保留较差,峰形不理想,只有采用 ACQUITY UPLC® BEH C18 进行分离时能够得到理想的峰形且在较短时间内出峰,故采用此色谱柱进行目标物的分离。

（2）流动相的选择

本方法优化时,分别考察了甲醇—甲酸铵、甲醇—水、甲醇—甲酸、乙腈—水、乙腈—甲酸 5 种不同流动相体系对目标物的分离机离子对信号强度的影响,发现采用乙腈体系在选择的色谱柱上对目标物的洗脱效果不理想[图 3-111(a)和(b)],采用甲醇体系可以实现目标物跟基线的有效分离,在水相中加入微量的甲酸(0.05%)可以更为有效地得到更漂亮的色谱峰,如图 3-111(c)所示,因此本方法采用甲醇—甲酸水溶液作为流动相,通过优化后的梯度洗脱曲线见表3-93。

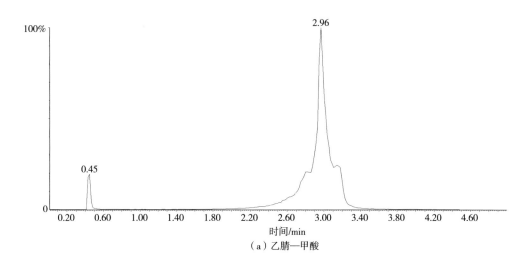

（a）乙腈—甲酸

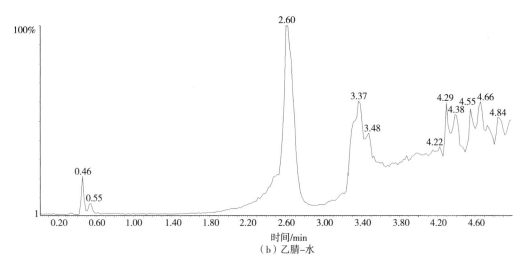

（b）乙腈-水

图 3-111

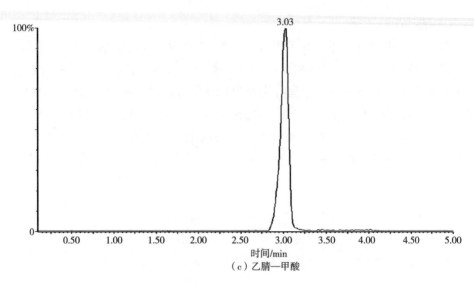

（c）乙腈—甲酸

图 3-111　不同流动相洗脱下的色谱图

表 3-93　色谱梯度洗脱曲线

时间/min	流动相 A/%	流动相 B/%
0	10	90
2.50	80	20
3.50	80	20
3.60	10	90
5.00	10	90

　　部分查阅文献和其他标准方法中采用甲醇—乙酸铵的体系对全氟化合物进行洗脱的方法较为常见,比较了甲醇—乙酸铵体系与甲醇—甲酸体系对目标物洗脱效果的影响,如图 3-112 所示。虽然全氟己烷磺酸盐在测定时电离成带负电的离子进行检测,甲酸的存在一定程度上会有削弱电离效果的影响,但同时在流动相中加入微量的酸可以使色谱柱的洗脱环境得到一定优化,这是一个相互平衡的过程,使用中性的乙酸铵溶液跟甲醇的体系对目标物的洗脱与甲醇—甲酸的洗脱在优化好的条件下对相同浓度的标准物质进行检测发现响应的信号值并无太大差异,因此本实验选用甲醇—甲酸体系进行液相洗脱。

7.2.3.2　质谱条件优化

　　为探究质谱条件,使用 5ng/mL 的全氟己烷磺酸钾标准溶液,以流动注射的

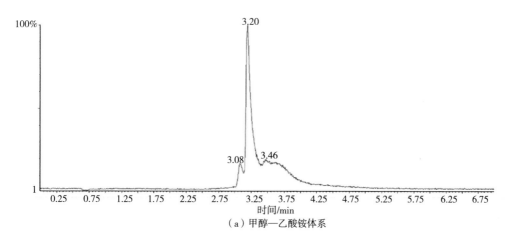

（a）甲醇—乙酸铵体系

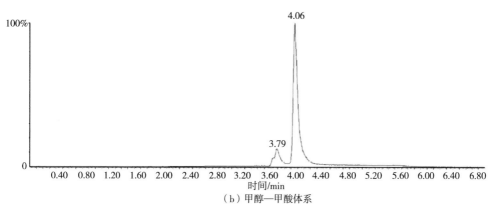

（b）甲醇—甲酸体系

图 3-112　两种不同洗脱体系最优条件下对目标物洗脱效果的影响

方式注入电喷雾（ESI）质谱，扫描范围为 m/z 50~600。由于全氟磺酸带有 SO_3^-，都较难进行质子化，不适合采用 ESI 正离子模式，故选择 ESI 负离子模式进行一级质谱分析，得到准分子离子峰，以此作为母离子进行二级质谱的质谱条件优化。图 3-113（a）为 PFHxS 的 ESI/MS 一级质谱图，显示很强的准分子离子峰 m/z 399.2，即 $[C_6F_{13}SO_3]^-$。准分子离子经过二级质谱主要产生 m/z 79.5、98.4、118.3、168.8、229.6 等一系列碎片离子峰，如图 3-113（b）所示，分别对应 $[SO_3]^-$、$[FSO_3]^-$、$[F_2SO_3]^-$、$[CF_4SO_3]^-$ 和 $[C_3F_6SO_3]^-$。

质谱条件优化参数中的电喷雾电压（2000~4000V）、雾化气（N_2）压力 207~414kPa（30~60psi），干燥气温度（270~350℃），干燥气流量（10~15 L/min）参数通过设置不同的参数值后采用 5ng/mL 的标样比较目标物母离子与子离子的峰面积大小来确定最优的参数，通过优化后得到最优的参数为电喷雾电压为 3500V，雾化气（N_2）压力为 310kPa（45psi），干燥器温度为 300℃，干燥气流量为 11 L/min。

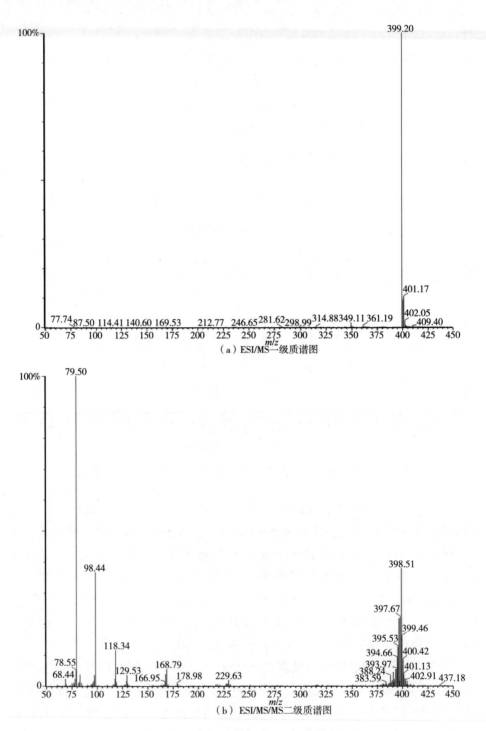

（a）ESI/MS一级质谱图

（b）ESI/MS/MS二级质谱图

图 3-113　PFHxS 的一级与二级质谱图

质谱的碎裂电压是毛细管的出口电压,决定母离子在四级杆中的传输能力,因此也是需要优化的参数之一,而碰撞电压是使母离子具有一定动能与碰撞气中的气体相撞从而碎裂成下一级的子离子,不同的离子对所需要的碰撞能力不同。利用安捷伦 Optimizer 软件对子离子、碎裂电压和碰撞能力参数进行自动优化,基于优化结果建立的多反应监测(MRM)质谱分析参数见表3-94。

表 3-94　PFHxS 的多反应监测条件

化合物	保留时间/min	母离子/(m/z)	子离子/(m/z)	碎裂电压/V	碰撞能量/eV	驻留时间/ms
PFHxS	3.03	399.2	79.6	50	65	100
			98.5*		65	100

注　加 * 的离子用于定量。

7.2.4　方法验证

7.2.4.1　线性关系和检出限

在方法验证中,配制浓度分别为 1ng/mL、3ng/mL、5ng/mL、7ng/mL、10ng/mL 的标准溶液进行标准曲线的绘制。以质量浓度(ng/mL)为横坐标,峰面积为纵坐标绘制标准曲线,计算回归方程,目标物的线性回归方程、线性相关系数见表3-95,结果表明,目标物定量离子对峰面积与浓度呈现良好的线性关系,线性相关系数为 0.9905,满足定量分析的要求。

表 3-95　线性关系和检出限

目标物	线性方程	线性相关系数	LOD/(mg/kg)	LOQ/(mg/kg)
全氟己烷磺酸根	$A = 356.7c + 50.5$	0.9905	0.01	0.03

采用逐级稀释标样加入样品中按照标准文本中的 7.2.3 进行测定,以信噪比(S/N)不低于 3 计算方法的检出限(LOD),以信噪比(S/N)不低于 10 计算方法的定量限(LOQ),结果见表3-95,目标物检出限为 0.01mg/kg,定量限为 0.03mg/kg,定量限的谱图如图3-114所示。针对 REACH 法规对该类物质 0.1% 的限量要求,本检测方法的定量限足够满足其定量检测的要求。

7.2.4.2　准确性和精密度

称取实验室选取的棉、涤纶、涤混纺的 3 个样品,经测定不含有目标物质,分别加入 3 种不同水平添加浓度(0.1mg/kg、1mg/kg、10mg/kg)的标准品,每种添加浓度准备 6 份样品进行测定,计算回收率和精密度。结果见表3-96,目标物的平均回收率在 91.8%~97.9% 之间,相对标准偏差(RSD)为 2.6%~7.5% 之间。

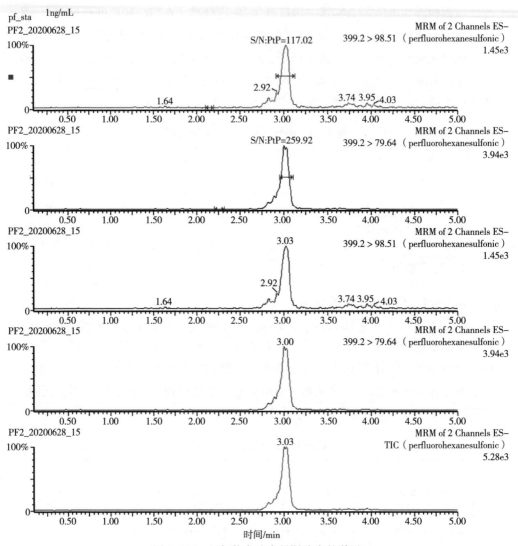

图 3-114　目标物方法定量限浓度的谱图

表 3-96　方法的回收率和精密度实验结果

样品	标准添加量 0.1mg/kg		标准添加量 1mg/kg		标准添加量 10mg/kg	
	回收率/%	RSD/%	回收率/%	RSD/%	回收率/%	RSD/%
棉	91.8	6.2	96.7	3.4	97.4	3.3
涤纶	93.2	5.4	97.9	5.4	97.4	2.6
棉涤混纺(54.3%棉, 45.7%涤纶)	94.2	7.5	96.8	4.2	93.4	3.6

7.2.4.3　实验材料的干扰分析

为排除选用的实验器具带来的全氟化合物的干扰,本实验主要考虑了液相色谱液相管路、一次性注射器与针头滤器带来的目标物干扰。

(1)液相色谱管路的影响

考察方法为使用色谱纯的甲醇试剂作为空白进样,通过比较甲醇空白与定量限标样的强度值,同时通过标准曲线的测试来评价管路的干扰。由图 3-115 可以看出,在选择离子扫描模式下甲醇空白强度值($9.9 \times e^3$)与定量限标样的强度值($5.6 \times e^5$)相差了 2 个数量级,通过图 3-116 的标准曲线图可以看出,用标样进行的定量分析的标准曲线的相关性较好,因此常用管路对本方法目标物的测定影响较小,特别是目标物在 REACH 法规中的限量较高,因管路带来的影响甚小,可以不用特别考虑。

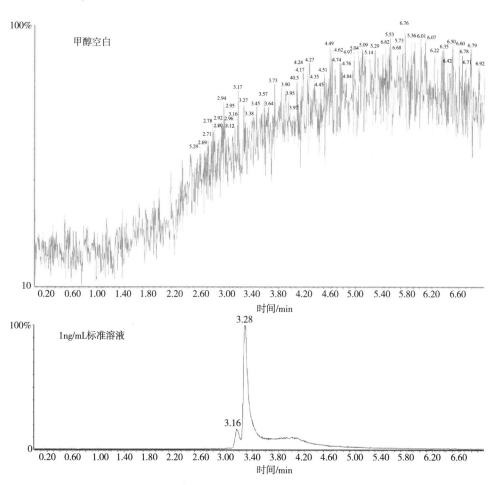

图 3-115　选择离子扫描模式下甲醇空白与定量限标样的强度值

285

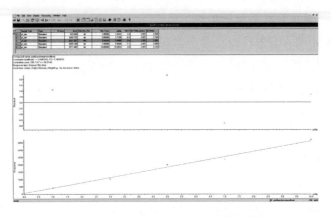

图 3-116　目标物测定的标准曲线的绘制

（2）一次性针头滤器的影响

为评价不同材质的批次的一次性针头滤器带来的目标物测试的干扰，收集了实验室常用的几种材质的针头滤器，同时也通过向不同的厂家购买不同批次的滤器进行考核，样品信息见表 3-97。采用甲醇空白样品过滤膜后在选择离子模式下测定信号值与甲醇空白样品相比来评价滤膜带来的干扰情况，如图 3-117 所示。结果表明，其实就算 PTFE 的滤膜带来的空白干扰也几乎可以忽略不计，但是考虑到不同批次的 PTFE 滤膜可能会有区别，本方法采用尼龙材质的滤膜来进行过滤。

表 3-97　选用不同滤膜的规格

序号	滤膜材质与规格	厂家	外观
1	尼龙，孔径 0.22μm，直径 13mm	上海兴亚	
2	尼龙，孔径 0.22μm，直径 13mm	DIKMA	
3	PTFE，孔径 0.22μm，直径 13mm	上海兴亚	

续表

序号	滤膜材质与规格	厂家	外观
4	PTFE，孔径 0.22μm，直径 13mm	上海安谱	
5	尼龙，孔径 0.22μm，直径 13mm	上海安谱	

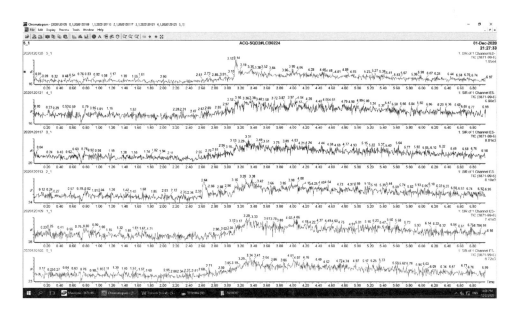

图 3-117　滤膜的空白实验(谱图从下到上分别为甲醇空白、滤膜 1、滤膜 2、滤膜 3、滤膜 4、滤膜 5)

7.3　甲基环硅氧烷类有害物质

7.3.1　检测原理

有机硅柔软剂是纺织印染行业常用的后整理助剂,可赋予织物柔软、滑爽、抗静电等性能。有机硅柔软剂的使用可以提高纺织产品的服用性能,对提高纺织产品质量和附加值发挥着重要的作用。八甲基环四硅氧烷(D4)、十甲基环五硅氧烷(D5)、十二甲基环六硅氧烷(D6)是有机硅织物整理助剂合成的重要原料。有研究表明 D4 对水生环境有长期的危害作用,而且有削弱生殖能力的危险。其主要通过挥发、废水等方式进入环境,在生物体内富集,产生生物危害。而 D5、D6 有类似危害。2018 年 6 月 27 日,ECHA 公布第 19 批高关注度物质(SVHC),D4、D5、D6 进入 REACH 高关注度物质(SVHC)之列。此外,美国华盛顿州的儿童安全产品法案(CSPA)已经将 D4 列入儿童高关注化学品清单(CHCC)。国际知名纺织产品认证标准 STANDARD 100 by OEKO-TEX、Bluesign、GOTS 等也都将 D4、D5、D6 限制纳入其中。

当前,纺织品中 D4、D5、D6 的含量关注度非常高,各大企业均在采取积极的措施控制产品中 D4、D5、D6 的含量。因此,亟须开发甲基环硅氧烷类物质检测方法,以带动纺织产品的转型升级和品质提升,应对国外贸易性技术壁垒,保护生态环境,促进纺织产业链绿色可持续发展。本方法建立适用于纺织品中挥发性甲基硅氧烷残留量的定性、定量检测,为提升我国纺织行业产品质量、加强纺织品生态安全质量监控提供必要的技术支撑。

检测原理:用有机溶剂超声萃取纺织试样中残留的甲基环硅氧烷,萃取液经净化后,采用气相色谱—质谱联用仪测定,内标法定量。

7.3.2　阳性样品的制备和收集

7.3.2.1　自制阳性样品描述

(1)实验材料及仪器

已染色织物(不含甲基环硅氧烷)、硅系柔软剂(含甲基环硅氧烷)、分散剂、轧车、热定型机、烧杯等。

(2)实验织物整理工艺

染色织物(不含甲基环硅氧烷)100g,硅系柔软剂(含甲基环硅氧烷)100g/L,分散剂 1g/L,总液量 500mL。

工艺流程:

两浸两轧(轧液率 80%)→烘焙(80℃,5min)→晾干

(3)将制备样品剪成 1 mm×1 mm 的小片,充分混匀,按照相同的提取方法测定每种甲基环硅氧烷的含量,确保每种织物类型的 12 个样品之间的每种甲基环硅氧烷含量偏差不超过 2%,共计制备 4 批次不同材质符合要求的阳性样品用于实验,制备后的样品低温(0~4℃)密封保存。

7.3.2.2　实际阳性样品描述

前处理条件优化和验证样品的硅胶印花样品为实验收集的阳性样品,通过实验的均匀性和稳定性实验可以满足实验要求,样品低温(0~4℃)密封保存。

7.3.3　前处理条件的选择

纺织品取样按 GB/T 10629—2009 中相关规定执行,涂层印花部位需要单独测试。

7.3.3.1　提取方式的选择

纺织品中残留有机化合物的常见提取方式有:振荡萃取法、索氏萃取法、超声波萃取法、快速溶剂萃取法等。但是,加速溶剂萃取法成本较高,开发的方法不利于推广。相比之下,超声萃取法同时具有操作简单、萃取时间短、设备较易普及等优点。实验以正己烷为萃取试剂,比较了振荡萃取(振荡条件:常温下,以 300r/min 的频率提取 120min)和超声波萃取(常温下,以 40kHz 的频率萃取 20min)两种提取方式对纺织品中 D4、D5、D6 的提取率,结果见表 3-98。由表 3-98 可知,无涂层印花纺织品超声波萃取法提取效果相对较好,硅胶涂层材质下超声波萃取效果明显优于振荡萃取。因此,本方法采用超声波萃取作为纺织品中 D4、D5、D6 的提取方式。

表 3-98　不同提取方式的提取效果

试样材质	提取方式	D4 提取率/%	D5 提取率/%	D6 提取率/%
棉	振荡萃取	89.1	85.7	84.5
	超声波萃取	98.7	95.6	91.7
羊毛	振荡萃取	87.5	86.1	89
	超声波萃取	99.1	98.3	102.3
涤纶	振荡萃取	85.6	88.4	89.1
	超声波萃取	99.4	105.1	103.4
腈纶	振荡萃取	89.6	87.3	90.1
	超声波萃取	98.3	94.6	101.2
硅胶涂层	振荡萃取	62.3	60.1	68.6
	超声波萃取	74.3	81.9	89.4

实验数据得出:对于无涂印花纺织品,超声波萃取法提取效果相对较好。硅胶涂层纺织品超声波萃取效果明显优于振荡萃取。因此,本方法采用超声波萃取作为纺织品中 D4、D5、D6 的提取方式。

7.3.3.2 提取溶剂的选择

分别加入 10mL 不同极性的有机溶剂(甲醇、乙腈、丙酮、正己烷、四氢呋喃、二氯甲烷)到阳性样品中,在 30℃ 的萃取温度下,对试样超声提取 20min,考察了不同有机溶剂对纺织品中 D4、D5、D6 的提取效果。计算提取率,提取效果见表 3-99。由表 3-99 可知,非涂层印花纺织品选用正己烷、四氢呋喃作为提取溶剂效果均较理想,本方法对于非涂层印花纺织品选用正己烷作为提取溶剂。

表 3-99　提取溶剂的比较

试样材质	提取溶剂	D4 提取率/%	D5 提取率/%	D6 提取率/%
棉	甲醇	47.4	46.4	46.3
	乙腈	58.3	69.6	77.3
	丙酮	63.3	71.1	73
	正己烷	99.1	96.4	100.6
	四氢呋喃	95.5	101.2	105.4
	二氯甲烷	85.8	91.2	93.2
羊毛	甲醇	45.6	43.6	45.7
	乙腈	60.1	67.9	74.3
	丙酮	65.1	73.1	75.9
	正己烷	98.5	99.4	103.1
	四氢呋喃	94.7	100.7	104.8
	二氯甲烷	86.9	92.4	94.3
涤纶	甲醇	44.5	46.1	45.9
	乙腈	60.1	70.1	76.8
	丙酮	64.2	72.3	72.8
	正己烷	99.8	97.3	101.1
	四氢呋喃	95.3	100.4	103.5
	二氯甲烷	83.6	90.4	92.6
腈纶	甲醇	45.1	47.1	48.3
	乙腈	59.3	66.4	75.4
	丙酮	60.1	69.4	71.2
	正己烷	98.1	97.1	103.4
	四氢呋喃	95.1	102.6	104.3
	二氯甲烷	83.6	90.1	92.7

7.3.3.3 超声提取溶剂体积的选择

实验中称取 1.00g 样品,分别加入 5mL、10mL、15mL、20mL、25mL 甲醇到样品中,进行提取溶剂体积的考察实验,结果见表 3-100。提取溶剂体积为 5mL 时,两种目标物质的提取率均较低,主要原因是 5mL 的溶剂太少,不能完全浸没试样,当萃取溶剂达到 10mL 目标分析物的提取效果较好。因此,综合考虑将提取溶剂体积定为 10mL。

表 3-100　超声提取溶剂体积对 D4、D5、D6 提取效率的影响

试样材质	提取体积/mL	D4 提取率/%	D5 提取率/%	D6 提取率/%
棉	5	75.3	77.6	74.3
	10	94.1	95.7	93.6
	15	95.3	97	94.9
	20	97.6	96.7	95.4
	25	98.5	99.4	97.3
羊毛	5	73.1	75.1	76.1
	10	93.7	94.5	94.5
	15	94.9	95.3	96.3
	20	96.6	97.1	94
	25	93.1	94.8	95.1
涤纶	5	74.6	79.5	75.6
	10	94.6	95.1	97.1
	15	94.5	98.1	95.6
	20	97.1	96.4	98.1
	25	94.1	95.7	94.3
腈纶	5	56.7	59.3	60.1
	10	95.6	94.1	97.8
	15	93.7	96.8	95.1
	20	94.6	97.8	93.9
	25	95.7	96.1	94.7

7.3.3.4 超声提取时间的选择

以 30℃为提取温度,正己烷为提取试剂,使用超声提取对几种阳性样品进行超声提取时间选择实验,提取时间分别为 0、3min、5min、10min、20min、30min 和

60min,结果见表 3-101。结果表明,提取时间在 20min,各纺织材料提取效率达到最高。因此,提取时间选择 20min。

表 3-101　超声提取时间对 D4、D5、D6 提取效率的影响

试样材质	提取时间/min	D4 提取率/%	D5 提取率/%	D6 提取率/%
棉	0	75.3	88.6	89.1
	3	93.6	95.0	94.6
	5	97.6	98.5	96.7
	10	101.2	95.7	102.3
	20	110.7	105.8	107.2
	30	106.1	104.9	102.3
	60	102.9	101.9	100.7
羊毛	0	96.8	101.4	102.3
	3	95.6	101.3	100.3
	5	95.2	100.2	101.3
	10	96.7	95.5	96.8
	20	100.9	107	109.3
	30	97.6	103.1	104.3
	60	96.5	105.2	106.3
涤纶	0	80.1	82.3	81.9
	3	89.6	90.3	90.1
	5	88.6	89	90.6
	10	87.6	89.6	91.2
	20	97.8	95.9	96.1
	30	86.9	88.1	87.6
	60	87.8	87.4	85.3
腈纶	0	79.1	84.6	86.7
	3	85	90.8	91.2
	5	87.4	89.6	90.3
	10	85.9	86.7	89
	20	92.3	99.2	97.1
	30	84.8	89.3	84.3
	60	88.8	90.9	91.4

7.3.3.5　超声提取温度的选择

考察超声波提取温度对目标物提取效果的影响,结果见表 3-102。结果表明,提取温度 30℃后随着温度的升高,提取液中的目标物质的浓度变化不明显,提取液中目标物的浓度达到平衡,在 30℃提取效率相对较好,本方法最终选择提取温度为 30℃。

表 3-102　超声提取温度对 D4、D5、D6 提取效率的影响

试样材质	提取温度/℃	D4 提取率/%	D5 提取率/%	D6 提取率/%
棉	20	94.6	89.6	92.2
	30	105.1	98.7	98.3
	40	95.1	95.6	93.2
	50	98.9	95.6	92.1
	70	91.6	94.1	95.4
羊毛	20	93.1	91.2	91.6
	30	102.3	99.8	103.7
	40	94.2	94.1	93.7
	50	94.8	94.3	94.1
	70	92.1	93.4	92.4
涤纶	20	93.3	89.1	90.1
	30	97.1	95.7	96.7
	40	93.7	90.1	91.2
	50	92.4	93.3	93.7
	70	90.6	92.1	91.2
腈纶	20	95	88.8	92.2
	30	104.4	97.9	95.3
	40	94.3	88.5	93.2
	50	99.5	93.6	98.8
	70	90.3	101.7	97.1

7.3.3.6　含涂层印花面料的处理方式

有机硅柔软剂有时也用在印花胶浆助剂,硅胶涂层纺织品也存在甲基环硅氧烷,此类特殊样品如果单纯采用正己烷提取,提取效果不佳,需要用四氢呋喃将印花涂层样品溶解,再通过正己烷提取进行测定。涂层印花处理方式修改采用《纺织

品 邻苯二甲酸酯的测定 四氢呋喃法》(GB/T 20388—2016)和《纺织品 涂层鉴别实验方法》(GB/T 30666—2014)中方法:取 0.3g 涂层印花样品于提取器中,加入 10mL 四氢呋喃,于 60℃下萃取 1h,再加入 20mL 正己烷于 30℃下超声 20min、沉淀、静置、离心,取上层待测液分析。比较正己烷沉淀和乙腈沉淀两种不同方式的提取率,提取实验结果见表 3-103,正己烷沉淀方式提取率更高。

表 3-103 不同沉淀试剂提取率比较结果

试样材质	沉淀试剂	D4 提取率/%	D5 提取率/%	D6 提取率/%
硅胶涂层	四氢呋喃提取乙腈沉淀	61.5	70.5	71.7
	四氢呋喃提取正己烷沉淀	102.4	103.5	106.7

7.3.4 仪器分析条件的选择

由于需同时测定样品中 D4、D5、D6 的含量,而样品中含有多种不同的组分,为了保证检测结果的准确性,需要选择合适的进样口温度,使样品待测峰具有较高的分离度和选择性。仪器的参数选择基于以下三点:一是保证样品完全气化,防止未气化的高沸组分对仪器造成损害;二是参考国外环境、消费品中甲基环硅氧烷分析领域仪器参数;三是对上述参数中仪器条件进行改变对比验证,得出以下适宜条件参数。

7.3.4.1 气相色谱条件参数

色谱柱:TG-5SilMS,30.0 m×0.25 mm×0.25μm,或相当者;柱温:35℃(3min)→40℃/min→150℃→60℃/min→300℃(5min);进样量:1μL;进样针:23 号,锥形尖针;进样口隔垫:Merlin 微密封圈隔垫;进样口温度:200℃。

7.3.4.2 质谱分析条件参数

色谱质谱接口温度:280℃;离子源温度:250℃;载气:氦气,纯度≥99.999%;流速:1.0mL/min;进样方式:不分流进样;电离方式:EI;电离能量:70eV;质谱扫描方式:全扫描模式(SCAN,50~450 amu)和选择监测离子模式(SIM),选择监测离子见表 3-104。

表 3-104 化合物选择监测离子参数

化合物	CAS 号	监测离子	
		定量离子(m/z)	定性离子(m/z)
D4	556-67-2	281	281、265、193、249

化合物	CAS 号	监测离子	
		定量离子(m/z)	定性离子(m/z)
D5	541-02-6	355	73、267、355、251
D6	540-97-6	429	73、341、429、324
四(三甲基硅氧基)硅烷(IS)	3555-47-3	369	73、147、281、369

7.3.5　定量方式的比较

查阅环境、食品接触材料等领域的科学技术文献和相关标准,大部分资料采取内标法进行定量。为验证纺织品中甲基环硅氧烷内标定量法和外标定量法的差异,实验以四(三甲基硅氧基)硅烷(M4Q)为内标物,考察在棉纤维基质上,10mg/kg、50mg/kg、200mg/kg 3 种添加浓度下内标定量法和外标定量法的加标回收率和相对标准偏差(RSD),结果见表 3-105,数据表明内标定量法在加标回收率和重复性方面优于外标定量法,分析原因主要是加入内标可以在一定程度上校正方法回收率,避免样品基质效应对定量结果的影响。综合考虑,本方法采用内标定量法。

表 3-105　定量方式结果比较

纺织材料	添加水平/(mg/kg)	内标法		外标法	
		加标回收率/%	RSD/%	加标回收率/%	RSD/%
棉	10	95.12	4.12	83.12	12.13
	50	97.43	2.54	85.19	10.34
	200	98.07	1.34	92.94	8.98

7.3.6　方法验证

7.3.6.1　线性关系与测定低限

以工作液浓度(mg/L)为横坐标,目标化合物与内标化合物峰面积响应值的比值为纵坐标,绘制标准曲线,计算回归方程,方法线性回归方程、线性相关系数见表 3-106。通过向空白样品中添加低浓度目标分析物,以 3 倍信噪比(S/N)和 10 倍信噪比确定方法的检出限(LOD)和测定低限(LOQ),测得的 LOD 和 LOQ 见表 3-106。方法的目标物质在浓度范围内均具有良好的线性关系,相关系数均大于 0.995。得到 GC—MS 法测定 D4、D5、D6 检出限、测定低限见表 3-106,综合考虑不同实验室的仪器性能差异,为使本应用更具广泛性,同时满足国外法规及认证限值要求,将本方法中 D4、D5、D6 的测定低限定为 10mg/kg。

表 3-106　线性关系及方法检出限

待测物	浓度范围/（mg/L）	线性方程	线性相关系数	检出限 LOD/（mg/kg）		测定低限 LOQ/（mg/kg）	
				不含涂层印花	含涂层印花	不含涂层印花	含涂层印花
D4		$A = 2.03375c - 0.0498$	0.9970	0.0245	0.2476	0.0817	0.8941
D5	1.0~20.0	$A = 0.61651c - 0.1193$	0.9966	0.0799	0.7983	0.2665	2.6781
D6		$A = 0.26546c - 0.0703$	0.9973	0.0539	0.541	0.1798	1.7894

7.3.6.2　准确度和精密度

称取一定量经测定不含有 D4、D5、D6 的纺织样品,分别以三种不同水平浓度,按照优化的前处理方法和仪器条件进行 6 次加标回收,计算平均回收率和精密度。结果见表 3-107:目标物质的平均回收率在 86.94%~106.42% 之间,相对标准偏差（RSD）为 1.07%~6.83%。

表 3-107　准确度和精密度

纺织材料	添加水平/（mg/kg）	D4		D5		D6	
		平均回收率/%	RSD/%	平均回收率/%	RSD/%	平均回收率/%	RSD/%
棉	10	89.43	5.71	93.7	5.12	95.94	5.45
	50	86.94	3.65	93.28	3.71	94.86	3.84
	200	94.96	2.51	95.99	2.38	99.54	2.78
丝	10	90.41	6.12	95.12	6.78	94.7	6.04
	50	89.37	4.67	96.72	4.81	96.29	4.12
	200	98.12	2.98	99.45	2.15	98.12	2.64
羊毛	10	89.37	5.13	92.48	5.87	97.35	6.54
	50	90.12	3.12	94.12	4.12	98.21	4.33
	200	95.07	2.47	99.21	2.63	106.21	2.41
黏胶纤维	10	97.4	4.78	99.94	4.67	97.31	4.93
	50	100.16	3.74	98.91	3.46	97.5	3.47
	200	95.07	3.41	103.59	2.15	110.25	4.12

纺织材料	添加水平/（mg/kg）	D4		D5		D6	
		平均回收率/%	RSD/%	平均回收率/%	RSD/%	平均回收率/%	RSD/%
腈纶	10	89.15	5.61	97.68	3.21	98.67	3.98
	50	89.4	3.61	93.03	2.84	96.38	3.06
	200	97.62	2.89	98.86	2.15	102.45	2.97
涤纶	10	99.49	4.98	100.02	5.07	106.42	5.68
	50	91.36	4.15	100.08	4.89	105.29	2.31
	200	92.19	3.78	100.64	3.47	105.24	2.96
锦纶	10	98.88	2.84	99.36	2.09	101.18	3.42
	50	93.54	2.13	100.2	3.35	96.18	3.45
	200	94.8	1.07	98.13	1.45	99.54	2.16
硅胶涂层	50	93.12	6.45	94.78	7.15	95.63	6.83
	200	94.12	3.42	95.83	3.65	97.12	3.91
	500	96.75	5.81	97.65	5.61	98.07	4.17

7.4　苯酚和双酚 A 类有害物质

7.4.1　检测原理

　　双酚 A(Bisphenol A,BPA),是用于生产环氧树脂和聚碳酸酯等高分子材料的重要有机化工原料。许多研究表明,接触 BPA 可能会影响到神经功能发展和免疫系统的功能。BPA 还能模拟雌性荷尔蒙,扰乱内分泌系统,可能引发生育问题、性早熟、影响胸部发育和生殖功能,甚至导致各种同激素有关的癌症。2017 年 1 月 12 日,基于法国、瑞典、德国和奥地利的提议,ECHA 正式将双酚 A 加入 SVHC(高度关注物质)候选物质清单。

　　双酚 A 在纺织品中主要应用于变色功能纺织上的热敏变色印花的显色剂,其胶浆印花在使用和洗涤过程中会对人体和环境造成危害。同时双酚 A 也用作纺织品阻燃剂,如四溴双酚 A(TBBPA)和四溴双酚二(2,3-二溴丙基)醚的合成原料。目前,对纺织品中存在双酚 A 的风险尚未引起人们的重视。

苯酚作为合成双酚 A 的重要化工原料,具有腐蚀性和化学危害,能够被皮肤直接吸收。因此,苯酚被归类为有毒、具有腐蚀性和危害健康的物质,并被怀疑会引起遗传性缺陷。海绵等中也可能含有苯酚。

2018 年 1 月 2 日,Oeko-Tex® Standard 100 标准中其他化学残留物项目新增了苯酚和双酚 A 的限量要求,对两者的限量值作出规定,要求婴幼儿产品(Ⅰ类)中苯酚不得超过 20mg/kg,直接接触皮肤(Ⅱ类)、不直接接触皮肤(Ⅲ类)和家饰材料(Ⅳ类)产品中不得超过 50mg/kg,所有产品类别中双酚 A 不得超过 0.1%(延伸要求为 0.025%)。该标准将于 2018 年 4 月 1 日起生效。当前欧美国家不断加强对我国出口纺织品设置技术壁垒,尽快建立起苯酚和双酚 A 的检测方法尤为重要,同时对于提升我国纺织品行业产品质量、规避贸易壁垒,加强纺织品生态安全质量监控具有重要意义。

检测原理:试样经甲醇超声波萃取,提取液经滤膜过滤后,用配有荧光检测器的高效液相色谱仪(HPLC/FLD)或者配有二极管阵列检测器的高效液相色谱仪(HPLC/DAD)测定,外标法定量。

7.4.2 阳性样品的制备

7.4.2.1 阳性样品的制备条件摸索

称取小批量棉贴衬,在不用浓度的目标物质(即苯酚和双酚 A)的混合甲醇溶液中进行浸泡、搅拌、晾干、切片等一系列处理。上机测试后筛选出适宜条件的制备方案。浸泡液浓度为三种:低浓度 200mg/L、中浓度 1000mg/L 和高浓度 5000mg/L。后经测试发现,棉质纤维对目标物质有吸附富集效应,中浓度和高浓度浸泡方案制备的样品直接上机超出仪器响应范围。批量化阳性样品制备实验的浸泡液浓度见表 3-108。

表 3-108 不同阳性样品浸泡浓度

贴衬种类	浸泡液浓度/ (mg/L)	样品中苯酚 浓度范围/(mg/kg)	样品中双酚 A 浓度范围/(mg/kg)
棉贴衬	20(低浓度)	40~60	50~80
	100(高浓度)	110~150	200~300
涤纶贴衬	40(低浓度)	30~50	50~90
	200(高浓度)	50~120	250~320

7.4.2.2　大批量阳性样品的制备

按照 7.4.2.1 的浓度配比制备 10L 浸泡液,使用 15L 塑料桶作为浸泡容器,充分搅拌后加入预裁至 10cm×10cm 的贴衬(每份约 300g),室温避开自然强光条件下每 10min 使用玻璃棒搅拌 1min。浸泡 90min 后捞出,先于通风橱内晾干 2h,之后将样品平铺于实验室桌面,自然晾干 2.5h。然后使用纺织品专用裁片机将样品裁细,混匀,装袋密封,置于低温保存柜(2～10℃)。

7.4.2.3　阳性样品均匀度和稳定性验收

对同一类型的贴衬,同一浓度的样品取两个自封袋,每个自封袋取两份样品,即 4 个平行样品进行测定,确保苯酚结果标准偏差不大于 5%,双酚 A 结果标准偏差不大于 8%。在阳性样品完成初次测定后再次封袋 3 周后再次测定,样品浓度偏差处于 6% 以内。

7.4.3　样品的提取优化

7.4.3.1　提取溶剂

使用 4 种实验室较常见的有机提取溶剂(丙酮、甲醇、三氯甲烷和正己烷),在相同的实验前处理和仪器条件下进行溶剂萃取效果对比实验,通过综合分析萃取出的目标物质浓度来选取最佳提取溶剂。棉、涤纶贴衬采用不同溶剂的提取效果如图 3-118 和图 3-119 所示。

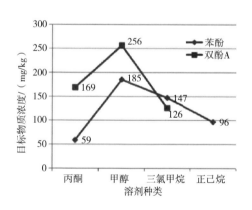

图 3-118　棉贴衬不同溶剂的提取效果

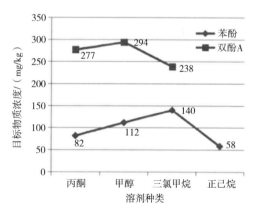

图 3-119　涤纶贴衬不同溶剂的提取效果

分析图 3-118 和图 3-119,除了三氯甲烷对涤纶贴衬中苯酚萃取的效果外,甲醇对苯酚和双酚 A 的综合萃取效果最佳。其中使用正己烷萃取的样品,在测定双酚 A 时出现较大干扰,无法测定,图 3-118 和图 3-119 中不进行标注。因此,实验选用甲醇作为提取溶剂。

7.4.3.2 提取温度

以甲醇为提取溶剂,研究不同提取温度下的提取效果。棉、涤纶贴衬采用不同提取温度的提取效果如图 3-120 和图 3-121 所示。

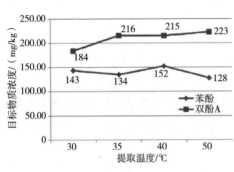

图 3-120 棉贴衬不同温度下的提取效果

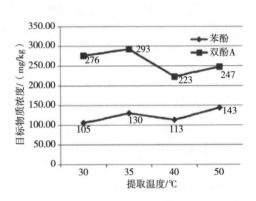

图 3-121 涤纶贴衬不同温度下的提取效果

分析图 3-120 和图 3-121,各提取温度对目标物质的提取效果整体偏差不大,其中影响最大的为涤纶中双酚 A 的提取,差值最大,通过综合考量,决定使用该类数据中最佳的 35℃ 为提取温度,同时该温度也略高于实验室常用室温,考虑到超声仪器工作时的放热情况,35℃ 也为较合适的温度。

7.4.3.3 提取时间

以甲醇为提取溶剂,提取温度为 35℃,研究不同实验时间对提取效果的影响。棉、涤纶贴衬采用不同提取时间的提取效果如图 3-122 和图 3-123 所示。

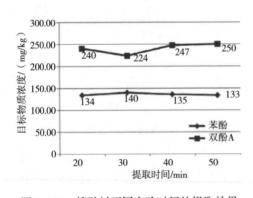

图 3-122 棉贴衬不同实验时间的提取效果

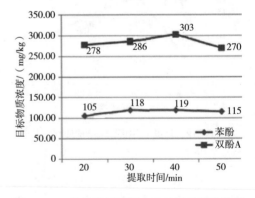

图 3-123 涤纶贴衬不同实验时间的提取效果

通过实验结果分析,发现超声提取时间对贴衬中苯酚的提取效果影响不大,对双酚 A 有一定的影响,理论上超声时间越长,超声萃取越充分。但 40min 足以到达实验需要的萃取效果。因此,本实验采用 40min 作为前处理的实验时间。

7.4.3.4　一次萃取与二次萃取效果比较

在 7.4.3.1 至 7.4.3.3 已优化条件的基础上,完成萃取后去除第一次萃取后的溶液过膜后上机测得的浓度,记作 C_1,之后去除多余的甲醇,用新鲜的甲醇冲洗提取器后再次超声提取,提取条件与第一次萃取一致,之后提取液过膜上机测得的浓度,记作 C_2。经实验,棉贴衬第二次萃取液中苯酚与双酚 A 均未检出;涤纶贴衬第二次萃取液中双酚 A 未检出,苯酚微量检出,C_2 数值介于仪器定性与定量检出限之间。综合分析后得出一次萃取已能满足需要,无须二次萃取。

7.4.3.5　空白实验

不加试样,在 7.4.3.1 至 7.4.3.3 已优化条件的基础上进行实验,空白实验在仪器上未检出苯酚和双酚 A。

7.4.4　仪器测定条件优化

7.4.4.1　色谱柱的选择

目标物质苯酚和双酚 A 的主要官能团为苯基和羟基,无其他特殊官能团,苯酚具有一定的亲水性,但双酚 A 亲水性较差,考虑到对两种物质的同时测定,决定选用实验室常用反相色谱柱 C18,型号 ODS-SP(250mm×4.6mm,5μm)。

7.4.4.2　DAD 测定条件波长的选择

使用 DAD 光谱对目标物质进行全波段扫描,选取其中有代表性的 200~400nm 近紫外光段,苯酚及双酚 A 吸收谱图分别如图 3-124 和图 3-125 所示。苯酚在 271nm 处有最强吸收,双酚 A 在 278nm 处有最强吸收,250nm 以下的波段溶剂的吸收干扰极为严重,不考虑作为检测波长。综合多方面考虑,将测定波长定为 280nm。

7.4.4.3　DAD 流动相的选择

考虑前处理优化实验中甲醇对两个目标物质综合萃取效果最佳,本实验使用甲醇/水体系作为仪器的流动相。尝试使用甲醇/水(80/20、70/30、60/40)为流动相,分别采用 DAD 和 FLD 对两种贴衬的两种目标物质进行测定,同时对柱温、流速等条件进行优化,对比其分离和洗脱效果。

通过实验发现,流动相比例为 80/20 时,苯酚和双酚 A 出峰时间过于接近,分离效果欠佳。流动相比例为 60/40 时,双酚 A 出峰时间超过 11min,导致检测时间过长,不利于实验效率,综合分析后决定采用 70/30 的流动相比例。

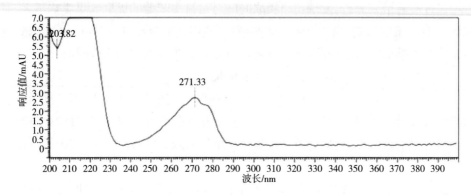

图 3-124　苯酚在 200~400nm 的吸收谱图

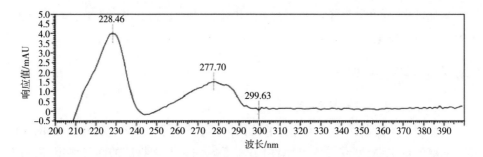

图 3-125　双酚 A 在 200~400nm 的吸收谱图

　　柱温和流速使用常规的 30℃ 和 1mL/min。经实验,该类条件下目标物质的峰性、峰面积响应及分离效果可以满足检测的基本要求。

　　使用上述优化好的仪器条件,对标准物质进行测定的谱图如图 3-126 和图 3-127所示。

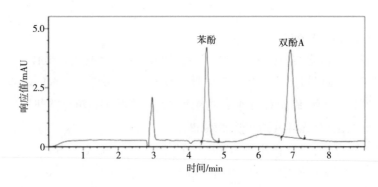

图 3-126　苯酚和双酚 A 的 DAD 色谱图

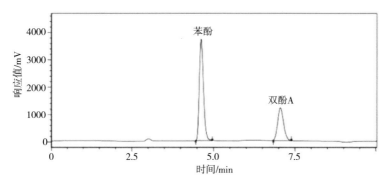

图 3-127　苯酚和双酚 A 的 FLD 色谱图

7.4.5　不同检测器对同一阳性样品测定结果的差异

对同一阳性样品,研究不同检测器下,同一被测物质结果的差异见表 3-109 和表 3-110。

表 3-109　不同检测器测试苯酚的实验结果

阳性样品		FLD/(mg/kg)	DAD/(mg/kg)
棉贴衬	低浓度	51.92	50.6
	高浓度	124.15	132.18
涤纶贴衬	低浓度	37.3	38.67
	高浓度	117.65	117.19

表 3-110　不同检测器测试双酚 A 的实验结果

阳性样品		FLD/(mg/kg)	DAD/(mg/kg)
棉贴衬	低浓度	61.1	67.57
	高浓度	248.07	241.68
涤纶贴衬	低浓度	63.79	71.76
	高浓度	316.01	283.01

经分析,不同的检测器对同一样品,苯酚的差异非常小,两种检测方法不存在明显差异。对于双酚 A 的检测,不同检测器存在一定差异,从现有数据看,双酚 A 的 RSD 最大为 11%。建议实验室在出具报告时,标注实验所用的检测器,以确保实验结果的一致性。

7.4.6 方法验证

7.4.6.1 校准曲线和检出限

（1）FLD方法

配制0.1mg/L、0.2mg/L、0.5mg/L、1mg/L、2mg/L、5mg/L的标准系列进行校正曲线的绘制，往空白样品中添加标准目标物质进行重复测定，以3倍标准空白偏差为定性检出限，10倍为定量检出限。FLD法校准曲线和检出限实验结果见表3-111。

表3-111　FLD法校准曲线和检出限实验结果

序号	目标物质	校准曲线	线性相关系数	LOD/(mg/kg)	LOQ/(mg/kg)
1	苯酚	$A=1.65672\times10^{-7}c-0.00236$	0.9999	0.26	0.88
2	双酚A	$A=3.26383\times10^{-7}c+0.0532$	0.9988	0.54	1.79

（2）DAD方法

配制1mg/L、2mg/L、5mg/L、10mg/L、20mg/L的标准系列进行校正曲线的绘制，往空白样品中添加标准目标物质进行重复测定，以3倍标准空白偏差为定性检出限，10倍为定量检出限。DAD法校准曲线和检出限实验结果见表3-112。

表3-112　DAD法校准曲线和检出限实验结果

序号	目标物质	校准曲线	线性相关系数	LOD/(mg/kg)	LOQ/(mg/kg)
1	苯酚	$A=1.6535\times10^{-4}c-0.0400$	0.9998	1.86	6.21
2	双酚A	$A=1.11543\times10^{-4}c-0.0131$	0.9999	1.95	6.51

考虑到样品中实际组分可能更复杂及提高该标准参数的适用性，决定将本方法的测定低限设置为：FLD法：苯酚1mg/kg，双酚A 2mg/kg；DAD法：苯酚10mg/kg，双酚A 10mg/kg。

7.4.6.2 重复性和回收率

称取棉贴衬和涤纶贴衬，1∶1混合后作为待加标样品，在不同浓度范围进行回收率和精密度的测定。每种加标浓度测定6个平行样品，考虑DAD方法和FLD方法的测定范围不同，对不同检测器进行不同浓度的加标回收实验。实验结果见表3-113和表3-114。由实验结果可知，回收率在91.3%~105.9%，RSD在1.3%~5.5%。

（1）FLD法的回收率和重复性（表3-113）

表 3-113 FLD 法测定的回收率和重复性实验结果

样品	标准添加量 15mg/kg		标准添加量 150mg/kg	
	苯酚回收率/%	双酚 A 回收率/%	苯酚回收率/%	双酚 A 回收率/%
1	105.9	104.7	101.9	96.1
2	104.9	104.3	105.5	94.9
3	101.4	99.5	99.9	101.4
4	105.2	91.5	101.6	94.9
5	101.5	102.7	99.7	96
6	103.1	98.3	99.2	93.6
RSD/%	1.9	5.5	2.3	2.8

(2)DAD 法测定的回收率和重复性(表 3-114)

表 3-114 DAD 法的回收率和重复性实验结果

样品	标准添加量 60mg/kg		标准添加量 600mg/kg	
	苯酚回收率/%	双酚 A 回收率/%	苯酚回收率/%	双酚 A 回收率/%
1	94.1	93.8	98.8	99.1
2	95.2	95.4	96.4	96.9
3	92	93.9	99.6	99.5
4	92.1	91.7	99.1	99.6
5	91.3	94.2	97.2	97.4
6	92.4	93.9	96.8	97.0
RSD/%	1.6	1.3	1.4	1.3

(3)复杂基质样品的加标回收率

除标准混合贴衬外,选取日常复杂基质的纺织品样品,在 60mg/kg 的浓度范围进行加标回收实验,不作平行样品,回收率范围处于 81.2%~108.0%,结果见表 3-115。

表 3-115 复杂基质样品的回收率实验结果

样品类别	DAD 法		FLD 法	
	苯酚回收率/%	双酚 A 回收率/%	苯酚回收率/%	双酚 A 回收率/%
毛绒袜子	103.95	103.52	107.78	103.74
多组分袜子	104.39	87.69	105.39	101.17

样品类别	DAD 法		FLD 法	
	苯酚回收率/%	双酚 A 回收率/%	苯酚回收率/%	双酚 A 回收率/%
牛仔	105.81	96.75	102.06	91.97
灯芯绒	81.17	87.01	98.96	98.36
印花织物	108.03	100.43	105.38	106.56
机织布	102.21	86.77	97.36	95.85
羊毛衫	101.93	90.78	102.5	88.95

7.4.7 实际样品检测数据及两种检测方法的优缺点分析

选取有特征类别的实际纺织样品进行测试,结果见表 3-116。

表 3-116 实际样品 DAD 法和 FLD 法实验结果

序号	样品种类	DAD 法		FLD 法	
		苯酚/ (mg/kg)	双酚 A/ (mg/kg)	苯酚/ (mg/kg)	双酚 A/ (mg/kg)
1	多纤维袜子*	未检出	未检出	未检出	未检出
2	羊毛外套	33.11	未检出	37.41	未检出
3	机织长裤	未检出	未检出	未检出	未检出
4	牛仔衣	未检出	未检出	未检出	未检出
5	锦纶面料	未检出	未检出	未检出	未检出
6	印花面料	未检出	未检出	未检出	未检出
7	灯芯绒长裤	未检出	未检出	未检出	未检出

注 带 * 的样品在测定双酚 A 时出现假阳性结果,后通过 DAD 检测方法对比特征吸收峰后判定为未检出。

综合上述,各项方法参数并结合实际样品的谱图,DAD 方法在实验室具有较高的普及性,多数配置了 HPLC 的实验室具有 DAD 检测器,并且 DAD 的全波段扫描可以根据特征吸收峰的位置辅助目标物质的定性,有助于假阳性样品的排查。但 DAD 方法存在基体干扰严重,复杂基质的纺织品,如羊毛羊绒、多纤维的袜子等,在 280nm 左右存在一定吸收,对结果的判定造成干扰,同时 DAD 检测器的测定低限较高,参考国际纺织协会对于 A 类纺织品中苯酚的限量要求(仅有 20mg/kg),对于合格限附近的样品,该方法有一定的局限性,精确定量难度较高。

对于 FLD 方法,该方法具有一定的抗干扰能力,基于 FLD 检测机理,纺织品中的一些常见物质较难对荧光检测器的信号产生干扰,同时该方法具有较高的灵敏度,除了能满足国际标准的需要,相关组织和企业也可以结合自身需要,制定限量更为严格的技术要求,更好地对纺织品中的苯酚和双酚 A 进行管控。但 FLD 检测器在检测实验室中的普及率不高,同时在测定的过程中,一旦出现了与苯酚或双酚 A 性质类似的荧光物质,且保留时间接近,将对实验结果造成较大干扰,且无法从 FLD 检测结果排查其是否为假阳性。因此,建议同时具有 DAD 和 FLD 的实验室,在测定纺织品中的双酚 A 或苯酚时,综合两种检测器及标准物质进行定性判断,以确保数据的真实可靠性。

　　图 3-128 为双酚 A 标准样品的全扫描 UV 谱图。图 3-129 为一份实际样品的谱图,该样品在 7.3min(双酚 A 的出峰时间)左右产生明显信号,对信号进行积分处理后可得到样品中双酚 A 的浓度,但通过其与标准样品特征吸收峰位置的对比发现,其在 7.3min 左右出峰的物质在全扫描谱图中的特征吸收峰位置与标准品位置明显不符,判断其为假阳性。

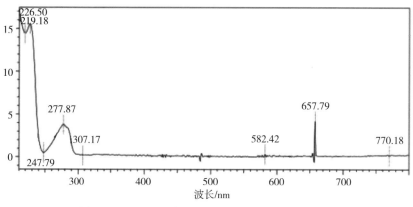

图 3-128　双酚 A 标准样品的 DAD 全扫描 UV 图

7.5　可吸附有机卤素类有害物质

7.5.1　检测原理

　　可吸附有机卤素是指在规定条件下,可被活性炭吸附的与有机化合物结合的卤素(包括氟、氯、溴和碘)总量。可吸附有机卤化合物(adsorbable organic halogens,

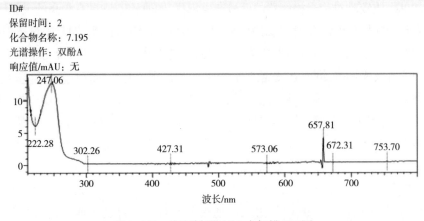

ID#
保留时间：2
化合物名称：7.195
光谱操作：双酚A
响应值/mAU：无

图 3-129　实际样品 DAD 全扫描 UV 图

AOX)最早于 1976 年首次提出,是指溶解在水中并能被活性炭吸附的一类有机卤化物,包括有机氯化物、有机溴化物和有机碘化物,但不包括有机氟化物。世界上有 2000 多种有机卤化物是有生命的生物所产生的,工业生产的有机卤化物常被用作农药、消毒剂、有机溶剂、药物和阻燃剂等,但是部分 AOX 难以生物降解,是持久性的生物累积性有毒物质,且具有较高的脂溶性,极易积存于人体和动物的脂肪组织内,会对人类和动物造成伤害,部分 AOX 类物质已经被证实具有潜在致癌和致突变性。

纺织和染整工艺过程经常会引入或产生 AOX,如羊毛的氯化防缩处理过程、次氯酸钠和亚氯酸盐的漂白过程、氯代溶剂干洗过程等,而 AOX 在生物体内容易长期残留且键合能力十分显著,能与人体蛋白质或核酸发生作用且极易在生态环境中积聚并通过食物链影响人的健康并造成危害。欧盟指令 2002/371/EC 规定了人造纤维中 AOX 的含量不超过 250mg/kg;瑞士的 Coop Nature Line(自然合作阵线),要求纤维或织物上总的 AOX 低于 1g/kg。2011 版的全球有机纺织品标准(GOTS3.0)对含氯苯酚和氯化溶剂实施了禁用,同时还规定在生产过程中相关原料的投入量,不得造成废水中超过 1%的永久性 AOX,最终产品中 AOX 的含量小于 5.0mg/kg。我国标准《纺织纤维中有毒有害物质的限量》GB/T 22282—2008 同样对人造纤维中 AOX 提出不超过 250mg/kg 的限量要求。

为了促进纺织品清洁生产、保护消费者健康,满足国外技术法规的要求、促进我国纺织品出口,亟须建立一种用于纺织品中 AOX 的检测方法。目前,国内外法规和标准推荐的检测方法为 ISO 11480《纸浆、纸和纸板总氯和有机氯的测定》,但是通过研究发现,该 ISO 标准无论是在应用领域还是检测对象方面,并不适用于纺织品中 AOX 的检测,国内外尚未制定相关纺织品中 AOX 含量的测定标准。当前

AOX 的研究集中于废水、土壤等环境领域,而对于纺织品领域内 AOX 检测方法的研究很少,沈锦玉等提出振荡提取——离子色谱法测定纺织品中 AOX 含量的检测方法,但只针对可吸附有机氯(AOCl)进行了研究。对于纺织品中 AOX 的定义,最近我国著名的纺织学者陈荣圻教授发表了一长篇专论,对于含卤纺织品与有机卤化物的概念进行了充分讨论和验证,提出了纺织品生产和加工过程中使用的含氟卤化物也属于有机卤化物的概念,打破了多年来氟不属于有机卤化物的历史。因此,本标准对纺织品中 AOX 的测定研究包含了所有可吸附有机卤化物,即可吸附有机氟(AOF)、可吸附有机氯(AOCl)、可吸附有机溴(AOBr)、可吸附有机碘(AOI)。

检测原理:将试样超声提取后过滤,用活性炭吸附滤液中的有机卤化物,再用酸性硝酸钠溶液洗涤分离无机卤化物,将吸附有机卤化物的活性炭在氧气流中燃烧、裂解、汽化,其产物卤化氢等气体进入吸收液,用离子色谱仪(IC)分析测定卤素离子,外标法定量。

7.5.2　实验方法的分析和验证

7.5.2.1　样品的选取及制备

纺织品按照所用原料可以分为棉、麻、毛、丝、人造纤维、合成纤维等纯纺织物、混纺织物和各种纤维纱线交织织物。实验中选取主成分为纤维素的棉样品、主成分为蛋白质的毛样品、合成纤维——涤纶三类样品作为实验对象。对于前处理条件的优化,选取典型的阴性棉样品进行实验考察;对于回收率和精密度的测定,选取阴性的棉、毛和涤纶三种样品进行实验。

取代表性纺织样品,用剪刀将其剪碎至 5mm×5mm 以下大小,混匀。试样制备过程中应戴防护手套,防止试样受污染。

7.5.2.2　样品加标溶液的选取及配制

考虑到有机卤化物种类的复杂多样性,选取典型的水溶性有机卤化物(4-氟苯酚、4-氯苯酚、4-溴苯酚和 4-碘苯酚)和脂溶性有机卤化物(五氯苯和六溴环十二烷)进行样品中 AOX 的加标实验。

分别称取 4-氟苯酚 298mg、4-氯苯酚 181mg、4-溴苯酚 110mg 和 4-碘苯酚 88mg,加入少许甲醇溶解,用超纯水定容至 50mL,配制成含有氟、氯、溴、碘浓度分别为 1000mg/L 的混合加标溶液。分别称取五氯苯 72mg、六溴环十二烷 70mg,加入甲醇溶解并定容至 50mL,配制成含有氯、溴浓度分别为 1000mg/L 的混合加标溶液。

7.5.2.3　前处理条件的优化

(1)AOX 提取溶剂及提取方式的选择

根据 AOX 的定义,选取纯水作为提取溶剂;考虑到提取溶剂的性质及纺织品纤维与 AOX 的结合紧密程度,可选择超声提取或振荡提取方式在常温下对纺织品中的 AOX 进行提取。选取涤纶面料和棉面料两种阳性纺织样品作为实验对象,分别在超声和振荡两种提取方式下对 AOX 进行测定,结果详见表 3-117。从表 3-117 中可以看出,超声提取方式的效果优于振荡提取方式,可能是因为纺织品纤维中的 AOX 在超声波的作用下更易析出。因此,本方法选取超声提取方式对纺织品中的 AOX 进行提取。

表 3-117　不同提取方式对样品测定结果的影响

样品名称	AOX	测定值/(mg/kg)	
		超声提取	振荡提取
涤纶面料	AOF	14.5	8.6
	AOCl	26.9	15.7
	AOBr	N.D.	N.D.
	AOI	N.D.	N.D.
棉面料	AOF	N.D.	N.D.
	AOCl	11	7.3
	AOBr	N.D.	N.D.
	AOI	N.D.	N.D.

(2)超声提取时间的选择

为了考察超声提取时间的影响,通过典型阴性棉样品加标的方式,选取 20min、40min、60min、80min 和 100min 时的条件进行实验,结果如图 3-130 所示。从图中可以看出,超声提取时间对 AOX 的提取率有较大影响,随着超声提取时间的增加,加标回收率逐渐增大,在 60min 时达到稳定并基本保持恒定。因此,选取 60min 的提取时间作为最佳提取时间。

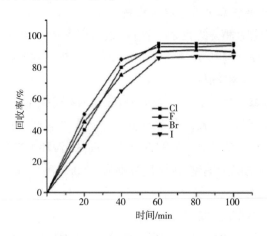

图 3-130　超声提取时间对样品加标回收率的影响

（3）活性炭用量和振荡时间的选择

活性炭作为一种常用的吸附剂能够对有机卤化物进行富集，因此需要通过实验选取适量的活性炭，以便能够将样品中的可溶性有机卤化物吸附完全。在活性炭颗粒表面积基本一致的情况下，不同用量的活性炭决定其吸附能力。考虑到振荡吸附是一个动态平衡过程，选取振荡吸附1h进行活性炭的吸附，并通过阴性棉样品加标的方式，在活性炭用量20mg、50mg、80mg三种情况下进行比较实验。结果显示，随着活性炭用量的增加，回收率明显提高，活性炭用量在50mg和80mg时的结果相差不大，因此选取50mg的活性炭作为实验用量。三种不同用量的活性炭加标回收率实验结果见表3-118。

表3-118　活性炭用量对样品加标回收率的影响

有机卤化物	添加水平（换算为卤素含量）/μg	回收率/%		
		20mg 活性炭	50mg 活性炭	80mg 活性炭
4-氟苯酚	100	62.9	93.5	94.2
4-氯苯酚	100	65.7	94.1	94.6
4-溴苯酚	100	54.5	91.2	91.4
4-碘苯酚	100	51.6	90.7	90.9
五氯苯	100	68.3	95.5	96.1
六溴环十二烷	100	58.4	92.6	93.1

（4）溶液的pH值对活性炭吸附性能的影响

活性炭在水溶液中吸附有机物的效果一般随着pH值的变化而有所差别。为了获得活性炭吸附AOX的最佳吸附性能，本实验对活性炭在不同pH值条件下的吸附能力进行考察，通过阴性棉样品加标方式，分别调节提取溶液的pH值在9、7、5、3、2时进行比较实验，结果如图3-131所示。从图中可以看出，随着pH值的逐步减小，活性炭吸附AOX的回收率逐渐增大，说明活性炭在酸性溶液中更易吸附，当pH值在3以下时，吸附能力达到最大且趋于稳定。因此，选取活性炭吸附溶液的pH值在3以下作为最佳实验条件。

（5）燃烧气及其流量的选择

对于活性炭的燃烧，首选燃烧气应是氧气，考虑到燃烧气的杂质对检测背景的影响，纯度应选为不小于99.9%。对于燃烧炉来说，内管和外管均通氧气能够确保燃烧处于富氧条件，确保样品燃烧过程的完全转化。对于燃烧气流量的选择，原则上应选择大一些，以确保样品的充分燃烧，但过大的流量一方面是浪费，另一方面对吸收液冲击太大，而且燃烧过程产生的烟雾易被吹散到燃烧管出口端，易形成过

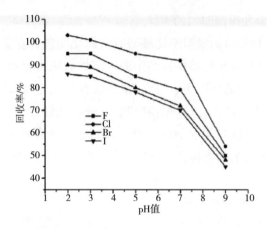

图 3-131　活性炭吸附溶液的 pH 值对样品加标回收率的影响

多残留从而使测定结果偏低。通过多次实验比较,选择内管氧气流量 120 ~ 150mL/min,外管氧气流量 40~60mL/min 作为最佳实验条件。

　　(6)燃烧方式的选择

　　对于吸附 AOX 的活性炭来说,它们在高温氧化燃烧过程中易发生一些化学变化,大分子物质首先在低温下进行裂解,之后在高温富氧条件下进行燃烧,其反应是逐步进行的,根据这种燃烧特点,设置合适的升温方式能够让燃烧进行彻底。由于前处理的最后一步过程是抽滤,得到的活性炭和滤膜是含有少量水分的,因此需要在低温下让水分进行蒸发后再逐步升温进行裂解和燃烧。通过多次实验比较,采用低温保持 2min,之后缓慢推入 950℃ 的高温区保持 5min,继续通入氧气进行吹脱 5min 的升温方式能够使燃烧产生的气体全部被吸收,从而获得好的检测结果。

　　(7)吸收方式及级数的选择

　　本方法采用多孔气体吸收瓶进行吸收,能够使气体分散为细小气泡,增加气体与吸收液的接触面积,从而提高吸收率。本实验比较了一级吸收、二级吸收和三级吸收的阴性棉样品加标回收率,结果见表 3-119。实验中发现第二级吸收中仍含少量残余卤素,第三级中几乎不含有卤素,故本方法采用二级吸收。

表 3-119　吸收级数对样品加标回收率的影响

有机卤化物	添加水平(换算为卤素含量)/μg	回收率/%		
		一级吸收	二级吸收	三级吸收
4-氯苯酚	100	78.1	93.5	94.1
4-氯苯酚	100	82.3	94.1	95.2

有机卤化物	添加水平(换算为卤素含量)/μg	回收率/%		
		一级吸收	二级吸收	三级吸收
4-溴苯酚	100	75.4	91.2	91.6
4-碘苯酚	100	76.3	90.7	91.2
五氯苯	100	80.7	95.5	95.9
六溴环十二烷	100	77.5	92.6	93.3

(8)吸收液的选择

按照理论,样品中的 AOX 完全燃烧产生的卤化氢气体能够被碱性溶液吸收,但实际上选择哪种吸收液的效果好还有待于实验证实。一是强碱性溶液比如氢氧化钠溶液,它对各种酸性气体如卤化氢有很好的吸收性,但是考虑到增加吸收液的碱性虽然较好地吸收了卤素但是离子色谱中目标物的峰形会变差;二是弱碱性溶液,如离子色谱淋洗液,三是纯水。也有文献中提到,在吸收液中加入 0.3% ~ 3%的双氧水可提高对卤素的吸收,但是由于双氧水的强氧化性对色谱柱内填料的损伤较大,且国内购置的双氧水含有氟、氯等杂质,会给痕量卤素的检测带来干扰,所以本方法中不在吸收液中添加双氧水。

针对上述问题,实验选取离子色谱淋洗液和纯水作为吸收液来进行比较,通过阴性棉样品加标实验证实,离子色谱淋洗液作为吸收液时,目标物的回收率较高,不会出现水负峰且色谱干扰峰较少,有利于测定。以上两种吸收液的加标回收率实验结果见表 3-120。

表 3-120　不同吸收液加标回收率实验结果

有机卤化物	添加水平(换算为卤素含量)/μg	回收率/%	
		离子色谱淋洗液	水
4-氟苯酚	100	93.5	85.1
4-氯苯酚	100	94.1	86.8
4-溴苯酚	100	91.2	83.4
4-碘苯酚	100	90.7	74.2
五氯苯	100	95.5	88.2
六溴环十二烷	100	92.6	85.3

(9)空白实验

为了考察实验过程中所用试剂和材料、实验环境等条件对测定结果的影响,在不添加样品的情况下按照与样品测定相同步骤做全程序空白实验,平行 6 次测定的 AOX 空白实验结果见表 3-121。从结果可以看出,空白中会有微量 AOF、AOCl 的存在,因此在样品测试时需同时做空白实验,以减少干扰。

表 3-121 全程序空白实验测定结果

AOX	空白 1/ (mg/kg)	空白 2/ (mg/kg)	空白 3/ (mg/kg)	空白 4/ (mg/kg)	空白 5/ (mg/kg)	空白 6/ (mg/kg)	RSD/%
AOF	0.16	0.16	0.14	0.14	0.15	0.17	7.9
AOCl	0.42	0.4	0.38	0.42	0.4	0.38	4.5
AOBr	N.D.	N.D.	N.D.	N.D.	N.D.	N.D.	—
AOI	N.D.	N.D.	N.D.	N.D.	N.D.	N.D.	—

7.5.2.4 离子色谱分析条件的优化

(1) 色谱柱的选择

色谱柱是色谱分离技术的最核心部分,需要通过实验选取适用于纺织品中氟、氯、溴、碘测定的最佳色谱柱。根据离子色谱仪厂商提供的色谱柱适用条件,针对氟、氯、溴、碘测定的色谱柱可选择 A Supp 5 型阴离子分析柱,其分为柱长为150mm 的 A Supp 5 150 型和柱长为 250mm 的 A Supp 5 250 型两种,它们均是一种碳酸盐体系的阴离子交换柱,固定相填料为含季铵盐基团的聚乙烯醇,粒径为5μm,这为氟、氯、溴、碘等组分与基体的分离提供了先决条件。实验选取 5.0mg/L 的氟、氯、溴、碘标准溶液和一种阳性纺织样品的前处理溶液作为研究对象,分别采用上述两种色谱柱进行测定,结果如图 3-132 所示。

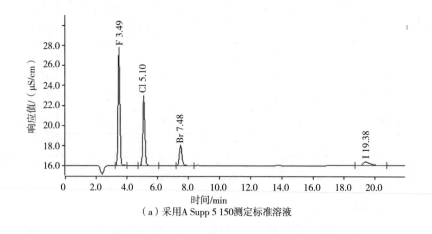

(a) 采用 A Supp 5 150 测定标准溶液

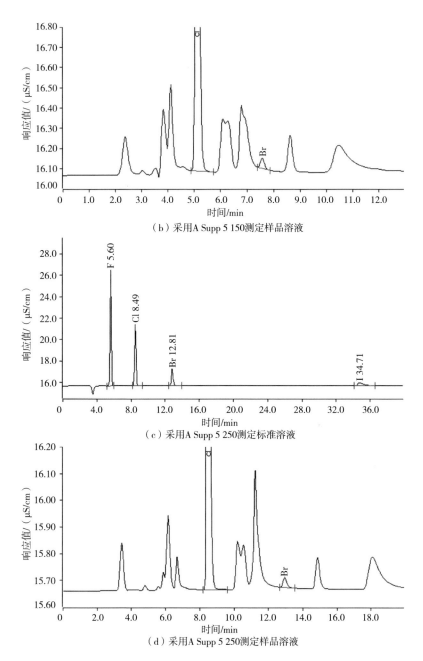

（b）采用A Supp 5 150测定样品溶液

（c）采用A Supp 5 250测定标准溶液

（d）采用A Supp 5 250测定样品溶液

图 3-132　采用不同色谱柱测定标准溶液和样品溶液的离子色谱图

从图 3-132(a)(c)谱图可以看出,采用 150mm 和 250mm 柱长的色谱柱均能对氟、氯、溴、碘的标准溶液进行良好的分离测定,但是也发现碘离子对固定相的亲和力较强,保留时间较长,峰稍宽且有拖尾,因此短柱相对来说更好一些。但从

图 3-132(b)(d)谱图又可以看出,短柱在测定样品时出现了 Br 色谱峰的杂质干扰问题,造成 Br 峰基线不平而导致定量不准确的现象,这对含有低浓度可吸附有机溴化物的纺织品测定来说尤其明显,偏差较大。因此,本方法选取 A Supp 5 250 型色谱柱,其柱容量达到 107mol(Cl⁻),能在 40min 的时间内对氟、氯、溴、碘进行最佳分离,具有检测灵敏度高、重复性好、数据准确度高等优势,样品中可能存在的高浓度硝酸根、硫酸根、碳酸根和磷酸根均不会对卤素测试产生干扰。

(2)色谱柱温度及流速的选择

本方法选用的 A Supp 5 250 型色谱柱适用温度范围为 20~60℃,流速不超过 0.8mL/min。通过实验比较,随着色谱柱温度及流速的增加,氟、氯、溴、碘离子的色谱峰保留时间不断缩短,但是在实际样品测定中发现氟离子附近有干扰峰存在,通过调节不同的温度及流速,选择 35℃ 和 0.7mL/min 作为检测最佳条件,能够在较短时间内进行分离并确保氟离子不受干扰峰的影响。

在选定的离子色谱条件下,氟、氯、溴、碘的保留时间和典型离子色谱图如图 3-133 所示。

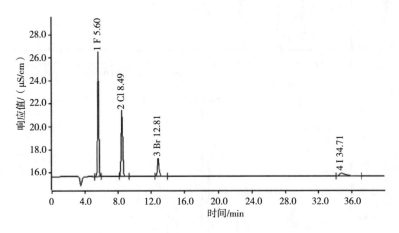

图 3-133 氟、氯、溴、碘的典型离子色谱图

7.5.2.5 线性关系和方法定量限

在本方法所确定的实验条件下,对配制的一系列不同浓度的氟、氯、溴、碘离子的混合标准溶液进行测定,其浓度与响应值有良好的线性关系,使用线性最小二乘法以色谱峰面积(Y)对卤素离子的含量(X, mg/L)进行线性拟合,得到标准曲线的回归方程,线性相关系数(R^2)均大于 0.999,表明 4 种卤素离子在 0.02~10mg/L 内线性关系良好,结果见表 3-122。

表 3-122　卤素离子测定的线性范围、线性相关系数、检出限和定量限

卤素离子	保留时间/min	回归方程	线性相关系数	线性范围/(mg/L)	LOD/(mg/L)	LOQ/(mg/L)
氟	5.6	$A=1.51\times10^{-2}c-2.07\times10^{-2}$	0.9997	0.02~10	0.0016	0.0053
氯	8.49	$A=9.83\times10^{-3}c-2.24\times10^{-2}$	0.9995	0.02~10	0.0014	0.0047
溴	12.81	$A=3.88\times10^{-3}c-3.36\times10^{-3}$	0.9999	0.02~10	0.003	0.01
碘	34.71.	$A=2.24\times10^{-3}c-2.14\times10^{-3}$	0.9999	0.02~10	0.007	0.02

注　A 为峰面积；c 为卤素浓度（mg/L）。

在基质匹配的标准溶液中,根据 3 倍和 10 倍信噪比分别确定 4 种卤素离子的检出限(LOD,$S/N=3$)和定量限(LOQ,$S/N=10$),结果见表 3-122。结果表明,4 种卤素离子的检出限和定量限分别为 0.0016 ~ 0.0070mg/L 和 0.0047 ~ 0.020mg/L。

根据样品前处理的定容体积 25mL、试样量 2g 及各卤素离子的检出限及定量限,并考虑回收率情况,将本方法的定量限设定为：AOF 0.10mg/kg,AOCl 0.10mg/kg,AOBr 0.25mg/kg,AOI 0.50mg/kg,能够满足国内外技术法规和标准对纺织品中 AOX 的限量要求。

7.5.2.6　回收率和精密度

（1）典型水溶性有机卤化物的阴性样品加标实验

选取棉、毛和涤纶三种阴性纺织样品作为研究对象,向其中加入一定量的 4-氟苯酚、4-氯苯酚、4-溴苯酚和 4-碘苯酚混合溶液,进行样品中 AOX 的回收率和精密度实验。分别在添加卤素各组分水平为 10μg、100μg 和 250μg 时进行前处理及燃烧实验,同时做空白实验,用外标法进行定量,每个水平单独测定 7 次,扣除空白后的回收率及精密度实验结果见表 3-123。

表 3-123　阴性样品中 AOX 的加标回收率和精密度实验结果

有机卤化物	阴性样品	添加水平（换算为卤素含量）/μg	实测值/μg							RSD/%	平均回收率/%
4-氟苯酚	棉	10	8.9	9.3	8.9	8.8	9.1	8.3	8.7	3.6	88.6
		100	91.3	92.4	86.7	89.2	96.1	90.2	88.9	3.3	90.7
		250	239	245	231	240	238	246	235	2.2	95.7

续表

有机卤化物	阴性样品	添加水平（换算为卤素含量）/μg	实测值/μg							RSD/%	平均回收率/%
4-氟苯酚	毛	10	8.5	9.0	9.1	8.9	9.3	8.7	8.8	3.0	89
		100	92.6	90.7	86.5	88.9	91.2	95.8	90.1	3.2	90.8
		250	230	235	241	245	239	240	238	2.0	95.3
	涤纶	10	8.4	8.8	8.7	8.9	9.0	8.8	9.2	2.8	88.3
		100	90.7	93.9	88.6	85.8	94.8	93.8	84.9	4.5	90.4
		250	241	243	237	230	239	242	245	2.1	95.8
4-氯苯酚	棉	10	9.8	8.6	8.8	9.7	9.1	8.7	8.9	5.3	90.9
		100	90.8	93.5	88.5	95.4	94.5	91.7	86.7	3.5	91.6
		250	239	245	236	248	254	255	239	3.1	98.1
	毛	10	9.5	8.8	9.8	9.4	9.2	8.9	8.9	4.0	92.1
		100	92.8	97.5	92.5	91.4	90.5	95.7	89.5	3.1	92.8
		250	240	246	238	247	253	258	245	2.8	98.7
	涤纶	10	9.0	8.9	8.7	9.4	9.1	9.0	8.8	2.5	89.9
		100	91.1	96.4	87.7	94.9	92.6	88.9	90.1	3.4	91.7
		250	242	240	232	243	247	235	239	2.1	95.9
4-溴苯酚	棉	10	7.8	9.2	8.6	9.0	8.6	8.2	8.7	5.5	85.9
		100	92.9	83.6	85.7	82.4	92.8	86.1	88.4	4.8	87.4
		250	228	237	235	231	240	238	225	2.4	93.4
	毛	10	8.2	8.8	8.7	8.4	8.0	9.0	8.5	4.1	85.1
		100	86.8	84.7	89.2	81.6	90.7	90.9	87.9	4.0	86.7
		250	235	229	238	224	236	231	228	2.2	92.6
	涤纶	10	8.7	7.9	8.2	8.0	8.8	9.2	8.8	5.7	85.1
		100	88.7	85.6	84.3	80.8	87.3	85.9	92.6	4.1	86.5
		250	238	231	226	234	244	236	229	2.6	93.6
4-碘苯酚	棉	10	8.1	8.0	7.9	8.6	9.1	8.7	8.2	5.2	83.7
		100	83.5	81.6	80.3	89.5	85.1	89.8	90.4	4.9	85.7
		250	225	231	221	235	227	237	220	2.9	91.2

续表

有机卤化物	阴性样品	添加水平（换算为卤素含量）/μg	实测值/μg							RSD/%	平均回收率/%
4-碘苯酚	毛	10	8.7	8.2	8.4	8.1	9.0	8.8	8.1	4.3	84.7
		100	87.6	83.8	81	90.4	82.1	83.8	89.4	4.3	85.4
		250	229	241	237	232	232	221	225	2.9	92.4
	涤纶	10	7.8	8.5	7.9	8.2	8.1	8.8	8.3	4.2	82.3
		100	81.5	88.6	82.6	85.5	84.9	87.3	88.1	3.2	85.5
		250	240	221	232	230	224	227	230	2.7	91.7

从表 3-123 的数据可以看出,典型水溶性有机卤化物测定的阴性样品加标回收率在 82.3%~98.7% 之间,满足分析测试方法的要求;同时 7 次平行测定的相对标准偏差(RSD)在 2.1%~5.7% 之间,表明方法具有良好的精密度。

(2)典型脂溶性有机卤化物的阴性样品加标实验

选取棉、毛和涤纶三种阴性纺织样品作为研究对象,向其中加入一定量的五氯苯和六溴环十二烷的混合溶液,进行样品中 AOX 的回收率和精密度实验。分别在添加卤素各组分水平为 10μg、100μg 和 250μg 时进行前处理及燃烧实验,同时做空白实验,用外标法进行定量,每个水平单独测定 7 次,扣除空白后的回收率及精密度实验结果见表 3-124。

表 3-124　阴性样品中 AOX 的加标回收率和精密度实验结果

有机卤化物	阴性样品	添加水平（换算为卤素含量）/μg	实测值/μg							RSD/%	平均回收率/%
五氯苯	棉	10	8.8	8.7	8.4	8.4	9	8.2	8.5	3.2	85.7
		100	90.4	88.3	85.6	85.4	84.7	87.7	83.4	2.8	86.5
		250	229	235	232	238	244	235	221	3.1	93.4
	毛	10	9.0	8.5	8.8	9.1	8.7	8.1	8.0	4.9	86
		100	87	91.5	90.2	81.9	83.9	92.3	86.8	4.4	87.7
		250	233	240	218	227	243	238	225	3.9	92.8

续表

有机卤化物	阴性样品	添加水平（换算为卤素含量）/μg	实测值/μg							RSD/%	平均回收率/%
五氯苯	涤纶	10	8.3	8.6	9.2	9.0	8.4	8.7	8.9	3.7	87.3
		100	86.4	93.5	82.8	91.6	82.7	89.3	93.6	4.4	89.4
		250	241	234	222	223	237	225	236	3.3	92.5
六溴环十二烷	棉	10	9.1	8.5	8.8	8.0	8.2	8.7	7.9	5.2	84.6
		100	91.2	88.5	83.9	81.6	87.9	90.6	85.7	4.0	87.1
		250	219	227	231	229	215	230	217	3.0	89.6
	毛	10	8.5	9.1	8.4	8.2	8.7	9.0	8.3	4.0	86
		100	89.8	82.5	86.7	80.4	91.3	90.1	81.4	5.3	86
		250	223	219	234	228	230	226	220	2.4	90.3
	涤纶	10	8.2	8.9	8.1	8.7	8.3	9.1	8.4	4.4	85.3
		100	85.6	82.5	83.6	86.2	89.2	81.6	90.5	3.9	85.6
		250	218	215	224	229	234	239	219	4.0	90.2

从表3-124的数据可以看出,典型脂溶性有机卤化物测定的阴性样品加标回收率在84.6%~93.4%之间,满足分析测试方法的要求;同时7次平行测定的相对标准偏差(RSD)在2.4%~5.3%之间,表明方法具有良好的精密度。

参考文献

[1]罗会英,高星,刘瑶瑶.2-乙氧基乙醇健康危险度评价研究[J].毒理学杂志,2008,22(6):490-493.

[2]Wang R S,Ohtani K,Suda M,et al. Reproductive toxicity of ethylene glycol monoethyl ether in Aldh2 knockout mice[J]. Industrial Health,2011,45(4):574-578.

[3]Bagchi G. Waxman D J. Toxicity of ethylene glycol monomethyl ether:impact on testicular gene expression[J]. International Journal of Andrology,2009,31(2):269-274.

[4]Takei M,Ando Y,Saitoh W,et al. Ethylene glycol monomethyl ether – induced toxicity is mediated through the inhibition of flavoprotein dehydrogenase enzyme family[J]. Toxicological Sciences,2010,118(2):643-652.

［5］Anon. Canada bans ethylene glycol monomethyl ether［J］. Chemical & Engineering News,2011,84(50):26-27.

［6］杜英英,邵玉婉,赵霞,等. 纺织品 DMFo,DMAc 和 NMP 残留量的 GC—MS 测定［J］. 印染,2014(14):42-45.

［7］任忠海,李天宝,刘庆备,等. 气相色谱—质谱联用法分析芳纶纤维中残留的 N-甲基吡咯烷酮［J］. 印染助剂,2014,31(8):50-52.

［8］花金龙,张建扬,谢鸿义. 气质联用法测定 REACH 法规中的 5 种有机溶剂［J］. 印染,2012(8):42-44.

［9］马明,沈劫,张峥,等. 气固顶空—气相色谱法测定纺织品中 N,N-二甲基甲酰胺与 N,N-二甲基乙酰胺［J］. 理化检验-化学分册,2015,51(1):18-21.

［10］Standard 100 by Oeko-Tex［S］. Oeko-Tex Association,2018,Available from:https://www. oeko-tex. com/en/business/business_home/business_home. xhtml.

［11］Ministry of the environment. Act on the Evaluation of Chemical Substances and Regulation of Their Manufacture,etc［Z］. Japan,2012.

［12］Washington Department of Ecology. Children's Safe Products Act［Z］.Washington State,USA,2011.

［13］Feinberg M,Bruno B,Walthere D,et al. New advances in method validation and measurement uncertainty aimed at improving the quality of chemical data［J］. Anal Bioanal Chem,2004,380:502-514.

［14］Gonzalez A G, HERRADOR M A. A practical guide to analytical method validation,including measurement uncertainty and accuracy profiles［J］. Trends in Analytical Chemistry,2007,26(3):227-238.

［15］International Standard ISO/IEC 17025-2005. General requirements for the competence of testing and calibration laboratories［S］. International organization for standardization,2005:5

［16］Fu K J,Bao Q B,Zhou W L,et al. Simultaneous Determination of N,N-Dimethylformamide,N,N-Dimethylacetamide and N-Methyl-2-pyrrolidone in Textiles by RP-HPLC［J］. Anal. Methods,2016,8:2941-2946.

［17］Bao Q B,Fu K J,Ren Q Q,et al. Analysis of residual solvents in textiles by gas chromatography-mass spectrometry［J］. Journal of Chromatographic Science,2017:1-9.

［18］保琦蓓,傅科杰,任清庆,等. Accuracy profile 理论在高效液相色谱法测定纺织品中 3 种有机残留溶剂方法验证中的应用［J］. 理化检验-化学分册,2017,3:309-314.

［19］Washington Department of Ecology. Children's Safe Products Act［Z］. Washington State, USA, 2011.

［20］Zhang X H, Zhao X, Zhang C, et al. Accuracy profile theory for the validation of an LC–MS–MS method for the determination of risperidone and 9-hydroxyrisperidone in human plasma［J］. Chromatographia, 2010, 71: 1015–1023.

［21］Williams J D L, Coulson I H, Susitaival P, et al. An outbreak of furniture dermatitis in UK［J］. British Journal of Dermatology, 2008, 159(1): 233–234.

［22］陈如, 刘宇平, 盛景焕, 等. 欧盟决定 2009/251/EC 与富马酸二甲酯［J］. 纺织导报, 2009(11): 23–28.

［23］Fu K J, Zhang C, Zhang Hi, et al. Detecting Dimethyl fumarate content in leather and textile products by GC—MS［J］. Journal of the Society of Leather Technologists and Chemists, 2014, 98(2): 76–81.

［24］Cui F, Zhao L. Optimization of Xylanase Production from Penicillium sp. WX–Z1 by a Two-Step Statistical Strategy: Plackett–Burman and Box–Behnken Experimental Design［J］. International Journal of Molecular Sciences, 2012, 13(8): 10630–10646.

［25］Toxics Use Reduction Institute. Massachusetts Chemical Fact Sheet–Perchloroethylene(PCE)［online］Available.

［26］Padban N, Odenbrand I. Polynuclear Aromatic Hydrocarbons in Fly Ash from Pressurized Fluidized Bed Gasification of Fuel Blends［J］. A Discussion of the Contribution of Textile to PAHs. Energy & Fuels, 1999, 13(5): 1067–1073.

［27］Fu K J, Wang L J, Bao Q B, et al. Determination and release rate of tetrachloroethylene residues in dry-cleaned fur garments［J］. Fibers and polymers, 2017, 18(1): 196–201.

［28］Boffetta P, Jourenkova N, Gustavsson P. Cancer risk from occupational and environmental exposure to polycyclic aromatic hydrocarbons［J］. Cancer Causes & Control, 1997, 8(3): 444–472.

［29］Farmaki E, Kaloudis T, Dimitrou K, et al. Validation of a FT–IR method for the determination of oils and grease in water using tetrachloroethylene as the extraction solvent［J］. Desalination, 2007, 210(1–3): 52–60.

［30］Lee C S, Haghighat F, Ghaly W S. A study on VOC source and sink behavior in porous building materials–analytical model development and assessment［J］. Indoor Air, 2005, 15(3): 183.